职业教育国家在线精品课程配套教材

U0685659

BIM 建模技术

主　编　王　岩　陈铁军

副主编　黄　宁　张瑞红

中国教育出版传媒集团

高等教育出版社 · 北京

内容提要

本书为职业教育国家在线精品课程配套教材，亦为高等职业教育土木建筑类专业群"建业筑新　匠心育才"系列教材之一。

本书由校企合作双元开发，可作为工作手册式教材使用，教材案例来源于企业的实际工程项目。本书以 BIM 建模技术员的工作流程为载体，根据企业工作情境划分为四个教学模块（含 32 个任务），具体包括：BIM 基础认知、BIM 建筑建模、BIM 模型应用、BIM 技能提升。

本书内容全面，系统性强，是一本实践特色鲜明的教材，尤其适合作为高等职业院校建筑工程技术、建设工程管理、工程造价等专业的教材使用，也可供建筑行业的管理人员和技术人员自学使用。

与本书配套的数字课程已在"智慧职教"（www. icve. com. cn）平台上线，学习者可登录网站进行在线学习，也可通过扫描书中二维码观看部分教学资源，详见"智慧职教服务指南"。

授课教师如需要本书配套的教学课件资源，可发送邮件至邮箱 gztj@pub. hep. cn 获取。

图书在版编目（CIP）数据

BIM 建模技术 / 王岩，陈铁军主编 . --北京：高等教育出版社，2023.8

ISBN 978-7-04-060656-0

Ⅰ．①B… Ⅱ．①王… ②陈… Ⅲ．①建筑设计-计算机辅助设计-应用软件-高等职业教育-教材　Ⅳ．①TU201.4

中国国家版本馆 CIP 数据核字（2023）第 110683 号

BIM 建模技术

BIM JIANMO JISHU

策划编辑	温鹏飞	责任编辑	温鹏飞	特约编辑	李　立	封面设计	王　洋
版式设计	杨　树	责任绘图	李沛蓉	责任校对	张　然	责任印制	耿　轩

出版发行	高等教育出版社	网　址	http://www.hep.edu.cn
社　址	北京市西城区德外大街 4 号		http://www.hep.com.cn
邮政编码	100120	网上订购	http://www.hepmall.com.cn
印　刷	鸿博昊天科技有限公司		http://www.hepmall.com
开　本	787 mm×1092 mm　1/16		http://www.hepmall.cn
印　张	16.75		
字　数	370 千字	版　次	2023 年 8 月第 1 版
购书热线	010-58581118	印　次	2023 年 8 月第 1 次印刷
咨询电话	400-810-0598	定　价	42.80 元

物 料 号　60656-00

"智慧职教" 服务指南

"智慧职教"（www.icve.com.cn）是由高等教育出版社建设和运营的职业教育数字教学资源共建共享平台和在线课程教学服务平台，与教材配套课程相关的部分包括资源库平台、职教云平台和 App 等。用户通过平台注册，登录即可使用该平台。

● 资源库平台：为学习者提供本教材配套课程及资源的浏览服务。

登录"智慧职教"平台，在首页搜索框中搜索"BIM 建模技术"，找到对应作者主持的课程，加入课程参加学习，即可浏览课程资源。

● 职教云平台：帮助任课教师对本教材配套课程进行引用、修改，再发布为个性化课程（SPOC）。

1. 登录职教云平台，在首页单击"新增课程"按钮，根据提示设置要构建的个性化课程的基本信息。

2. 进入课程编辑页面设置教学班级后，在"教学管理"的"教学设计"中"导入"教材配套课程，可根据教学需要进行修改，再发布为个性化课程。

● App：帮助任课教师和学生基于新构建的个性化课程开展线上线下混合式、智能化教与学。

1. 在应用市场搜索"智慧职教 icve" App，下载安装。

2. 登录 App，任课教师指导学生加入个性化课程，并利用 App 提供的各类功能，开展课前、课中、课后的教学互动，构建智慧课堂。

"智慧职教"使用帮助及常见问题解答请访问 help.icve.com.cn。

前　言

党的二十大报告提出，要加快建设数字中国。建筑信息模型（BIM）技术是建筑行业的新工具，是服务数字中国建设，加快建筑行业数字化转型升级的基础。本书采用工作手册式教材编写模式，书中案例来源于实际工程项目，重点培养学习者的 BIM 技术应用能力。

本书分为四个模块，分别为：BIM 技术基础、BIM 建筑建模、BIM 模型应用、BIM 技能提升。本书共设置 BIM 技术概述，常用 BIM 软件分类，Autodesk Revit 软件简介，Autodesk Revit 基本操作，创建项目及信息设置，绘制标高，绘制轴网，绘制地下一层墙体，绘制地下一层门窗，绘制地下一层楼板及复制楼层，绘制首层墙体，绘制首层门窗及楼板，绘制二层墙体，绘制二层墙体及楼板，绘制玻璃幕墙，绘制首层和二层屋顶，绘制顶层屋顶，绘制室外和室内楼梯，绘制洞口和坡道，绘制台阶，绘制柱，绘制二层的雨篷，绘制地下一层雨篷，绘制地形表面和建筑地坪，绘制道路和场地构件，房间和面积报告，明细表，注释、布图打印，渲染和漫游，结构建模，族的创建，族的应用等 32 个任务。

本书配套的数字资源丰富，主体为职业教育国家在线精品课程"BIM 建模技术"，其他配套的电子资料主要包括：电子教案、项目文件、样板文件、族文件、PPT 课件、AutoCAD 图纸及考试试卷文件样例、课程思政案例等，读者可联系出版社获取。

本书由河北建材职业技术学院王岩、陈铁军担任主编；四川交通职业技术学院黄宁、河北建材职业技术学院张瑞红担任副主编；河北建材职业技术学院杜秉旋、王晶，陕西建工控股集团有限公司黄京月参编。本书具体编写分工为：王岩负责编写任务 11～任务 26，陈铁军负责编写任务 1～任务 10，黄宁负责编写任务 27～任务 29，张瑞红负责编写任务 30，杜秉旋负责编写任务 31，王晶负责编写任务 32，黄京月负责案例整理和附录。

本书在编写过程中，借鉴和参考了一些网络文献资料，在此对文献作者表示衷心的感谢！

由于编者水平有限，书中难免存在不妥之处，敬请广大读者批评指正。

编者
2023 年 3 月

教学进度计划（参考）

总学时：64 学时（理论 8+实训 56）。

周	理论学时	实训学时	教学主题及授课内容
1	2		任务 1　BIM 技术概述
	2		任务 2　常用 BIM 软件分类
2	2		任务 3　Autodesk Revit 软件简介
	2		任务 4　Autodesk Revit 基本操作
3		2	任务 5　创建项目及信息设置
		2	任务 6　绘制标高
4		2	任务 7　绘制轴网
		2	任务 8　绘制地下一层墙体
5		2	任务 9　绘制地下一层门窗
		2	任务 10　绘制地下一层楼板及复制楼层
6		2	任务 11　绘制首层墙体
		2	任务 12　绘制首层门窗及楼板
7		2	任务 13　绘制二层墙体
		2	任务 14　绘制二层门窗及楼板
8		2	任务 15　绘制玻璃幕墙
		2	任务 16　绘制首层和二层屋顶
9		2	任务 17　绘制顶层屋顶
		2	任务 18　绘制室外和室内的楼梯
10		2	任务 19　绘制洞口和坡道
		2	任务 20　绘制台阶
11		2	任务 21　绘制柱
		2	任务 22　绘制二层的雨篷

续表

周	理论学时	实训学时	教学主题及授课内容
12		2	任务 23　绘制地下一层的雨篷
		2	任务 24　绘制地形表面和建筑地坪
13		2	任务 25　绘制道路和场地构件
		2	任务 26　房间和面积报告
14		2	任务 27　明细表
		2	任务 28　注释、布图和打印
15		2	任务 29　渲染和漫游
		2	任务 30　结构建模
16		2	任务 31　族的创建
		2	任务 32　族的应用

目　录

BIM 基础认知

■ **知识目标**

（1）了解 BIM 基本的定义。

（2）国内、国外 BIM 技术的发展现状。

（3）BIM 技术在实际应用中具有的价值。

（4）常用的 BIM 软件分类。

■ **能力目标**

（1）具有良好的对新技能与新知识的学习能力。

（2）具有通过互联网搜集获得信息的能力。

■ **素质目标**

（1）培养学生对建筑行业的热爱。

（2）使学生具有良好的人际交往和团队协作能力。

任务 1 BIM 技术概述

工作任务卡（任务 1）

一、任务描述
我们所学的专业都是建筑工程类专业，我们对专业是否熟悉？ 　首先要了解什么是 BIM，并了解相关基础知识；然后要弄清本课程对专业能力培养的作用，BIM 技术能在工作中发挥什么作用。
二、重点掌握
BIM 的定义，现有的与 BIM 有关的国家标准。
三、学习笔记
四、课后评价
任务达成度（自评）：＿＿＿＿＿＿＿%。 任务达成度（教师评价）：＿＿＿＿＿＿＿%。 备注：

1.1　什么是 BIM

BIM（Building Information Modeling）是指建筑信息模型，是以建筑工程项目的各项相关信息数据作为基础，建立起三维的建筑模型，通过数字信息仿真模拟建筑物所具有的真实信息。它是一种基于三维模型的信息集成技术，可以使建设项目的所有参与方（包括政府主管部门、业主、设计、施工、监理、造价、运营管理、项目用户等）在项目从概念产生到完全拆除的整个生命周期内都能够在模型中操作信息和在信息中操作模型，从而从根本上改变从业人员依靠符号文字形式图纸进行项目建设和运营管理的工作方式，实现在建设项目全生命周期内提高工作效率和质量，以及减少错误和降低风险的目标。

根据《建筑信息模型应用统一标准》（GB/T 51212—2016），BIM 的定义为在建设工程及设施全生命周期内，对其物理和功能特性进行数字化表达，并依此设计、施工、运营的过程和结果的总称。

BIM 技术具有参数化、可视化、协调性、模拟性、优化性、可出图性等特点，将建设单位、设计单位、施工单位、监理单位等项目参与方集中在同一平台上，共享同一建筑信息模型，有利于项目精细化建造。

1. 参数化

BIM 是以信息的方式进行传达的，信息具备关联性和一致性。参数化指的是信息是通过参数而不是数字建立的，简单地改变模型中的参数值就能建立和分析新的模型；BIM 中图元是以构件的形式出现的，这些构件之间的不同，是通过参数的调整反映出来的，参数保存了图元作为数字化建筑构件的所有信息。

2. 可视化

可视化即"所见即所得"的形式。在计算机里，原有工程项目是通过二维图纸表达的，而通过 BIM 技术，项目转变为了三维模型，用户可以实时查看和修改三维模型的信息参数，在项目的设计、施工、运营过程中均可以在可视化的状态下进行。

3. 协调性

在很多设计过程中，不同专业的建筑师之间的信息沟通往往不及时或不充分，常常导致出现"错、漏、碰、缺"问题，对施工造成很多不利的影响。例如：电梯井布置与其他设计布置及净空要求之间的协调，防火分区与其他设计布置之间的协调，地下排水布置与其他设计布置之间的协调等。在 BIM 中，可以在同一中心文件的基础上进行协调工作，可以解决施工中经常遇到的碰撞问题。

4. 模拟性

BIM 技术并不是只能模拟设计出的建筑物模型，还可以模拟难以在真实世界中进行操作的事物。在设计阶段就可以进行日光分析、消防模拟、节能分析等工作，还可以在三维模型的基础上加上"时间"因素，从而进行施工进度模拟（4D）来模拟施工。

5. 优化性

这里的优化包括项目方案优化和特殊项目的设计优化。例如通过项目设计和投资回报分析的结合，计算出设计变化对投资回报的影响，从而协助业主单位进行选择，科学决策。

6. 可出图性

BIM并不是用来出常见的建筑设计院所出的建筑设计图纸，以及一些构件加工的图纸，而是通过对建筑物进行可视化展示、协调、模拟、优化以后，帮助业主出如下图纸：综合管线图（经过碰撞检查和设计修改，消除了相应错误以后）、综合结构留洞图（预埋套管图）、碰撞检查侦错报告和建议改进方案。

1.2 BIM技术的发展现状

建筑信息模型（BIM）自从2002年引入工程建设行业，至今已有20多年历程，目前已经在全球范围内得到业界的广泛认可，被誉为建筑业变革的革命性力量。BIM的理念早在1974年就被提出来了，最先从美国发展起来，随着全球化的进程，已经扩展到欧洲、日本、韩国、新加坡等国家或地区，目前这些国家或地区的BIM发展和应用都达到了一定水平。

1.2.1 BIM在国外的发展现状

1. BIM在美国的发展现状

美国是较早启动建筑业信息化研究的国家，目前，美国大部分建筑项目已经开始应用BIM，BIM的应用点种类繁多，而且存在各种BIM协会，也出台了各种BIM标准。BIM的价值在不断被认可。

2. BIM在英国的发展现状

英国政府以立法的形式，要求在工程建设领域强制使用BIM技术。英国的设计公司在BIM实施方面已经相当领先，因为伦敦是众多全球领先设计企业的总部，如Foster and Partners、BDP等，也是很多领先设计企业的欧洲总部，如HOK、SOM等。在这种背景下，政府发布的强制使用BIM的文件可以得到有效执行，因此，英国的BIM企业与世界其他地方相比，发展速度更快。

3. BIM在新加坡的发展现状

新加坡负责建筑业管理的国家机构是建筑管理署（BCA）。在BIM这一术语引进之前，新加坡政府就注意到信息技术对建筑业的重要作用。2011年，BCA发布了新加坡BIM发展路线规划，规划明确推动整个建筑业在2015年前广泛使用BIM技术。为了实现这一目标，BCA分析了面临的挑战，并制定了相关策略。

在创造需求方面，新加坡决定政府部门必须带头在所有新建项目中明确提出BIM需求。2011年，BCA与一些政府部门合作确立了示范项目。BCA将强制要求建设项目提交建筑BIM模型（2013年起）、结构与机电BIM模型（2014年起），并且最终在2015年前实现所有建筑面积大于5000 m²的项目必须提交BIM模型的目标。

在建立 BIM 能力与产量方面，BCA 鼓励新加坡的大学开设 BIM 课程，为毕业生组织 BIM 培训课程，为行业专业人士设立了 BIM 专业学位。

4. BIM 在北欧国家的发展现状

北欧国家包括挪威、丹麦、瑞典和芬兰，是一些重要的建筑业信息技术软件企业所在地，因此，这些国家是全球最早一批采用基于模型的设计的国家，也在推动建筑信息技术的互用性和开放标准（主要指 IFC）。北欧国家冬天漫长多雪，这使建筑的预制化非常重要，也促进包含丰富数据、基于模型的 BIM 技术的发展，这也促使它们及早地进行了 BIM 的部署。与英国、新加坡等国家不同，北欧四国政府并未强制要求使用 BIM，但由于当地气候的原因以及先进建筑信息技术软件的推动，BIM 技术的发展主要是企业的自觉行为。

5. BIM 在日本的发展现状

在日本，有"2009 年是日本的 BIM 元年"之说。大量的日本设计公司、施工企业开始应用 BIM，而日本国土交通省也在 2010 年 3 月表示，已选择一项政府建设项目作为试点，探索 BIM 在设计可视化、信息整合方面的价值及实施流程。日本软件业较为发达，在建筑信息技术方面也拥有较多的国产软件。

6. BIM 在韩国的发展现状

韩国在运用 BIM 技术上较为领先。多个政府部门都致力于制定 BIM 的标准，例如韩国公共采购服务中心和韩国国土海洋部。韩国主要的建筑公司已经在积极采用 BIM 技术，如现代建设、三星建设、空间综合建筑事务所、大宇建设、GS 建设、Daelim 建设等公司。

1.2.2　BIM 在我国的发展现状

近年来，BIM 在国内建筑业形成一股热潮，除前期软件厂商（PKPM、YJK、广联达、鲁班、斯维尔等）的大声呼吁外，政府相关单位、行业协会、设计单位、施工企业、科研院校等也开始重视并推广 BIM，部分高校也开始了 BIM 课题的研究，并将 BIM 技能列入专业人才培养方案中，作为学生毕业前必须掌握的技能之一。

早在 2010 年，清华大学通过研究，参考 NBIMS，结合调研提出了中国建筑信息模型标准框架，并且创造性地将该标准框架分为面向 IT 的技术标准与面向用户的实施标准。

2011 年 5 月，住房和城乡建设部发布的《2011—2015 年建筑业信息化发展纲要》中明确指出：在施工阶段开展 BIM 技术的研究与应用，推进 BIM 技术从设计阶段向施工阶段的应用延伸，降低信息传递过程中的衰减；研究基于 BIM 技术的4D 项目管理信息系统在大型复杂工程施工过程中的应用，实现对建筑工程有效的可视化管理等。

各大学前期主要集中于 BIM 的科研方面。例如，清华大学针对 BIM 标准的研究，上海交通大学的 BIM 研究中心侧重于 BIM 在协同方面的研究。随着企业各界对 BIM 的重视，各大学对 BIM 人才培养需求渐起。2012 年 4 月，首个 BIM 工程硕士班在华中科技大学开课，随后广州大学、武汉大学也开设了专门的 BIM 工程硕士班。

在产业界，前期主要是设计院、施工单位、咨询单位等对 BIM 进行一些尝试。最近几年，业主对 BIM 的认知度也在不断提升，大型房地产商也在积极探索应用 BIM；上海中心等大型建设项目要求在全生命周期中使用 BIM，BIM 已成为企业参与项目的门槛；其他项目中也逐渐将 BIM 写入招标合同，或将 BIM 作为技术标的重要亮点。目前，大中型设计企业基本上拥有了专门的 BIM 团队，有一定的 BIM 实施经验；施工企业起步略晚于设计企业，不过不少大型施工企业也开始了对 BIM 的实施与探索，也有了一些成功案例；BIM 在运维阶段的应用还处于探索研究中。

1.3　现行主要的 BIM 国家标准

2012 年 1 月，住房和城乡建设部发布的《关于印发 2012 年工程建设标准规范制订修订计划的通知》（建标〔2012〕5 号）宣告了中国 BIM 标准制定工作的正式启动，共发布 6 项 BIM 国家标准制定项目。这 6 项标准包括：BIM 技术的统一标准 1 项、基础标准 2 项和执行标准 3 项，目前已全部颁布。2016 年 12 月颁布《建筑信息模型应用统一标准》（GB/T 51212—2016），2017 年 7 月 1 日起实施，这是我国第一部建筑信息模型（BIM）应用的工程建设标准；2017 年 5 月颁布《建筑信息模型施工应用标准》（GB/T 51235—2017），这是我国第一部建筑工程施工领域的 BIM 应用标准，2018 年 1 月 1 日起实施；2017 年 10 月 25 日颁布《建筑信息模型分类和编码标准》（GB/T 51269—2017），2018 年 5 月 1 日起实施；2018 年 12 月 26 日颁布《建筑信息模型设计交付标准》（GB/T 51301—2018），2019 年 6 月 1 日起实施；2019 年 5 月颁布《制造工业工程设计信息模型应用标准》（GB/T 51362—2019），2019 年 10 月 1 日实施；2021 年 9 月 8 日颁布《建筑信息模型存储标准》（GB/T 51447—2021），2022 年 2 月 1 日起实施。与 BIM 相关的更多国家标准也在陆续制定中。

任务 2 常用 BIM 软件分类

工作任务卡（任务 2）

一、任务描述
BIM 技术到底有什么应用价值，有哪些常用的 BIM 软件？ 首先要了解 BIM 技术常见的应用场景，然后要弄清常用的 BIM 软件，以及常用软件之间的协作互用关系。
二、重点掌握
BIM 核心建模软件的应用场景。
三、学习笔记
四、课后评价
任务达成度（自评）：＿＿＿＿＿＿＿＿％。 任务达成度（教师评价）：＿＿＿＿＿＿＿＿％。 备注：

2.1   BIM 技术应用价值

BIM 技术可以应用在工程行业的诸多方面，主要有以下应用点：BIM 模型维护、场地分析、建筑策划、方案论证、可视化设计、协同设计、性能化分析、工程量统计、管线综合、施工进度模拟、施工组织模拟、数字化建造、物料跟踪、施工现场配合、竣工模型交付、维护计划、资产管理、空间管理、建筑系统分析等。

目前，建筑业企业应用于实际生产的应用点主要有可视化设计、管线综合、施工进度模拟、施工现场配合等。

2.1.1   可视化设计

BIM 提供了可视化的思路，可将以往线条式的构件形成一种三维立体实物图形展示在人们的面前。例如，施工图纸只是用线条绘制和表达各个构件的信息，其真正的构造就需要建筑业参与人员自行想象了。对于一般简单的东西来说，这种想象也未尝不可，但是现在建筑业的建筑形式各异，复杂造型在不断推出，那么这种光靠人脑去想象的方式就越来越无法满足工程实际需要了。BIM 提到的可视化是一种能够与构件之间形成互动性和反馈性的可视，在建筑信息模型中，由于整个过程都是可视化的，所以可视化的结果不仅可以用来展示效果图及生成报表，更重要的是，项目设计、建造、运营过程中的沟通、讨论、决策都在可视化的状态下进行。

2.1.2   管线综合

机电管线综合是现在最主要的一个应用点。在 CAD 时代，设计企业主要由建筑或机电专业牵头，将所有图纸打印成硫酸图，然后各专业将图纸叠在一起进行管线综合，由于二维图纸的信息缺失以及缺乏直观的交流平台，导致管线综合成为建筑施工前让业主最不放心的技术环节。随着建筑物规模和使用功能复杂程度的增加，无论是设计企业还是施工企业甚至是业主，都对机电管线综合的要求愈加强烈。利用 BIM 技术，通过搭建各专业的 BIM 模型，设计师能够在虚拟的三维环境下方便地发现设计中的碰撞冲突，从而大幅提高了管线综合的设计能力和工作效率。这不仅能及时排除项目施工环节中可以遇到的碰撞冲突，显著减少由此产生的变更申请单，更大幅提高了施工现场的生产效率，降低了由于施工协调造成的成本增加和工期延误。

2.1.3   施工进度模拟

建筑施工是一个高度动态的过程，随着建筑工程规模不断扩大、复杂程度不断提高，施工项目管理将变得极为复杂。当前建筑工程项目管理中经常用于表示进度计划的甘特图，由于专业性强、可视化程度低，无法清晰描述施工进度以及各种复杂关系，难以准确表达工程施工的动态变化过程。通过将 BIM 与施工进度计划相链接，将空间信息与时间信息整合在一个可视的 4D（3D+Time）模型中，可以直观、精确地反映整个建筑的施工过程。施工模拟技术可以在项目建造过程中合理制订施工计划、4D 精确掌握施工进度，优化使用施工资源以及科学地进行场地布置，对整个工程的施工进度、资源和质量进行统一管理和控制，以缩短工期、降低成本、提高质量。现阶段很多业主单位在招投标时也会提出此项要求，要求标书中需要有施工进度模拟。

2.1.4 施工现场配合

BIM 集成了建筑物的完整信息，同时提供了三维的交流环境。它与传统模式下项目各方人员在现场从图纸堆中找到有效信息后再进行交流相比，效率大幅提高。BIM 已经逐渐成为一个便于施工现场各方交流的沟通平台，可以让项目各方人员方便地协调项目方案，论证项目的可造性，及时排除风险隐患，减少由此产生的变更，从而缩短施工时间，降低由于设计协调造成的成本增加，提高施工现场生产效率。

2.2 常用 BIM 软件分类

常用 BIM 软件分类如图 2-1 所示。

图 2-1 常用 BIM 软件分类

2.2.1 BIM 核心建模软件

BIM 核心建模软件是 BIM 的基础，也是从事 BIM 工作首先需要熟悉的软件，简称"BIM 建模软件"。常用的 BIM 建模软件如图 2-2 所示。

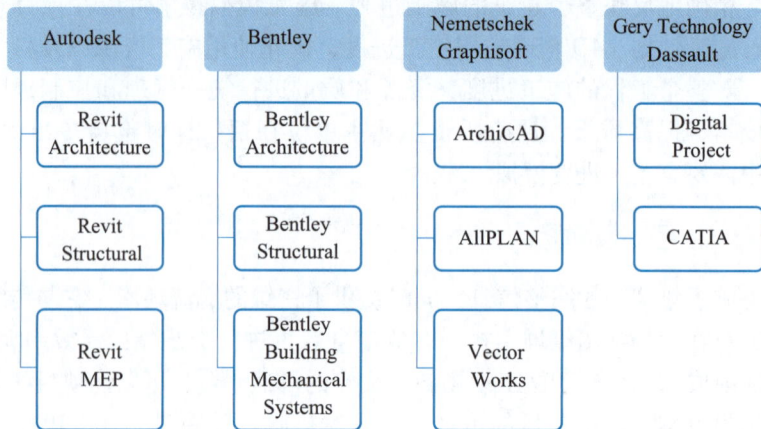

图 2-2   BIM 核心建模软件

（1）Autodesk 公司的 Revit 建筑、结构和机电系列，在民用建筑市场借助 Auto-CAD 的天然优势，有相当不错的市场表现。

（2）Bentley 的建筑、结构和设备系列，Bentley 产品在工厂设计（石油、化工、电力、医药等）和基础设施（道路、桥梁、市政、水利等）领域有无可争辩的优势。

（3）2007 年，Nemetschek 收购 Graphisoft 以后，ArchiCAD、AllPLAN、Vector Works 就成为同一公司旗下产品了。其中，国内从业者最熟悉的是 ArchiCAD，它属于一个面向全球市场的产品，也是最早的一个具有市场影响力的 BIM 核心建模软件，但在中国由于其专业配套的功能（仅限于建筑专业）与多专业一体的设计院体制不匹配，很难实现业务突破。Nemetschek 的另外两个产品，AllPLAN 主要市场在德语区，Vector Works 则是其在美国市场使用的产品名称。

（4）Dassault 公司的 CATIA 是全球高端的机械设计制造软件，在航空、航天、汽车等领域具有接近垄断的市场地位，应用到工程建设行业（无论是对复杂形体还是超大规模建筑），其建模能力、表现能力和信息管理能力都比传统的建筑类软件有明显优势，而与工程建设行业的项目特点和人员特点的对接问题则是其不足之处。Digital Project 是 Gery Technology 公司在 CATIA 基础上开发的一个面向工程建设行业的应用软件（二次开发软件），其本质还是 CATIA。

因此，对于一个项目或企业 BIM 核心建模软件技术路线的确定，可以考虑以下基本原则：民用建筑用 Revit，工厂设计和基础设施用 Bentley，单专业建筑事务所选择 ArchiCAD、Revit、Bentley 都可以，项目完全异形、预算比较充裕的可以选择 Digital Project 或 CATIA。

当然，业主和其他项目成员的要求也是在确定 BIM 技术路线时需要考虑的重要因素。

2.2.2　BIM 方案设计软件

目前，主要的 BIM 方案设计软件有 Onuma Planning System 和 Affinity 等。

2.2.3 与 BIM 接口的几何造型软件

目前常用的几何造型软件有 Sketchup、Rhino 和 FormZ 等。

2.2.4 BIM 可持续（绿色）分析软件

可持续（绿色）分析软件可以使用 BIM 模型的信息对项目进行日照、风环境、热工、景观可视度、噪声等方面的分析，主要软件有国外的 Echotect、IES、Green Building Studio 以及国内的 PKPM 等。

2.2.5 BIM 机电分析软件

水暖电等设备和电气分析软件国内产品有鸿业、博超等，国外产品有 Design-master、IESVirtual Environment、Trane Trace 等。

2.2.6 BIM 结构分析软件

ETABS、STAAD、Robot 等国外软件以及 PKPM 等国内软件都可以与 BIM 核心建模软件配合使用。

2.2.7 BIM 可视化软件

常用的可视化软件包括 3ds Max、Artlantis、AccuRender 和 Lightscape 等。

2.2.8 BIM 模型检查软件

目前，具有市场影响的 BIM 模型检查软件是 Solibri Model Checker。

2.2.9 BIM 深化设计软件

Xsteel 是目前最有影响的基于 BIM 技术的钢结构深化设计软件。

2.2.10 BIM 模型综合碰撞检查软件

常见的模型综合碰撞检查软件有 Autodesk Navisworks、Bentley Projectwise Navi-gator 和 Solibri Model Checker 等。

2.2.11 BIM 造价管理软件

国外的 BIM 造价管理有 Innovaya 和 Solibri，鲁班、广联达是国内 BIM 造价管理软件的代表。

2.2.12 BIM 运营管理软件

ArchiBUS、FacilityONE 是目前最有市场影响的运营管理软件。

2.2.13 BIM 发布和审核软件

最常用的 BIM 成果发布和审核软件包括 Autodesk Design Review、AdobePDF 和

Adobe3DPDF。

值得一提的是，制造业已经普遍应用的产品数据管理（Product Data Management，PDM）软件或具有类似功能的软件，作为 BIM 深入普及应用所必需的 BIM 数据管理解决方案，其地位和作用将被逐渐认识和实现。

上述图 2-1 所示软件可以简化为两个大类。

第一大类：创建 BIM 模型的软件，包括 BIM 核心建模软件、BIM 方案设计软件以及与 BIM 接口的几何造型软件。

第二大类：利用 BIM 模型的软件，除第一大类以外的其他软件。

这么多不同类型的软件如何有机地结合在一起为项目建设运营服务，如图 2-3 所示。

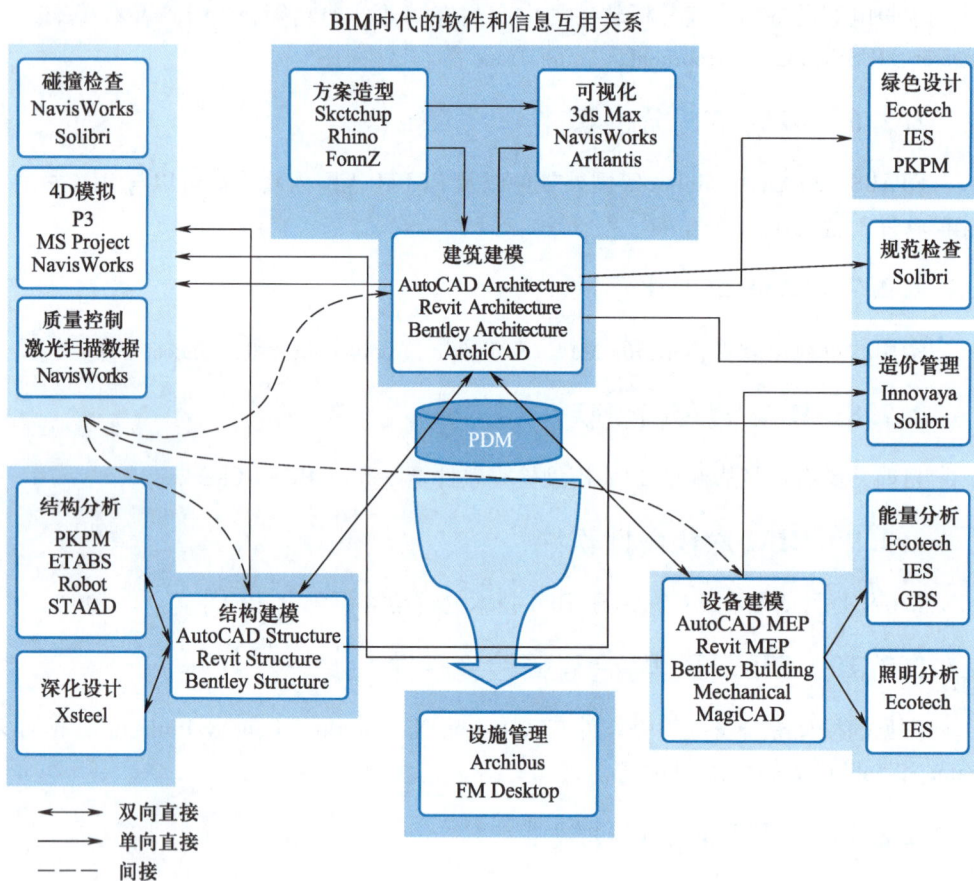

图 2-3   BIM 软件的互用关系

图 2-3 中，实线表示信息直接互用，虚线表示信息间接互用，箭头表示信息互用的方向。从图 2-3 中可以看到，不同类型的 BIM 软件可以根据专业和项目阶段做如下区分。

（1）建筑，包括 BIM 建筑模型创建、方案造型、可视化等。

（2）结构，包括 BIM 结构建模、结构分析、深化设计等。

（3）机电，包括 BIM 设备建模、能量分析、照明分析等。

（4）施工，包括碰撞检查、4D模拟、质量控制等。

（5）其他，包括绿色设计、规范检查、造价管理等。

（6）设施运营管理（Facility Management，FM）。

（7）产品数据管理（PDM）。

拓展阅读：国内著名BIM地标建筑

1. 上海中心大厦

上海中心大厦位于陆家嘴，堪称建筑界的MVP，不仅是中国首次建造600 m以上的建筑，也是目前已经建成项目里中国第一、世界第二的高楼，它以632 m的高度刷新了上海市浦东新区的城市天际线。这是中国第一次建造600 m以上的建筑，巨大的体量、庞杂的系统分支、严苛的施工条件，给上海中心的建设管理者们带来了全新的挑战，而数字化技术与BIM技术在当时的建筑工程界还属于陌生事物，上海中心大厦团队在项目初期就决定将数字化技术与BIM技术引入项目的建设中来。事实证明，这些先进技术在上海中心大厦的设计建造与项目管理中发挥了重要的作用。

2. 国家会展中心

国家会展中心室内展览面积40万平方米，室外展览面积10万平方米，整个综合体的建筑面积达到147万平方米，是世界上最大综合体项目，首次实现大面积展厅"无柱化"办展效果。总承包项目部引入BIM技术，为工程主体结构进行建模，然后把各专业建好的模型与总包建好的主体结构模型进行合模，有效地修正模型，解决施工矛盾，消除隐患，避免了返工、修整。

3. 珠海大剧院（日月贝）

珠海大剧院是世界上为数不多三面环海的歌剧院。在剧场的设计过程中，运用Autodesk的BIM软件帮助实现参数化的座位排布及视线分析，借助这一系统，可以切实地了解剧场内每个座位的视线效果，并做出合理、迅速的调整。在施工中，日月贝外形的薄壁大曲面施工主要采用先进的三维建模BIM技术，BIM技术助力解决项目全生命周期难题。

4. 上海佘山世茂洲际酒店

上海佘山世茂洲际酒店又名世茂深坑酒店，总建筑面积约为61087 m^2，酒店规划为地平面以上2层、地平面以下16层（其中水面以下两层），共建有336间（套）客房。所有客房都设有观景阳台，可以直接观赏深坑峭壁的瀑布。

上海佘山世茂洲际酒店耗资6亿元，历时8年建成，克服了一系列世界级建筑技术难题，完成了38项专利，其中已授权25项，被称为"全球人工海拔最低的五星级酒店"，是人类工程的伟大奇迹，更是世界建筑奇迹。

该项目在建造过程中采用了多项创新科技，BIM技术也得到了广泛的应用，例如：三维激光扫描，放线机器人，模型整合、协调（施工前期对相关专业BIM模型进行整合、碰撞检测，并通过多维剖分对隐蔽、复杂部位进行查看，经过充分协调后避免返工），方案优化和节点优化，设计验证，协同平台（采用基于广联云的BIM施工管理平台，将BIM模型数据、计划数据、工程图档数据、质量安全数据等集成到一起，应用到相应的施工现场管理工作中）等。

5. 上海世博会中国国家馆

　　BIM 技术在 2010 年上海世博会各大场馆的建造中发挥了巨大作用，大部分的世博场馆均运用了 BIM 技术，如中国国家馆、德国馆、芬兰馆、瑞典馆、演艺中心馆及文化中心馆等。中国国家馆的钢结构部分十分复杂，该项目工期紧、设计变更多。通过采用 Tekla Structures 建模，利用其强大的节点处理能力和多用户协同工作模式，为工程进度节省了时间，模型和图纸的永久关联保证了构件准确制造，最终 Tekla 在技术和质量上获得了承包单位和项目业主的一致好评。

任务 3　Autodesk Revit 软件简介

工作任务卡（任务 3）

一、任务描述
最常用的 BIM 核心建模软件是 Autodesk Revit，我们首先要了解这款软件的一系列的基本情况，要知道软件安装所需要的硬件配置以及软件环境，能够独立安装软件，并对 Revit 的基本界面有所认识。
二、重点掌握
Revit 的界面和功能划分、常用 BIM 术语。
三、学习笔记
四、课后评价
任务达成度（自评）：＿＿＿＿＿＿％。 任务达成度（教师评价）：＿＿＿＿＿＿％。 备注：

3.1　Autodesk Revit 概述

3.1.1　Autodesk Revit 简介

Autodesk Revit 系列软件是由全球领先的数字化设计软件供应商 Autodesk 公司针对建筑设计行业开发的三维参数化设计软件平台。之前以 Revit 技术平台为基础推出的专业版模块包括 Revit Architecture（Revit 建筑模块）、Revit Structure（Revit 结构模块）和 Revit MEP（Revit 设备模块——设备、电气、给排水）三个专业设计工具模块，以满足设计中各专业的应用需求（已在 2013 版后合并）。在 Revit 模型中，所有的图纸、二维视图和三维视图以及明细表都是同一个基本建筑模型数据库的信息表现形式。在图纸视图和明细表视图中操作时，Revit 将收集有关建筑项目的信息，并在项目的其他所有表现形式中协调该信息。Revit 参数化修改引擎可自动协调在任何位置（模型视图、图纸、明细表、剖面和平面中）进行的修改。

Autodesk Revit 最早是由一家名为 Revit Technology 的公司于 1997 年开发的三维参数化建筑设计软件。Revit 的原意为 revise immediately，意为"所见即所得"。2002 年，Autodesk 公司收购了 Revit Technology，从此 Revit 正式成为 Autodesk 三维解决方案产品线中的一部分。经过多年的开发和发展，Revit 已经成为全球知名的三维参数化 BIM 设计平台。

3.1.2　Autodesk Revit 与 BIM 的关系

BIM 是由 Autodesk 公司提出的一种新的流程和技术，其全称为 Building Information Modeling 或者 Building Information Model，意为"建筑信息模型"。从理念上说，BIM 是试图将建筑项目的所有信息纳入一个三维的数字化模型中。这个模型不是静态的，而是随着建筑生命周期的不断发展而逐步演进，从前期方案到详细设计、施工图设计、建造和运营维护等各个阶段的信息都可以不断集成到模型中，因此可以说 BIM 模型就是真实建筑物在计算机中的数字化记录。当设计、施工、运营等各方人员需要获取建筑信息时（例如需要图纸、材料统计、施工进度等）都可以从该模型中快速提取出来。BIM 是由三维 CAD 技术发展而来，但它的目标比 CAD 更为高远。如果说 CAD 是为了提高建筑师的绘图效率，BIM 则致力于改善建筑项目全生命周期的性能表现和信息整合。

所以说，BIM 是以三维数字技术为基础，集成了建筑工程项目各种相关信息的工程数据模型，可以为设计和施工提供相协调的、内部保持一致的并可进行运算的信息。换种说法就是，BIM 是通过计算机建立三维模型，并在模型中存储了设计师所要表达的所有信息，同时这些信息全部根据模型自动生成，并与模型实时关联。

3.1.3　Autodesk Revit 对 BIM 的意义

BIM 是一种基于智能三维模型的流程，能够为建筑和基础设施项目提供洞见，从而更快速、更经济地创建和管理项目，并减少项目对环境的影响。面向建筑生命周期的 Autodesk BIM 解决方案以 Autodesk Revit 软件产品创建的智能模型为基础，还有一套强大的补充解决方案用以扩大 BIM 的效用，其中包括项目虚拟可视化和模拟软件，AutoCAD 文档和专业制图软件，以及数据管理和协作。Autodesk 建筑设计套件、Autodesk 基础设施设计套件和 Autodesk 流程工厂设计套件提供综合性工具集，以富有成本效益的单个套装支持 BIM 流程。

继 2002 年 2 月收购 Revit 技术公司之后，Autodesk 提出了 BIM 这一术语，旨在区别 Revit 模型和较为传统的 3D 几何图形。当时，Autodesk 是将建筑信息模型（Building Information Modeling）用作战略愿景的检验标准，旨在让客户及合作伙伴积极参与交流对话，以探讨如何利用技术来支持乃至加速建筑行业采取更具效率和效能的流程，同时也是为了将这种技术与市场上较为常见的 3D 绘图工具相区别。

由此可见，Revit 是 BIM 概念的一个基础技术支撑和理论支撑。Revit 为 BIM 这种理念的实践和部署提供了工具和方法，成为 BIM 在全球工程建设行业内迅速传播并得以推广的重要因素之一。

3.1.4　国内的 BIM 以及 Revit 应用特点

（1）在国内建筑市场，BIM 理念已经被广为接受，Revit 逐渐被应用，工程项目对 BIM 和 Revit 的需求逐渐旺盛，尤其是复杂、大型项目。

（2）基于 Revit 的工程项目生态系统还不完善，基于 Revit 的插件、工具还不够完善、充分。

（3）国内 Revit 的应用仍然以设计企业为主，部分业主和施工单位也逐步参与。

（4）国内 Revit 人员的应用经验还比较初步，使用年限较短，熟悉 Revit API 的人才较为匮乏。

（5）中国勘察设计协会举办的 BIM 大奖赛极大地促进了以 Revit 为首的 BIM 软件的应用和推广。

3.1.5　Autodesk Revit 技术发展趋势

2011 年 5 月 16 日，住房和城乡建设部颁布了建筑业"十二五"发展纲要，明确提出要快速发展 BIM 技术，BIM 已成为行业发展的方向和目标，同时展现出我国设计行业在技术方面的一些未来发展趋势，例如 BIM 标准化、云计算、三维协同、BIM 和预加工技术、基于 BIM 的多维技术以及移动技术等。这些行业趋势也在极大地影响着 Revit 的技术发展方向，下面就列举其中的一些技术方向。

1. Revit 专业模块三合一

在 Autodesk 收购 Revit 之初以及发布 Autodesk Revit 前几年的时间里，Revit 基本上都只有 Revit Architecture 这个建筑模块，缺乏结构和设备部分。随着 Autodesk 的投入和进一步发展，Revit 终于按照建筑行业用户的专业发展为三款独立的产品：Revit Architecture（Revit 建筑版）、Revit Structure（Revit 结构版）和 Revit MEP

（Revit 设备版——设备、电气、给排水）。这三款产品属于同一个内核，概念和基本操作完全一样，但软件功能侧重点不同，从而适用于不同的专业。但随着 BIM 在行业推广的深入和 Revit 的普及，基于 Revit 的专业协同和数据共享需求越来越旺盛，Revit 三款产品在三个专业的独立应用上造成了一些影响。因此，在 2012 年，Autodesk 又将这三款独立的产品整合为一个产品，命名为 Autodesk Revit 2013，它实际上包含建筑、结构和设备三个专业模块，用户在使用 Revit 的时候可以自由安装、切换和使用不同的模块，从而减少对设计协同、数据交换的影响，帮助用户获得更广泛的工具集，在 Revit 平台内简化工作流，并与其他建筑设计规程展开更有效的协作。

2. Revit 与云计算的集成

Autodesk 在 2011 年年底正式推出云服务。截至目前，Autodesk 提供的云产品和服务已经超过 25 种。其中，云应用可以分为两类：第一类云应用是桌面的延伸。Autodesk 把 Web 服务和桌面应用整合在一起，在桌面上进行的设计完成之后，用户可以从云端获得基于云计算的分析和渲染等服务，整个计算过程不在本地完成，而是完全送到云端进行处理，并把计算的结果返回给用户。第二类云应用是单独应用。例如美家达人、Sketchbook 等，用户可以通过桌面电脑或移动设备进行操作。Revit 与云计算的集成属于第一类云应用，例如 Revit 与结构分析计算 Structural Analysis 模块的集成、与云渲染的集成等，同时与 Autodesk Revit 具备相同的 BIM 引擎的 Autodesk Vasari 可以理解为一种简化版的 Revit，是一款简单易用的、专注于概念设计的应用程序，也集成了更多基于云计算的分析工具，包括对碳和能源的综合分析、日照分析、模拟太阳辐射、轨迹、风力风向等分析，见图 3-1。

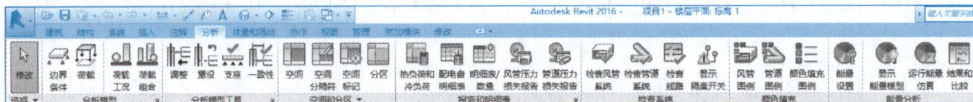

图 3-1　Autodesk Revit 的分析功能

3.2　Autodesk Revit 的硬件配置

Revit 2016 的特性如下：① 单线程绘图运算，大部分运算只调用单线程，因为服务器 CPU 核心多而单核心效能不及部分家用产品，因此部分服务器 CPU 反而比普通家用 CPU 表现差；② 对显卡要求较低，但是在显卡性能较低的情况下，重新生成图形时间延长，并有一定概率出现窗口绘图错误；③ 对内存要求高。因此，为了保证软件的流畅运行，建议计算机配置不低于以下配置要求，具体见表 3-1~表 3-3。

表 3-1　入门级配置要求

操作系统	64 位 Microsoft® Windows® 10 或 Windows 11。有关支持信息请参见 Autodesk 的产品支持生命周期

续表

CPU 类型	Intel® I 系列、Xeon®、AMD® Ryzen、Ryzen Threadripper PRO。3.5 GHz 或更高。建议尽可能使用高 CPU GHz。 Revit®软件产品将使用多个内核执行许多任务
内存	8 GB RAM。 此大小通常足够一个约占 100 MB 磁盘空间的单个模型进行常见的编辑会话。该评估基于内部测试和客户报告。不同模型对计算机资源的使用情况和性能特性会各不相同。 在一次性升级过程中，旧版 Revit 软件创建的模型可能需要更多的可用内存
视频显示器分辨率	最低要求：1280×1024 真彩色显示器。 最高要求：超高清（4 K）显示器
视频适配器	基本显卡：支持 24 位色的显示适配器。 高级显卡：支持 DirectX® 11 和 Shader Model 5 的显卡，最少有 4 GB 视频内存
磁盘空间	30 GB 可用磁盘空间

表 3-2　平衡价格和性能配置要求

操作系统	64 位 Microsoft® Windows® 10 或 Windows 11。有关支持信息请参见 Autodesk 的产品支持生命周期
CPU 类型	Intel® I 系列、Xeon®、AMD® Ryzen、Ryzen Threadripper PRO。3.5 GHz 或更高。建议尽可能使用高 CPU GHz。 Revit®软件产品将使用多个内核执行许多任务
内存	16 GB RAM。 此大小通常足够一个约占 300 MB 磁盘空间的单个模型进行常见的编辑会话。该评估基于内部测试和客户报告。不同模型对计算机资源的使用情况和性能特性会各不相同。 在一次性升级过程中，旧版 Revit 软件创建的模型可能需要更多的可用内存
视频显示器分辨率	最低要求：1680×1050 真彩色显示器。 最高要求：超高清（4 K）显示器
视频适配器	支持 DirectX 11 和 Shader Model 5 的显卡，最少有 4 GB 视频内存
磁盘空间	30 GB 可用磁盘空间

表 3-3　大型、复杂的模型配置要求

操作系统	64 位 Microsoft® Windows® 10 或 Windows 11。有关支持信息请参见 Autodesk 的产品支持生命周期
CPU 类型	Intel® I 系列、Xeon®、AMD® Ryzen、Ryzen Threadripper PRO。3.5 GHz 或更高。建议尽可能使用高 CPU GHz。 Revit®软件产品将使用多个内核执行许多任务
内存	32 GB RAM。 此大小通常足够一个约占 700 MB 磁盘空间的单个模型进行常见的编辑会话。该评估基于内部测试和客户报告。不同模型对计算机资源的使用情况和性能特性会各不相同。 在一次性升级过程中，旧版 Revit 软件创建的模型可能需要更多的可用内存

续表

视频显示器分辨率	最低要求：1920×1200 真彩色显示器。 最高要求：超高清（4 K）显示器
视频适配器	支持 DirectX 11 和 Shader Model 5 的显卡，最少有 4 GB 视频内存
磁盘空间	30 GB 可用磁盘空间。 10000+RPM 硬盘（用于点云交互）或固态驱动器

3.3 Autodesk Revit 软件安装流程

Autodesk 公司每年都会推出新版本的 Revit 软件，目前上市版本有 Revit 2013、Revit 2014、Revit 2015、Revit 2016 等，最新版本为 Revit 2022，用户可以根据自己的需求和实际情况选择适合的版本。高版本的 Revit 软件功能更全、更完善，但需要更高的计算机硬件配置，所以很多用户都会在能满足自身使用需求的前提条件下，选择版本较低的软件。以 Revit 2016 版为例，其安装过程如下。

（1）运行安装文件，选择解压目录。注意目录不要带有中文字符，见图 3-2。

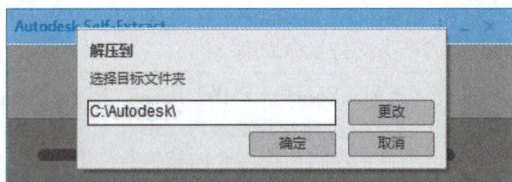

图 3-2 解压目录

（2）解压完毕后，系统自动弹出安装界面，单击"安装"按钮，见图 3-3。

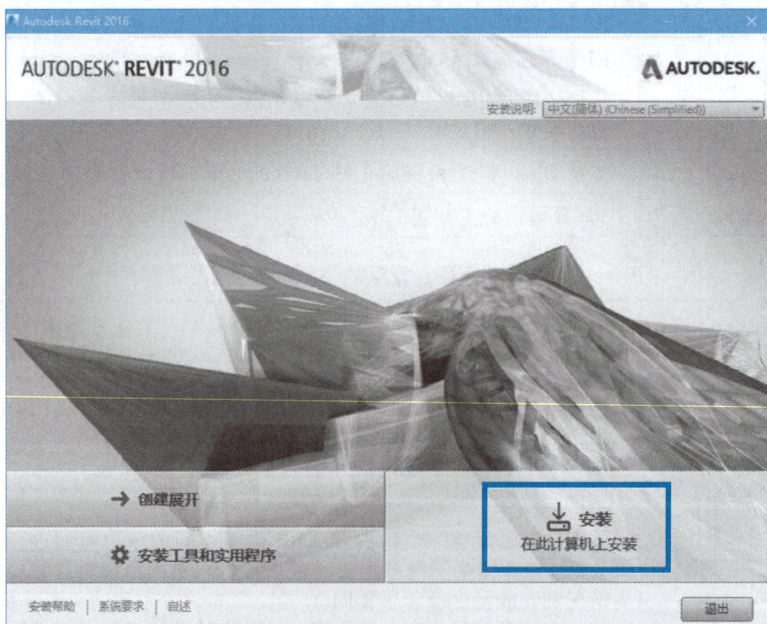

图 3-3 安装界面

（3）弹出安装许可协议界面，选择"我接受"单选按钮，单击"下一步"按钮，见图3-4。

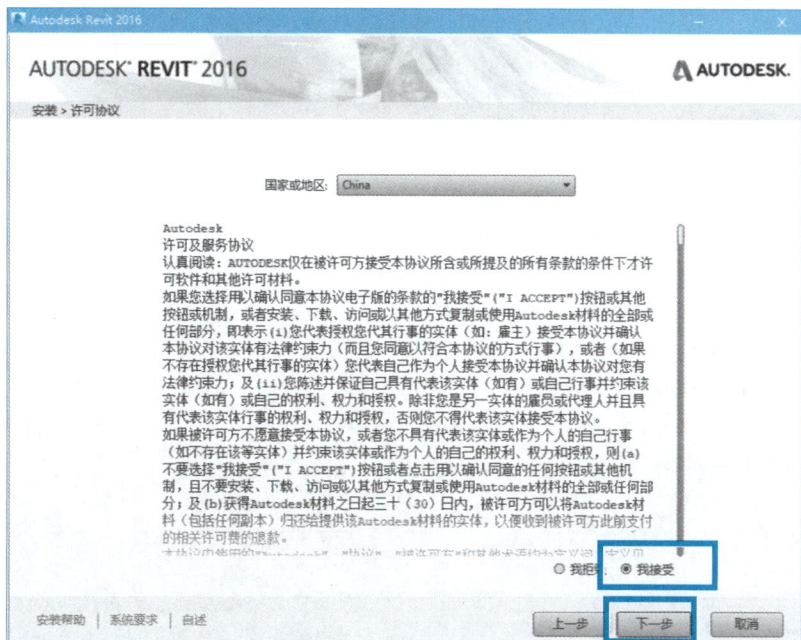

图3-4　同意许可协议

（4）弹出安装产品信息界面，输入"序列号"、安装产品密钥（Product Key），单击"下一步"按钮，见图3-5。

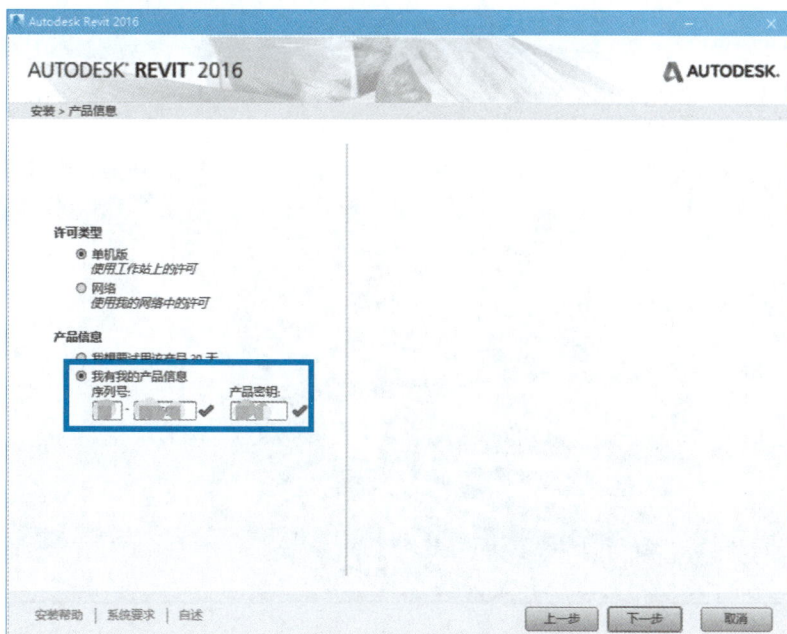

图3-5　输入序列号

（5）弹出配置安装界面，选择安装功能及安装路径，单击"安装"按钮，见图3-6。

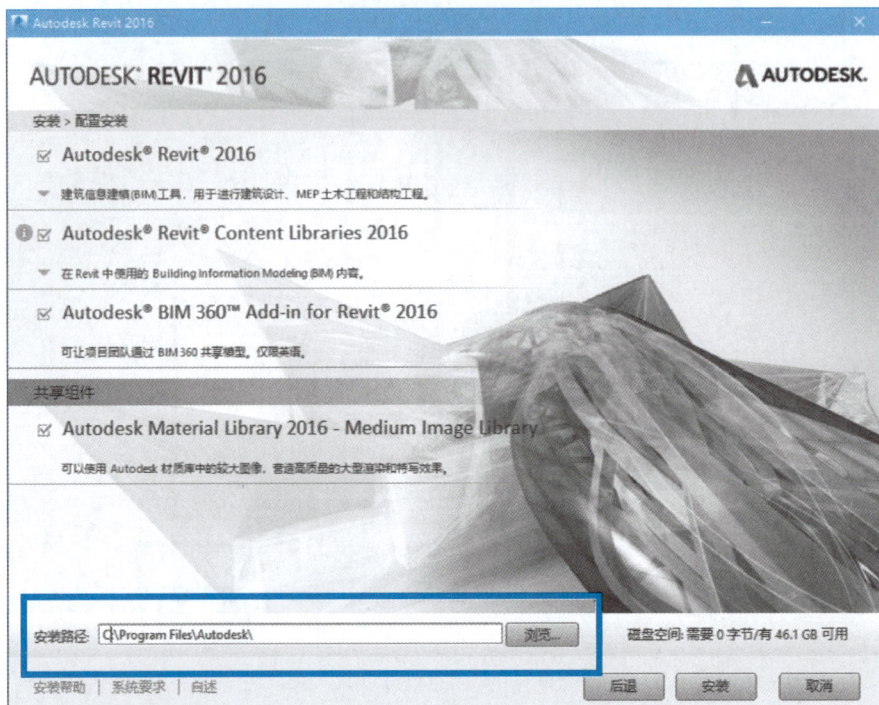

图3-6   安装路径

（6）系统会自动检测并安装相关软件，等待安装完成即可，见图3-7。

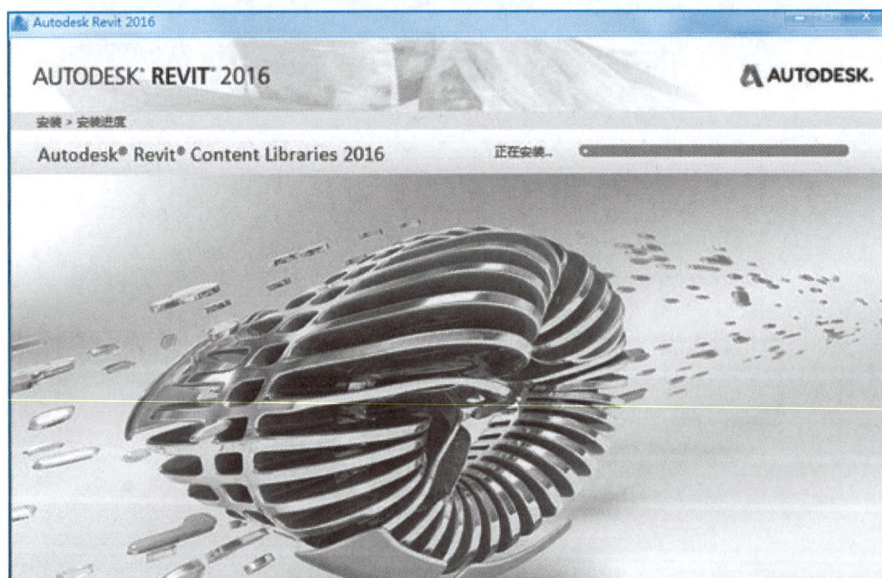

图3-7   等待界面

（7）安装完毕后，进行"激活"。

3.4　Autodesk Revit 基本界面介绍

打开软件之后，我们首先看到的是"最近使用的文件"界面。在这里可以打开新建项目和族，见图3-8。

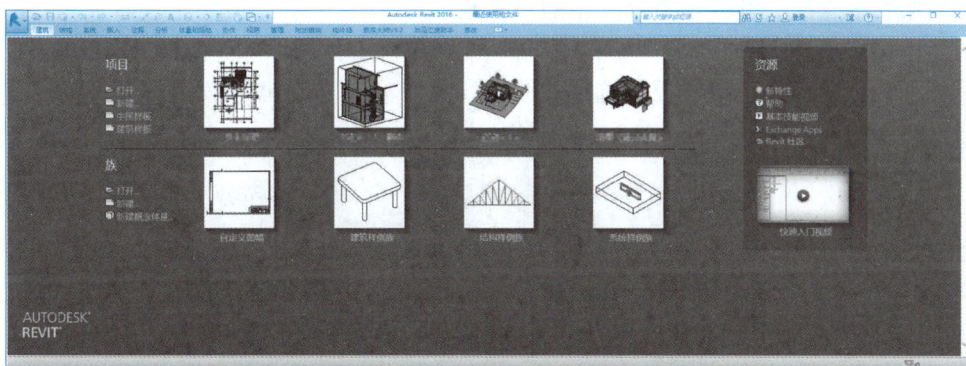

图 3-8　软件启动界面

3.4.1　项目样板设置

1. 样板文件与项目文件

样板文件的后缀名为".rte"，它是新建 Autodesk Revit 项目中的初始条件，定义了项目中初始参数，如度量单位、标高样式、尺寸标注样式、线型线宽样式等。用户可以自定义样板文件内容，并保存为新的".rte"文件。

项目文件的后缀名为".rvt"，包括设计中的全部信息，如建筑的三维模型、平立剖面及节点视图、各种明细表、施工图图纸以及其他相关信息，Autodesk Revit 会自动关联项目中所有设计信息（如平面图上尺寸的改变会即时地反映在立面图、三维视图等视图和信息上）。

2. 打开样板文件

第一步：运行 Revit 2016。

单击"Windows 开始菜单"→"所有程序"→"Autodesk"→"Revit 2016"→"Revit 2016"命令，或双击桌面上生成的"Revit 2016"快捷图标，打开 Revit 2016 程序。

第二步：创建基于样板文件的 Revit 文件。

打开 Revit 2016 后，可以通过界面左上方"项目"中的"打开""新建""建筑样板"三种方法打开建筑样板文件，见图3-9。

第一种方法：单击"项目"中的"打开"命令。

图 3-9　打开"建筑样板"文件

单击"打开"命令后，系统自动跳到存储样板文件的文件夹中，双击"De-faultCHSCHS"选项，可打开软件自带的建筑样板文件。

说明：① 一般来说，软件自带的建筑样板文件"DefaultCHSCHS"存于"C：/ProgramData/Autodesk/RVT2015/Templates/China"文件夹下。

② 通过这种方式打开的样板文件，不能另存为项目文件。

单击"项目"中的"打开"命令，也可以打开样板文件、族文件等文件。

第二种方法：单击"项目"中的"新建"命令。

单击"新建"命令后，从弹出的"新建项目"对话框中，单击"样板文件"下拉列表，选择"建筑样板"选项（图3-10），单击"确定"按钮，可直接打开软件自带的建筑样板文件"DefaultCHSCHS"。

图3-10 "新建项目"对话框

若有自定义的样板文件，单击"浏览"按钮，找到自定义的样板文件，单击"确定"按钮打开即可（图3-11）。

图3-11 打开自定义的样板文件

第三种方法：直接单击"项目"中的"建筑样板"命令。

这种方法可以直接打开软件自带的建筑样板文件"DefaultCHSCHS"。

3. 项目样板文件的存储位置

打开Revit后，单击界面左上方的应用程序按钮，单击"选项"按钮（图3-12）。在弹出的"选项"对话框中单击"文件位置"命令，会出现建筑样板、结构样板等的默认存储位置（图3-13），可以进行修改。

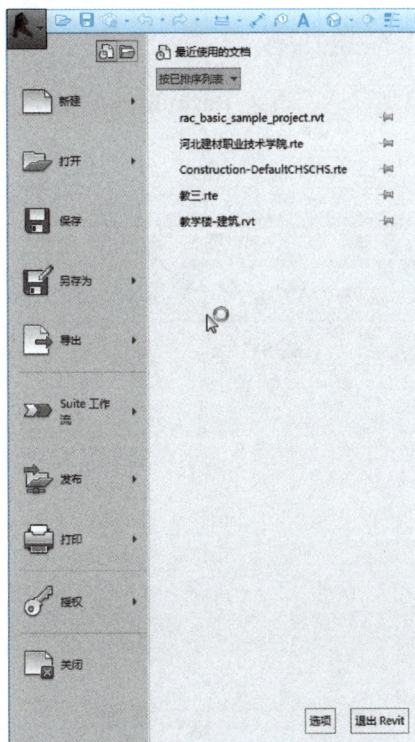

图 3-12　应用程序按钮

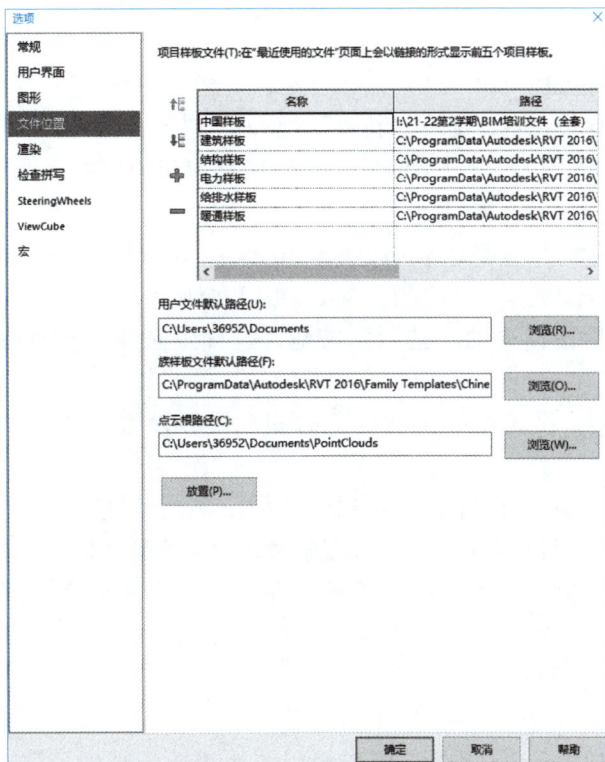

图 3-13　默认文件位置

3.4.2　项目工作界面介绍

打开样板文件或项目文件后，进入 Revit 2016 的工作界面，见图 3-14。

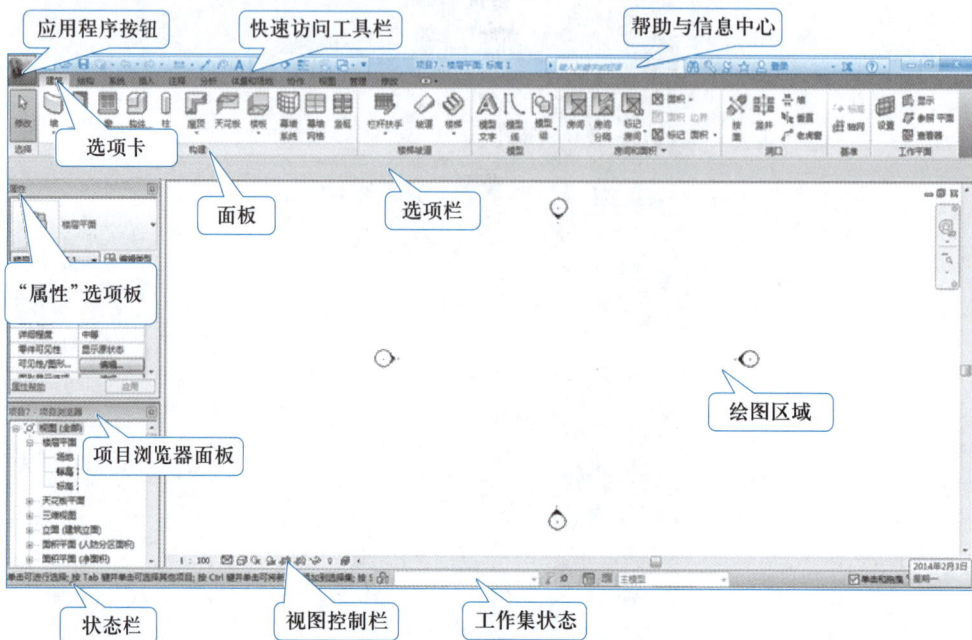

图 3-14　Revit 2016 工作界面

1. 应用程序按钮

单击应用程序按钮后，出现"新建""保存""另存为""打印"等选项。单击"另存为"选项，可将自定义的样板文件另存为新的样板文件（".rte"格式）或新的项目文件（".rvt"格式）。

说明：设计的一般过程是先按照图 3-10 所示的方式打开已有的样板文件，在绘图的过程中或绘图完毕，保存为".rvt"项目文件。

单击应用程序按钮中的"选项"按钮，打开"选项"对话框，各选项含义如下。

"常规"选项：设置保存自动提醒时间间隔，设置用户名，设置日志文件数量。

"用户界面"选项：配置工具和分析选项卡，设置快捷键。

"图形"选项：设置背景颜色，设置临时尺寸标注的外观。

"文件位置"选项：设置项目样板文件路径、族样板文件路径，设置族库路径。

2. 快速访问工具栏

快速访问工具栏包含一组默认工具。用户可以对快速访问工具栏进行自定义，使其显示最常用的工具。

快速访问工具栏的操作方法如下。

（1）移动快速访问工具栏。单击"在功能区下方显示"或"在功能区上方显示"命令即可将快速访问工具栏显示在功能区下方或上方。

（2）将工具添加到快速访问工具栏中。使用鼠标右键将工具添加到快速访问工具栏。

（3）自定义快速访问工具栏。单击"快速访问工具栏"下拉按钮，弹出工具列表，可自定义快速访问工具栏。

3. 帮助与信息中心

Revit 2016 工作界面右上角为"帮助与信息中心"，见图3-14。

（1）搜索。在🔍前面的文本框中输入关键字，单击"搜索"按钮，即可得到需要的信息。

（2）Subscription Center。对于购买了"Subscription 维护暨服务合约"升级保障的用户，单击它可链接到 Autodesk 公司的 Subscription Center 网站，用户可自行下载相关软件的工具插件、管理自己的软件授权信息等。

（3）通信中心。单击它可显示有关产品更新和通告的信息的链接，可能包括至 RSS 提要的链接。

（4）收藏夹。单击它可显示保存的主题或网站链接。

（5）登录。单击它可登录 Autodesk 360 网站，以访问与桌面软件集成的服务。

（6）Exchange Apps。单击它可登录 Autodesk Exchange Apps 网站，选择一个 Autodesk Exchange 商店，可访问已获得 Autodesk 批准的扩展程序。

（7）帮助。单击它可打开帮助文件。打开它后面的下拉列表，可找到更多的帮助资源，见图3-15。

图 3-15　帮助与信息中心

4. 功能区选项卡及面板

创建或打开文件时，功能区会显示，它提供创建项目或族所需的全部工具。

功能区主要有"建筑""结构""系统""插入""注释""分析""体量和场地""协作""视图""管理""修改"选项卡。

在选择图元或使用工具操作时，会出现与该操作相关的"上下文选项卡"，上下文选项卡的名称与该操作相关，例如，当修改一个"墙"图元时，上下文选项卡的名称为"修改｜墙"，见图3-16。

图 3-16　上下文选项卡

上下文选项卡显示与该工具或图元的上下文相关的工具，在许多情况下，上下文选项卡与"修改"选项卡合并在一起。退出该工具或清除选择时，上下文选项卡会关闭。

每个选项卡中都包括多个面板，每个面板内有各种工具，面板下方显示该面板的名称。例如，"建筑"选项卡下的"构建"面板中有"墙""门""窗"等工具，见图3-17。

单击面板上的工具，可以启用该工具。在某个工具上使用鼠标右键单击，可将某些工具添加到快速访问工具栏，以便快速访问。

功能区的使用方法如下。

（1）自定义功能区。按住"Ctrl"键和鼠标左键可以在功能区上移动选项卡；按住鼠标左键可以在功能区选项卡上移动面板；可以用鼠标指针将面板移出功能区，将多个浮动面板固定在一起，将多个固定面板作为一个组来移动，还能使浮动面板返回功能区。

（2）修改功能区的显示。最小化显示功能区的方法见图3-18。

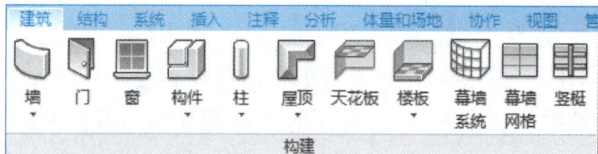

图 3-17 "建筑"选项卡下的"构建"面板   图 3-18 最小化显示

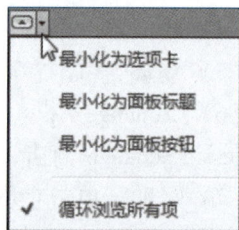

5. 选项栏

选项栏位于面板的下方、"属性"选项板和绘图区域的上方。其内容根据当前命令或选定图元而变化，从中可以选择子命令或设置相关参数。

例如，单击"建筑"选项卡下"构建"面板中的"墙"工具时，出现的选项栏见图3-19。

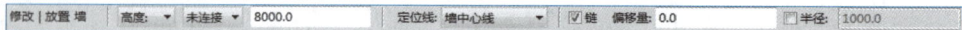

图 3-19 "墙"选项栏

6. "属性"选项板

"属性"选项板主要用于查看和修改 Revit 中图元属性的参数。启动 Revit 时，"属性"选项板处于打开状态并固定在绘图区域左侧项目浏览器的上方。"属性"选项板见图3-20。

（1）类型选择器。若在绘图区域中选择了一个图元，或有一个用来放置图元的工具处于活动状态，则"属性"选项板的顶部将显示类型选择器。类型选择器标识当前选择的族类型，并提供一个可从中选择其他类型的下拉列表，见

图 3-21。

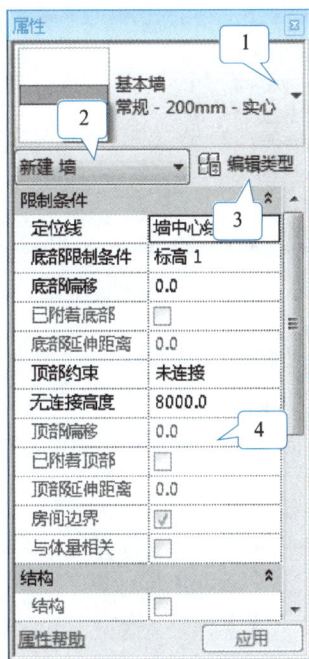

图 3-20 "属性"选项板
1—类型选择器；2—属性过滤器；
3—编辑类型；4—实例属性

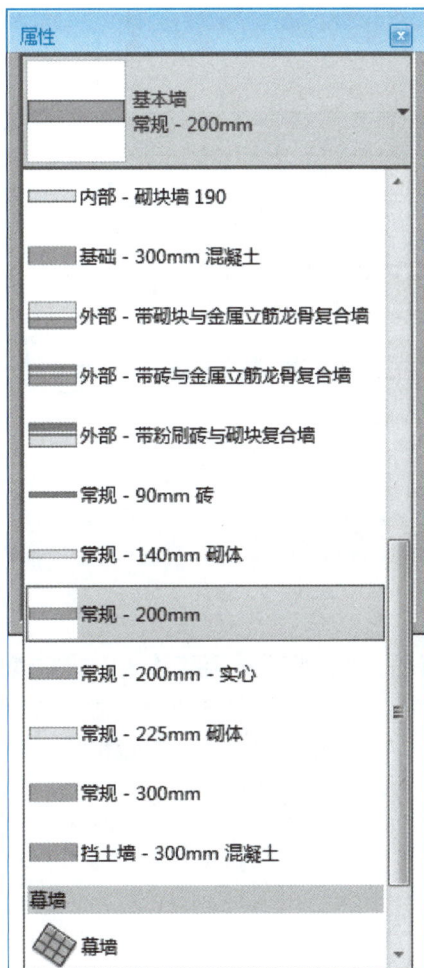

图 3-21 类型选择器

（2）属性过滤器。类型选择器的正下方是一个过滤器，该过滤器用来标识由工具放置的图元类别，或标识绘图区域中所选图元的类别和数量，见图3-22。如果选择了多个类别或类型，则"属性"选项板上仅显示所有类别或类型共有的实例属性。如果只选择一个类别，使用过滤器的下拉列表可以仅查看特定类别或视图本身的属性。注意选择特定类别不会影响整个选择集。

（3）编辑类型。单击"编辑类型"按钮将会弹出"类型属性"对话框，在"类型属性"对话框中进行修改将会影响该类型的所有图元。

（4）实例属性。修改实例属性（图3-23）仅修改被选择的图元，不修改该类型的其他图元。

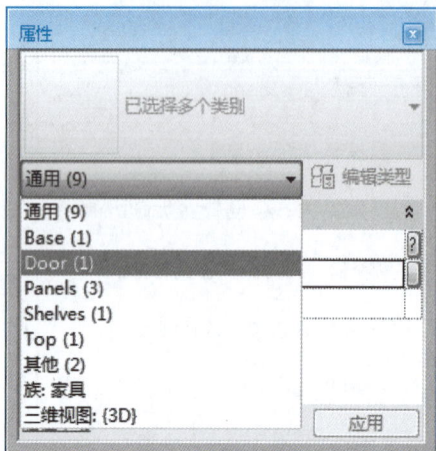

图 3-22   属性过滤器

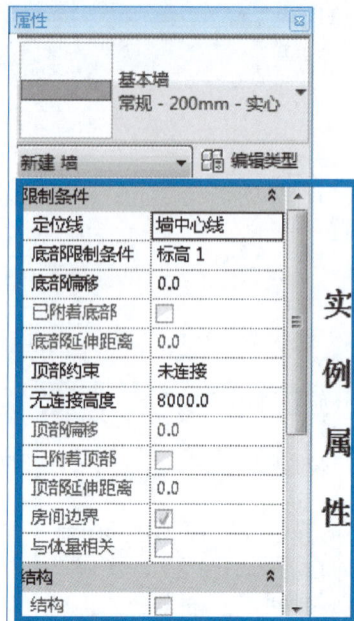

图 3-23   实例属性

说明:"属性"选项板关闭方式有两种,单击"修改"选项卡→"属性"面板→"属性"命令(图3-24),或单击"视图"选项卡→"窗口"面板→"用户界面"下拉列表,将"属性"前的"√"去掉,见图3-25。同样,采用这两种方式也可以打开"属性"选项板。

图 3-24   "属性"工具

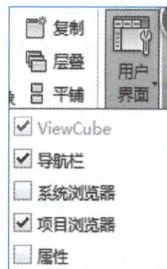

图 3-25   用户界面

7. 项目浏览器面板

Revit 2016 把所有楼层平面、天花板平面、三维视图、立面、剖面、图例、图纸,以及明细表、族等全部分门别类地放在项目浏览器中统一管理。双击视图名称即可打开视图,选择视图名称,使用鼠标右键单击即可找到复制、重命名、删除等常用命令,见图3-26。

例如:在打开程序自带的样板文件(图3-10)后,在项目浏览器中展开"视图(全部)"→"立面(建筑立面)"项,双击视图名称"南",进入南立面视图。可在绘图区域内看到标高1和标高2,见图3-27。

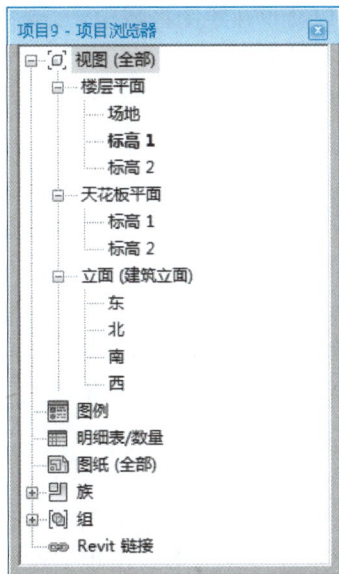

图 3-26 项目浏览器

图 3-27 南立面视图

8. 视图控制栏

视图控制栏位于绘图区域下方，单击视图控制栏中的按钮，即可设置视图的比例、详细程度、设置阴影、显示渲染对话框、显示裁剪区域、临时隐藏/隔离等。

9. 状态栏

状态栏位于 Revit 2016 工作界面的左下方。使用某一命令时，状态栏会提供有关要执行的操作的提示。当鼠标指针停在某个图元或构件时，图元或构件会高亮显示，同时状态栏会显示该图元或构件的族及类型名称。

10. 绘图区域

绘图区域是 Revit 软件进行建模操作的区域，绘图区域背景的默认颜色是白色，可通过"选项"设置颜色，按"F5"键可刷新屏幕。

"视图"选项卡的"窗口"面板用于管理绘图区域窗口。

切换窗口：按快捷键"Ctrl+Tab"，可以在打开的所有窗口之间进行快速切换，见图 3-28。

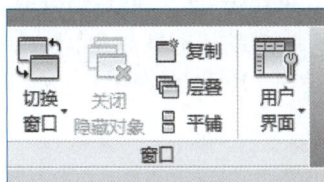

图 3-28 "切换窗口"按钮

平铺：将所有打开的窗口显示在绘图区域中。

层叠：层叠显示所有打开的窗口。

复制：复制一个已打开的窗口。

关闭隐藏对象：关闭除当前显示的窗口外的所有窗口。

3.5　Autodesk Revit 术语

Revit 是三维参数化建筑设计 CAD 工具，但它与 AutoCAD 绘图软件不同。虽然用于标识 Revit 中对象的大多数术语或概念都是常见的行业标准术语，但是，一些术语对 Revit 来讲是唯一的，了解这些术语或基本概念非常重要。

3.5.1　参数化

参数化设计是 Revit 的一个重要特征，它分为两个部分：参数化图元和参数化修改引擎。Revit 中的图元都是以构件的形式出现，这些构件是通过一系列参数定义的。参数保留了图元作为数字化建筑构件的所有信息。举个例子来说明 Revit 中参数化的作用：当建筑师需要指定墙与门之间的距离为 200 mm 的墙垛时，可以通过参数关系来"锁定"门与墙之间的间隔。

参数化修改引擎允许用户在对建筑设计时任何部分的任何改动都能自动修改其他相关联的部分。例如，在立面视图中修改了窗的高度，Revit 将自动修改与该窗相关联的剖面视图中窗的高度。任一视图下所发生的变更都能参数化、双向地传播到所有视图，以保证所有图纸的一致性，无须逐一对所有视图进行修改，从而提高了工作效率和工作质量。

3.5.2　项目与项目样板

Revit 中，所有设计信息都被存储在一个后缀名为".rvt"的 Revit"项目"文件中。项目就是单个设计信息数据库——建筑信息模型。项目文件包含建筑的所有设计信息（从几何图形到构造数据），如建筑的三维模型、平立剖面及节点视图、各种明细表、施工图图纸及其他相关信息。这些信息包括用于设计模型的构件、项目视图和设计图纸。通过使用单个项目文件，Revit 不仅可以轻松地修改设计，还可以使修改反映在所有关联区域（如平面视图、立面视图、剖面视图、明细表等）中。仅需跟踪一个文件同样方便了项目管理。

当在 Revit 中新建项目时，Revit 会自动以一个后缀名为".rte"的文件作为项目的初始条件，这个".rte"格式的文件称为"样板文件"。Revit 的样板文件功能与 AutoCAD 的".dwt"相同。样板文件中定义了新建项目中默认的初始参数，例如：项目默认的度量单位、默认的楼层数量的设置、层高信息、线型设置、显示设置等。Revit 允许用户自定义样板文件的内容，并保存为新的".rte"文件，见图 3-29。

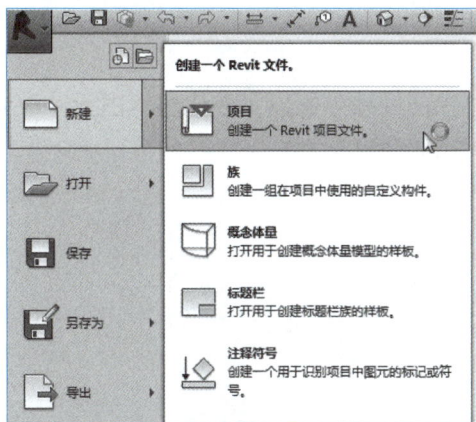

图 3-29　新建项目菜单

3.5.3　样板文件

项目样板提供项目的初始状态。Revit Architecture 提供几个样板，用户也可以创建自己的样板。基于样板的任意新项目均继承来自样板的所有族、设置（如单位、填充样式、线样式、线宽和视图比例）及几何图形。

如果把一个 Revit 项目比作一张图纸的话，那么样板文件就是制图规范，样板文件中规定了这个 Revit 项目中各个图元的表现形式，例如线有多宽、墙该如何填充、度量单位用毫米还是用英寸等。除了这些基本设置，样板文件中还包含该样板中常用的族文件，例如，在工业建筑的样板文件中，"族"里面就包括吊车之类的只有在工业建筑中才会常用的族文件。

3.5.4　标高

标高是无限水平平面，用作屋顶、楼板和天花板等以层为主体的图元的参照。标高大多用于定义建筑内的垂直高度或楼层。用户可为每个已知楼层或建筑的其他必需参照（如第二层、墙顶或基础底端）创建标高。要放置标高，必须处于剖面或立面视图中。图 3-30 显示了贯穿三维视图切割的级别 2 工作平面及旁边相应的楼层平面。

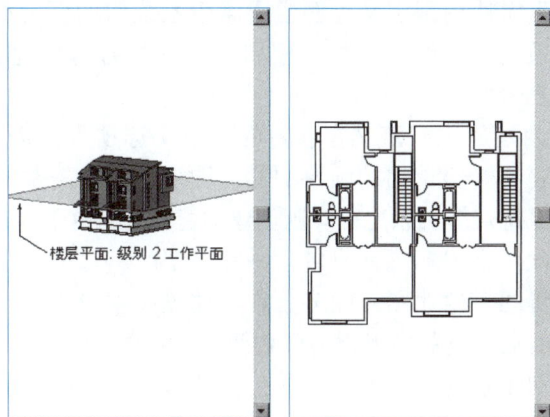

图 3-30　平面剖切

3.5.5   图元

在创建项目时，可以向设计中添加参数化建筑图元。Revit 按照类别、族和类型对图元进行分类，见图 3-31。

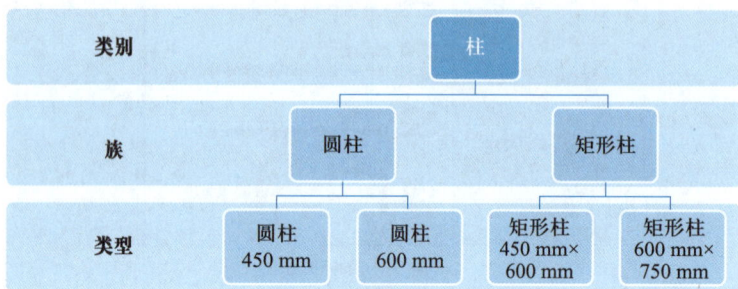

图 3-31   参数化分类

1. 族

族（family）是一个包含通用属性（称作参数）集和相关图形表示的图元组。在 Revit 中进行设计时，基本的图形单元被称为图元，例如在项目中建立的墙、门、窗、文字、尺寸标注等都被称为图元。所有这些图元都是使用族来创建的。可以说族是 Revit 的设计基础。族中包括许多可以自由调节的参数，这些参数记录着图元在项目中的尺寸、材质、安装位置等信息。修改这些参数可以改变图元的尺寸、位置等。

一个族中不同图元的部分或全部属性都有不同的值，但属性的设置是相同的。例如：门可以看成一个族，它有不同的门，包括推拉门、双开门、单开门等。

在 Revit 中可以使用以下类型的族。

（1）可载入族。可载入族又称标准构件族，可以载入项目中，并根据族样板创建，可以确定族的属性设置和族的图形化表示方法。

（2）系统族。不能作为单个文件载入或创建。Revit 预定义了系统族的属性设置及图形表示。

用户可以在项目内使用预定义类型生成属于系统族的新类型。例如，标高的行为在系统中已经预定义。但用户可以使用不同的组合来创建其他类型的标高。系统族可以在项目之间传递。

（3）内建族。内建族用于定义在项目的上下文选项卡中创建的自定义图元。如果用户的项目需要不希望重用的独特的几何图形，或者需要的几何图形必须与其他项目几何图形保持众多关系之一，则创建内建图元。由于内建图元在项目中的使用受到限制，因此每个内建族都只包含一种类型。用户可以在项目中创建多个内建族，并且可以将同一内建图元的多个副本放置在项目中。与系统族和标准构件族不同，用户不能通过复制内建族类型来创建多种类型。

标准构件族区别于系统族的不同之处：标准构件族可以作为独立文件存在于建筑模型之外，且具有".rfa"扩展名；可以载入项目中；可以在项目之间进行传递；可以保存到用户的库中；对它的修改，将会在整个项目中传播，并自动在本项目中该族或该类型的每个实例中反映出来。系统族则不具备上述功能。

族文件可算是 Revit 软件的精髓所在。初学者常将 SketchUp 中的组件和 Revit 中的族进行比较，从形式上来看，两者确实有相似之处，族可以看作一种参数化的组件。例如：一个门，在 SketchUp 中是一个门组件，但门的尺寸是固定的，如果用户需要不同尺寸的门，就需要重新做一个门；而在 Revit 中是一个门的族，用户是可以对门的尺寸、材质等属性进行修改的。所以，族可以看作一种参数化的组件。

2. 类型

族是相关类型的集合，是类似几何图形的编组。族中的成员几何图形相似但尺寸不同。类型可以看成族的一种特定尺寸，也可以看成一种样式。

各个族可拥有不同的类型，类型是族的一种特定尺寸，每个不同的尺寸都可以是同一族内的新类型。

任务 4   Autodesk Revit 基本操作

工作任务卡（任务 4）

一、任务描述
正式绘图前，要先了解如何进行项目的基本设置。熟悉使用鼠标和键盘进行图形浏览与控制的基本操作，能进行图元编辑，要反复练习直至熟练。

二、重点掌握
选择、复制、移动、对齐等图元编辑的基本操作。

三、学习笔记

四、课后评价
任务达成度（自评）：＿＿＿＿＿＿＿＿＿％。 任务达成度（教师评价）：＿＿＿＿＿＿＿＿＿％。 备注：

4.1　项目基本设置

4.1.1　项目信息

单击"管理"选项卡→"设置"面板→"项目信息"工具，弹出"项目属性"对话框，输入日期、项目地址、项目名称等信息，单击"确定"按钮，见图4-1。

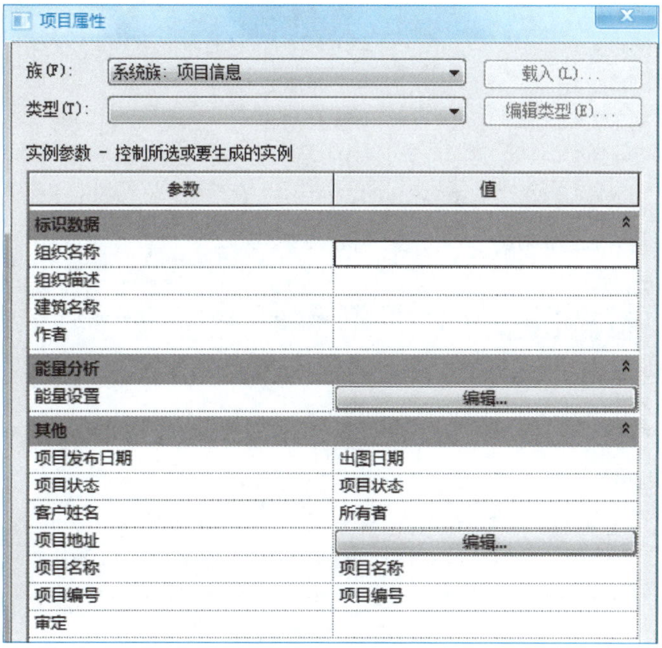

图 4-1　项目属性

4.1.2　项目单位

单击"管理"选项卡→"设置"面板→"项目单位"工具，弹出"项目单位"对话框，设置"长度""面积""角度"等单位。默认值长度的单位是"mm"，面积的单位是"m^2"，角度的单位是"°"。

4.1.3　捕捉

单击"管理"选项卡→"设置"面板→"捕捉"工具，弹出"捕捉"对话框，可修改捕捉选项，见图4-2。

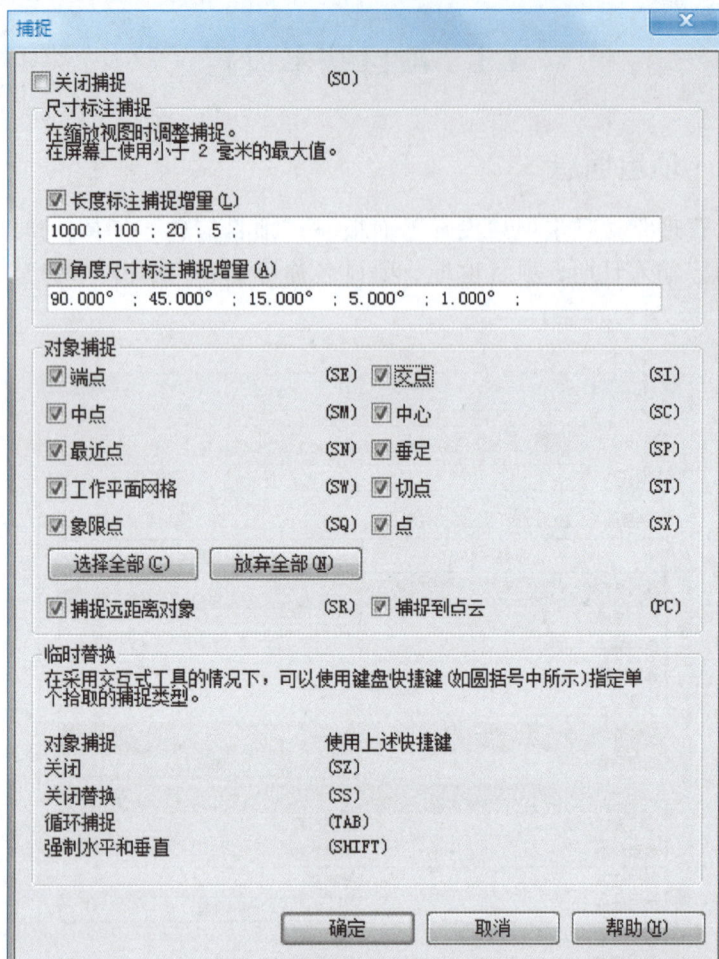

图4-2　"捕捉"设置

4.2　图形浏览与控制基本操作

4.2.1　视口导航

1. 在平面视图下进行视口导航

展开项目浏览器中的"楼层平面"或"立面（建筑立面）"，在某一平面或立面上双击，打开平面或立面视图。单击"绘图区域"右上角导航栏中的"控制盘"工具（图4-3），出现二维控制盘（图4-4）。单击"平移""缩放""回放"按钮，可以对图像进行移动或缩放。

说明：用户也可利用鼠标指针进行缩放和平移。向前滚动滚轮为"扩大显示"；向后滚动滚轮为"缩小显示"；按住滚轮不放，移动鼠标指针可对图形进行平移。

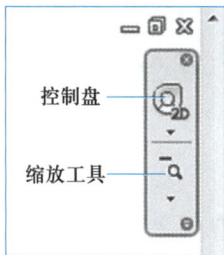

图 4-3　控制盘工具

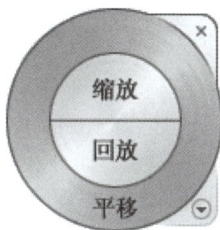

图 4-4　控制盘

2. 在三维视图下进行视口导航

展开项目浏览器中的"三维视图"，双击"3D"命令，打开三维视图。单击"绘图区域"右上方导航栏中的"控制盘"工具，出现"全导航控制盘"（图 4-5）。使用鼠标左键按住"动态观察"按钮不放，鼠标指针会变为"动态观察"状态，左右移动鼠标指针，将对三维视图中的模型进行旋转。视图中绿色球体表示动态观察时视图旋转的中心位置，使用鼠标左键按住控制盘的"中心"选项不放，可拖动绿色球体至模型上的任意位置，松开鼠标左键，可重新设置中心位置。

说明：按住"Shift"键，再按住鼠标右键不放，移动鼠标指针也可进行动态观察。

在三维视图下，"绘图区域"右上角会出现 ViewCube 工具（图 4-6）。ViewCube立方体中各顶点、边、面和指南针的指示方向，代表三维视图中不同的视点方向，单击立方体或指南针的各部位，可以在各方向视图中切换显示，按住 ViewCube 或指南针上的任意位置并拖动鼠标指针，可以旋转视图。

图 4-5　全导航控制盘

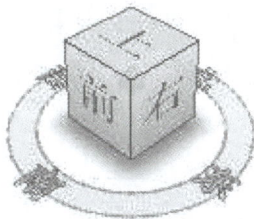

图 4-6　ViewCube 工具

4.2.2　使用视图控制栏

视图控制栏可用于对图元可见性进行控制，视图控制栏位于绘图区域底部、状态栏的上方，见图 3-14。视图控制栏中有① 比例、② 详细程度、③ 视觉样式、④ 日光路径、⑤ 设置阴影、⑥ 显示渲染对话框、⑦ 裁剪视图、⑧ 显示裁剪区域、⑨ 解锁的三维视图、⑩ 临时隐藏/隔离、⑪ 显示隐藏的图元、⑫ 分析模型的可见性等工具，见图 4-7。

视觉样式、日光路径、设置阴影、临时隐藏/隔离、显示隐藏的图元是常用的视图显示工具。

图 4-7　视图控制栏

1. 视觉样式

单击视图控制栏"视觉样式"按钮，可以看到"线框""隐藏线""着色""一致的颜色""真实""光线追踪"样式和"图形显示选项"。

"线框"样式可显示绘制了所有边和线而未绘制表面的模型图像，见图 4-8。

图 4-8　"线框"样式

"隐藏线"样式可显示绘制了除被表面遮挡部分以外的所有边和线的图像，见图 4-9。

图 4-9　"隐藏线"样式

"着色"样式可显示处于着色模式下的图像，而且具有显示间接光及阴影的选项，见图 4-10。从"图形显示选项"对话框中选择"显示环境光阴影"，以模拟环境光漫反射的效果。默认光源为着色图元提供照明。着色时可以显示的颜色数取决于在 Windows 中配置的显示颜色数。该设置只会影响当前视图。

图 4-10　"着色"样式

"一致的颜色"样式显示所有表面都按照表面材质颜色设置进行着色的图像，见图4-11。该样式会保持一致的着色颜色，使材质始终以相同的颜色显示，而无论以何种方式将其定向到光源。

图4-11 "一致的颜色"样式

单击应用程序按钮，单击"选项"按钮，弹出"选项"对话框，勾选"使用硬件加速"复选框后，"真实"样式将在可编辑的视图中显示材质外观。旋转模型时，表面会显示在各种照明条件下呈现的外观，见图4-12。从"图形显示选项"对话框中选择"环境光阻挡"，以模拟环境（漫射）光的阻挡。注意："真实"视图中不会显示人造灯光。

"光线追踪"视觉样式是一种照片级真实感渲染模式，该模式允许平移和缩放模型，如图4-13所示。在使用该视觉样式时，模型的渲染在开始时分辨率较低，但会迅速增加保真度，从而看起来更具有照片级真实感。在使用"光线追踪"模式期间或在进入该模式之前，可以选择从"图形显示选项"对话框设置"照明""摄影曝光"和"背景"。可以使用ViewCube、导航控制盘和其他相机操作，对模型执行交互式漫游。

图4-12 "真实"视觉样式

图4-13 "光线追踪"视觉样式

2. 日光路径、阴影

在所有三维视图中，除使用"线框"或"一致的颜色"视觉样式的视图外，都可以使用日光路径和阴影。而在二维视图中，日光路径可以在楼层平面、天花板投影平面、立面和剖面中使用。在研究日光和阴影对建筑和场地的影响时，为了获得最佳的结果，应打开三维视图中的日光路径和阴影显示。

3. 临时隐藏/隔离

"隔离"工具可对图元进行隔离（即在视图中保持可见）并使其他图元不可

见，"隐藏"工具可对图元进行隐藏。

选择图元，单击视图控制栏"临时隐藏/隔离"工具，出现"隔离类别""隐藏类别""隔离图元""隐藏图元"四个选项。"隔离类别"可对所选图元中具有相同类别的所有图元进行隔离，其他图元不可见。"隔离图元"仅对所选择的图元进行隔离。"隐藏类别"可对所选图元中有相同类别的所有图元进行隐藏。"隐藏图元"仅对所选择的图元进行隐藏。

4. 显示隐藏的图元

（1）单击视图控制栏中的灯泡按钮（显示隐藏的图元），绘图区域周围会出现一圈紫红色加粗显示的边线，同时隐藏的图元以紫红色显示。

（2）使用鼠标右键单击隐藏的图元，在弹出的快捷菜单中选择"取消在视图中隐藏"选项，见图4-14。

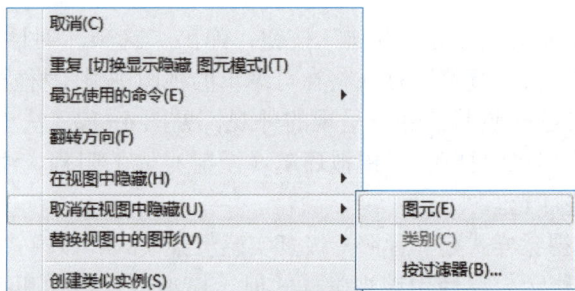

图4-14 选择"取消在视图中隐藏"选项

（3）再次单击视图控制栏中的灯泡按钮，恢复视图的正常显示。

4.2.3 视图与视口控制

1. 视图

图形显示控制可单击"视图"选项卡→"图形"面板→"可见性/图形"工具，如图4-15所示。

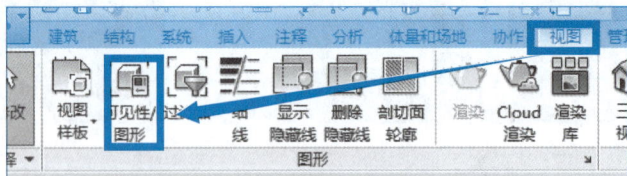

图4-15 图形显示控制按钮

打开可见性/图形替换对话框，按快捷键"VV"，可以控制不同类别的图元在绘图区域中的显示可见性，包括"模型类别""注释类别""分析模型类别"等图元。勾选相应的类别即可在绘图区域中可见，不勾选即为隐藏类别，如图4-16所示。

图4-16 可见性图形替换对话框

2. 视口控制

在 Revit Architecture 中，所有平面、立剖面、详图、三维、明细表、渲染等视图都在项目浏览器中集中管理，设计过程中经常要在这些视图之间进行切换，或同时打开与显示几个视口，以便编辑操作或观察设计细节。下面是一些常用的视图开关、切换、平铺等视图和视口控制方法。

（1）打开视图。在项目浏览器中双击"楼层平面""三维视图""立面（建筑立面）"等项下的视图名称，或选择视图名称使用鼠标右键单击，在弹出的快捷菜单中选择"打开"选项，即可打开该视图，同时视图名称黑色加粗，显示其为当前视图。新打开的视图会在绘图区域最前面显示，原先已经打开的视图也没有关闭，只是隐藏在后面。

（2）打开默认三维视图。单击快速访问工具栏中的"默认三维视图"工具，可以快速打开默认三维正交视图。

（3）"切换窗口"。当打开多个视图后，从"视图"选项卡下的"窗口"面板中，单击"切换窗口"工具，从"切换窗口"下拉列表中即可选择已经打开的视图名称并快速切换到该视图，名称前面打"√"的为当前视图，见图4-17。

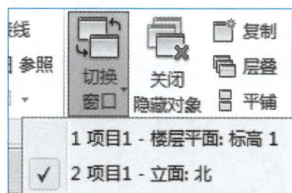

图4-17 切换窗口

（4）"关闭隐藏对象"。当打开很多视图时，尽管当前显示的只有一个视图，但也可能会影响计算机的操作性能，因此建议关闭隐藏的视图。单击"视图"选项卡→"窗口"面板→"关闭隐藏对象"工具，即可自动关闭所有隐藏的视图，而无需手动逐一关闭。

（5）"平铺"视口。当需要同时显示已打开的多个视图时，可单击"视图"选项卡→"窗口"面板→"平铺"命令，即可自动在绘图区域同时显示打开的多个视图。每个视口的大小可以用鼠标指针直接拖拽视口边界进行调整。

（6）"层叠"视口。单击"视图"选项卡→"窗口"面板→"层叠"工具，可以同时显示几个视图。但"层叠"是将几个视图从绘图区域的左上角向右下角方向重叠错行排列，下面的视口只能显示视口顶部的带视图名称的标题栏，单击标题栏可切换到相应的视图。

4.3　图元编辑基本操作

4.3.1　图元的选择

Revit 图元的选择方法有四种。

1. 单选和多选

单选：使用鼠标左键单击图元，即可选中一个目标图元。

多选：按住"Ctrl"键单击图元可增加选择，按"Shift"键单击图元则从选择中删除。

2. 框选和触选

框选：按住鼠标左键在视图区域从左向右拉框进行选择，在选择框范围之内的图元即为选择目标图元（图 4-18）。

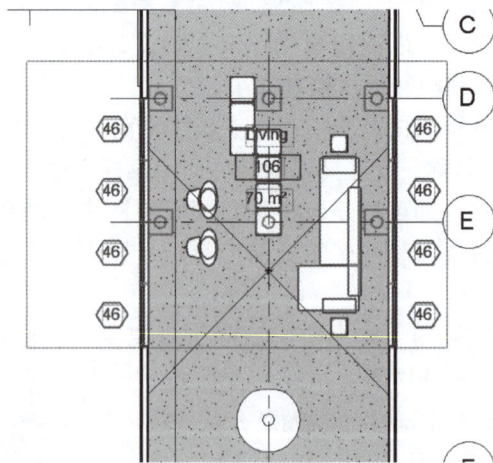

图 4-18　框选

触选：按住鼠标左键在视图区域从右向左拉框进行选择，在选择框接触到的图元即为选择目标图元（图4-19）。

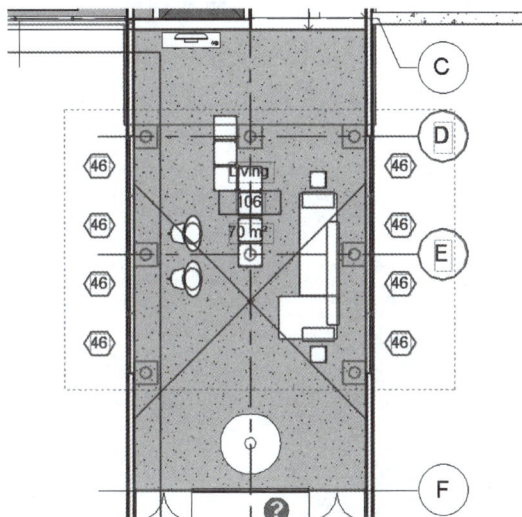

图4-19　触选

3. 按类型选择

选择一个图元之后，使用鼠标右键单击，在弹出的快捷菜单中选择"选择全部实例"选项，即可在当前视图或整个项目中选中这一类型的图元（图4-20）。

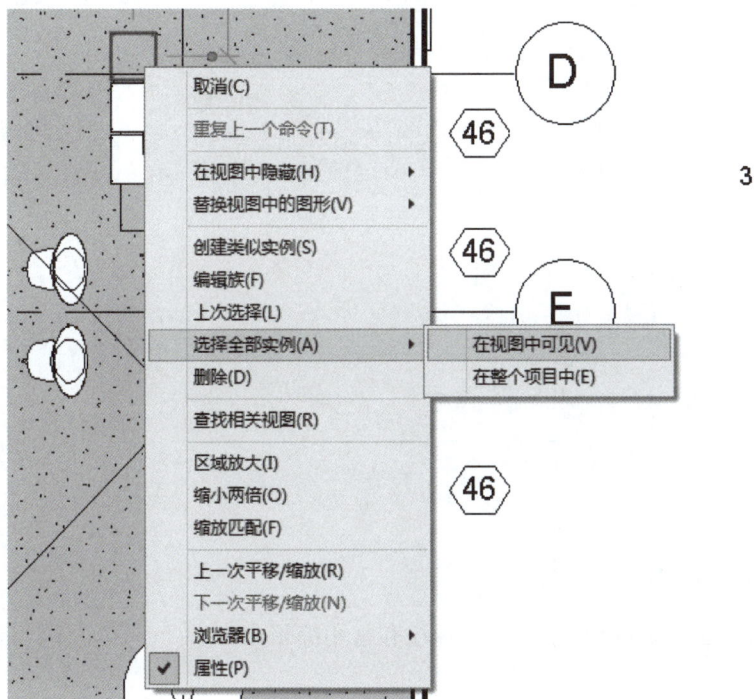

图4-20　类选

4. 滤选

当我们在使用框选或触选之后，选中多种类别的图元，想要单独选中某一类别的图元，在"修改|选择多个"上下文选项卡中的"选择"面板中单击"过滤器"工具，或在屏幕右下角状态栏上单击"过滤器"按钮（图4-21），弹出"过滤器"对话框（图4-22），进行滤选。

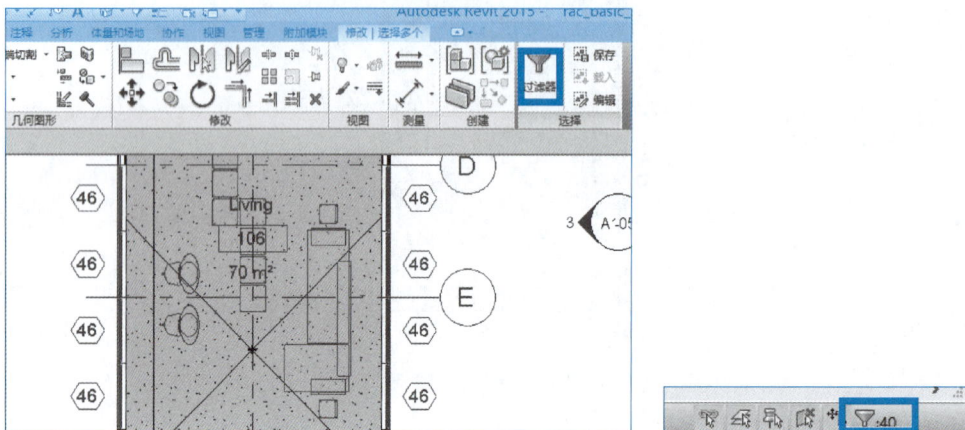

图4-21   打开过滤器

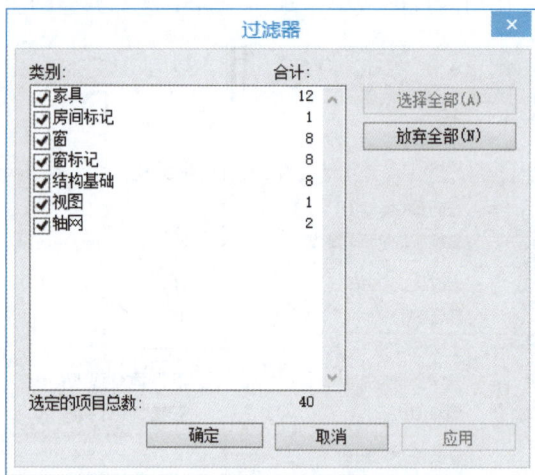

图4-22   "过滤器"对话框

4.3.2   图元的编辑

Revit图元的编辑常用临时尺寸标注和常用编辑命令。

1. 临时尺寸标注

单击图元后会出现一个蓝色高亮显示的标注，即为临时尺寸标注（图4-23）。单击数字即可修改图元的位置，拖拽标注两端的基准点，即可修改标注的位置。

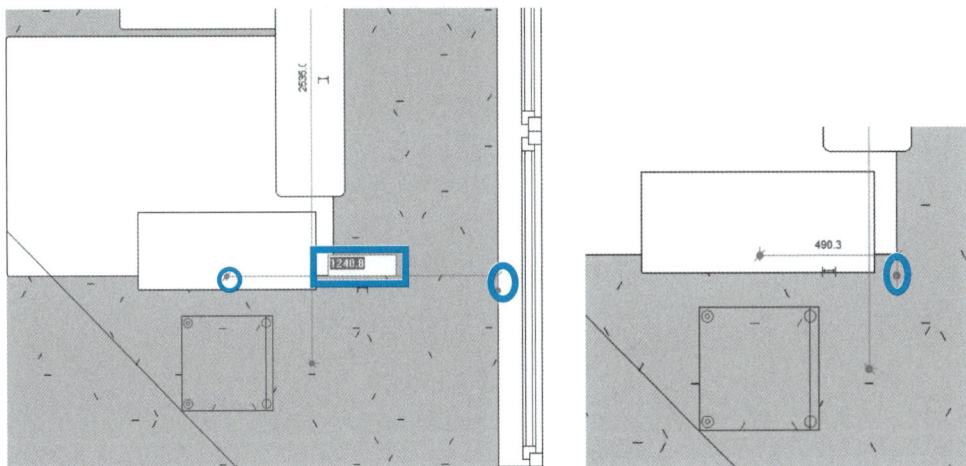

图4-23　临时尺寸标注

2. 常用编辑命令

在"修改"选项卡的"修改"面板中有"对齐""镜像""移动""复制""旋转""修剪"等命令（图4-24）。其中，使用"对齐"和"修剪"编辑命令时，先执行命令，然后选择图元进行编辑。使用其他编辑命令时，需要先选中图元，再执行相应命令。

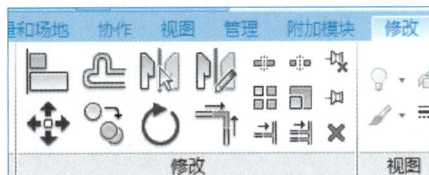

图4-24　常用编辑命令

BIM 建筑建模

■ **知识目标**

（1）创建建筑模型需要准备的资料。

（2）创建标高、轴网、结构柱、结构梁及基础、墙体、门窗、楼板、屋顶、楼梯、扶手的方法。

（3）利用相机命令创建相机视图。

■ **能力目标**

（1）具有良好的对新技能与新知识的学习能力。

（2）能根据具体情况选择合理的绘制方案。

（3）能对构造选择适合的图形表达方法。

（4）具有查找图集资料等获得信息的能力。

■ **素质目标**

（1）具有良好的人际交往和团队协作能力。

（2）具有较强的口头与书面表达能力、人际沟通能力。

（3）具备优良的职业道德修养，能遵守职业道德规范。

任务5　创建项目及信息设置

工作任务卡（任务 5）

一、任务描述

　　首先了解常规的设计流程、使用 Revit 进行设计的流程，并了解两者的差异。然后正式进行 BIM 建筑建模，先学习新建项目的几种方法，再开始进行项目设置。

二、重点掌握

　　新建项目的几种方法、样板文件的设置。

三、学习笔记

四、课后评价

　　任务达成度（自评）：＿＿＿＿＿＿＿＿＿＿%。
　　任务达成度（教师评价）：＿＿＿＿＿＿＿＿＿＿%。
　　备注：

　　了解 Autodesk Revit 软件（以下简称 Revit）的基本操作后，便可以用 Revit 进行设计。因为 Revit 的工作模式与以 CAD 绘图为中心的常规设计方法有较大区别。

5.1　常规设计流程

　　20 世纪 90 年代初，国内从甩图板开始，CAD（计算机辅助绘图）的使用经历了从排斥到接受再到依赖的过程。在当前以二维 CAD 绘图为主导的工程设计模式下，设计师利用画法几何的知识把三维的实体建筑反映在二维图纸上，工程界交流的语言也都是二维图纸语言。目前，主流的工作模式大致可以描述为二维图纸加三维效果图的形式。

　　国内的建筑工程在设计阶段一般可划分为方案设计、初步设计和施工图设计这 3 个逐步深入的阶段，在这 3 个阶段中均以二维 CAD 图纸为主线，图纸成为了整个设计工作的核心，占整个项目设计周期的比重也很大。然而各图纸之间大多没有关联，平面、立面及剖面等各自为政，设计过程容易出错，出错后修改和变更也较为烦琐，往往一个平面图中微小的改动，在各立面、各剖面甚至详图大样和统计表格都要进行校改。如果要进行后期效果图渲染、生态环境分析模拟等，则又需要借助其他软件或更加专业的人员才能完成。

　　利用 Revit 进行建筑设计时，流程和设计阶段的时间在分配上会与二维 CAD 绘图模式有较大区别。Revit 以三维模型为基础，设计过程就是一个虚拟建造的过程，图纸不再是整个过程的核心，而只是设计模型的衍生品，而且几乎可以在 Revit 这一个软件平台下，完成从方案设计、施工图设计、效果图渲染、漫游动画，甚至生态环境分析模拟等所有的设计工作，整个过程一气呵成。虽然在前期模型建立所花费的工作时间占整个设计周期的比例较大，但是在后期成图、变更、错误排查等方面具有很大优势。

5.2　Autodesk Revit 设计流程

5.2.1　项目创建及基本设计流程

　　在 Revit 中，基本设计流程是选择项目样板，创建空白项目，确定项目标高、轴网，创建墙体、门窗、楼板、屋顶，为项目创建场地、地坪及其他构件；完成模型后，再根据模型生成视图，对视图进行细节调整，为视图添加尺寸标注和其他注释信息，将视图布置于图纸中并打印；对模型进行渲染，与其他分析、设计软件进行交互。

5.2.2　绘制标高

　　与大多数二维 CAD 软件不同，用 Revit 绘制模型时首先需要确定建筑高度方向的信息，即标高。在模型的绘制过程中，很多构件都与标高紧密联系。单击"建筑"选项卡→"基准"面板→"标高"工具可以创建标高。必须在立面或剖面视图中才能绘制和查看标高。通过切换至南、北、东、西等立面视图可以浏览项目中标高的设置情况。

5.2.3　绘制轴网

Revit绘制轴网的过程与CAD绘图过程没有太大的区别，但需要注意的是，Revit的轴网是含有三维信息的，它与标高共同构成了建筑模型三维网格的定位体系。

5.2.4　创建基本模型

1. 创建墙体和幕墙

Revit提供了"墙"工具，用于绘制和生成墙体对象。在Revit中创建墙体时，首先要定义好墙体的类型，在墙族的类型属性中，定义包括墙厚、做法、材质、功能等，再指定墙体的到达标高等参数，在平面视图中指定的位置绘制生成三维墙体。

幕墙属于Revit提供的3种墙族之一，幕墙的绘制方法、流程与基本墙类似，但幕墙的参数设置与基本墙有较大区别。

2. 创建柱子

Revit中提供了建筑柱和结构柱两种不同的柱子构件，但其功能有本质的区别。对于大多数结构体系，采用结构柱这个构件。用户可以根据需要在完成标高和轴网定位信息后创建结构柱，也可以在绘制墙体后再添加结构柱。

3. 创建门窗

Revit提供了"门""窗"工具，用于在项目中添加门、窗图元。门、窗图元必须依附于墙、屋顶等主体图元上才能被建立，同时门、窗这些构件都可以通过创建自定义门窗族的方式进行自定义。

4. 创建楼板、屋顶

Revit提供了3种创建楼板的方式：楼板、结构楼板和面楼板。其中，"楼板"工具使用频率最高，其参数设置类似于墙体。

Revit提供了迹线屋顶、拉伸屋顶和面屋顶3种创建屋顶的方式，其中迹线屋顶方式使用频率最高，其创建方式与楼板类似，可以绘制平屋顶、坡屋顶等常见的屋顶类型。

楼板和屋顶的用法有很多相似之处。

5. 创建楼梯

使用"楼梯"工具，可以在项目中添加各种样式的楼梯。在Revit中，楼梯由楼梯和扶手两部分构成，使用楼梯前，应首先定义好楼梯类型属性中的各种参数。楼梯穿过楼板时的洞口不会自动开设，需要编辑楼板或用"洞口"命令进行开洞。

6. 创建其他构件

除前述的主要构件外，还有栏杆、坡道、散水、台阶等构件，其中栏杆、坡道这些构件在Revit中有相对应的命令，而散水、台阶等没有。这些构件的绘制方法是要么单独创建族，要么用到一些变通的方式，多种多样。

用户可以把所有的模型通过三维的方式创建出来，这样会使模型更加接近实际建筑，但同时相应的工作量也会增加，且某些信息在特定的情况和设计阶段是不必要的，例如大部分建筑施工图。我们无须为一个普通门绘制铰链，也无须在方案设计阶段把墙体的构造层处理得面面俱到；相反，在一些情况下，适当采用二维绘图的方法可以减少建模的工作量，并提高绘图速度。所以建模之初，我们应考虑哪些是需要建的，哪些是可以忽略的，或哪些是可以用二维方式替代的，并根据设计的情况灵活使用 Revit，选择与项目相适应的处理方法。

5.2.5　复制楼层

如果建筑每层之间的共用信息较多，例如存在标准层，可以复制楼层来加快建模速度。复制后的模型将作为独立的模型，对原模型的任何编辑或修改，均不会影响复制后的模型。除非使用"组"的方式进行复制。

如果标准层较多，例如高层住宅的情况，可以将标准层全部图元或部分图元设置为"组"，"组"的概念与 AutoCAD 中的"块"有点类似，这样可以加快建模速度，且能更方便地进行模型管理。需要注意的是，如果"组"较多，则会增加计算机的运算负担。

5.2.6　生成立面、剖面和详图

Revit 中的立面图、剖面图是根据模型实时生成的，也就是说只要模型建立恰当，立、剖面视图中的模型图元几乎不需要绘制，就像前面所说，图纸只是 BIM 模型的衍生品。而且，这里与一些可以生成立、剖面视图的传统 CAD 不同，立、剖面图是根据模型的变化实时更新的，且每个视图都相互关联。例如对于详图，楼梯详图、卫生间详图等一般可以直接生成，但是，对于部分节点大样，因为模型建立时不可能每个细节都面面俱到，除软件本身功能限制外，时间成本也是巨大的，因此必须采用 Revit 提供的二维详图功能进行深化和完善。

立面生成：Revit 默认情况下有东、南、西、北 4 个立面图，可以通过创建一个立面视图符号来生成所需的任何立面图。一般情况下，只要模型建立恰当，Revit 生成的立面图无须做过多调整，即能满足我们在立面图中的图形要求。

剖切的位置：剖面符号绘制完成，剖面视图即已生成。这里需要说明的是，Revit 中自动生成的剖面视图并不能完全达到我们的要求，往往需要添加一些构件。例如，梁以及对某些建筑构件进行视图处理，通过加工后，才能满足剖面施工图的要求。

详图生成：绘制详图有 3 种方式，即"纯三维""纯二维"和"三维+二维"。对于楼梯、卫生间等位置的详图，因为模型建立时信息已经基本完善，可以通过视图索引直接生成，此时索引视图和详图视图模型图元部分是完全关联的。对于一些节点大样，如屋顶挑檐，大部分主体模型已经建立，只需在详图视图中补充一些二维图元即可，此时索引视图和详图视图的三维部分是关联的。而

有些大样因为无法用三维表达或可以利用已有的 DWG 图纸，那么可以在 Revit 中生成的详医视图中采用二维图元的方式绘制或直接导入 DWG 图形，以满足出图的要求。

5.2.7　模型及视图处理

模型建立好后，想要得到完全符合制图标准的图纸，还需要进行视图的调整和设置。对视图进行处理的最快捷、最常用的方法就是使用视图样板。视图样板可以定义在项目样板中，也可以根据需要自由定义。

对于视图中有连接关系的图元，例如剖面视图中的梁与楼板，需要使用"连接"工具手动处理连接构件。

5.2.8　标注及统计

在 Revit 中绘制施工图纸，除使用模型图元外，还必须在视图中添加注释图元，主要是标注、添加二维图元，以及统计报表等。Revit 中的标注主要有尺寸标注、标高（高程）标注、文字、其他符号标注等。与 AutoCAD 不同的是，Revit 中的注释信息可以提取模型图元中的信息，例如在标注楼板标高时可以自动提取出此楼面的高度，而无须手动注写，可以最大限度避免因为手动填写带来的人为错误。

Revit 提供了强大的报表统计功能，例如，利用明细表数量功能进行门窗表统计、房间类型及面积统计、工程量统计等。

5.2.9　生成效果图

模型建好后，就可以对模型中的图元进行材质设定，以满足渲染的需要。Revit 的渲染功能非常简单，无须做过多设置就能得到较为满意的效果图。在任何时候都可以基于模型进行渲染操作，这个步骤不一定要在完成视图标注后进行。它可以在方案推敲过程中，甚至还只是一个初步模型的时候就用来做实时的渲染。它是一个动态、非线性的过程，建筑师可以一开始就了解自己方案的成熟度，而不是借助专业的效果图公司来完成三维成果的输出，并且使建筑师摆脱了仅在二维立面图纸上进行设计分析的弊端。

5.2.10　布图及打印输出

完成以上操作后，就可以进行图纸的布图和打印。布图是指在 Revit 标题栏图框中布置视图，类似于 AutoCAD "布局"中布置视图操作的过程，在一个图框中可以布置任意多个视图，且图纸上的视图与模型仍然保持双向关联。Revit 文件的打印既可以借助外部 PDF 虚拟打印机输出为 PDF 文件，也可以输出成 Autodesk 公司自有的 DWF 或 DWFx 格式的文件。同时 Revit 中的所有视图和图纸均可以导出为 DWG 文件。

5.2.11　Revit 与其他软件交互

在用 Revit 进行建筑设计的过程中，根据需要可以将 Revit 中的模型和数据导入其他软件中做进一步的处理。例如，用户可以将 Revit 创建的三维模型导入 3DS Max 中进行更为专业的渲染，或导入 Autodesk Ecotect Analysis 中进行生态方面的分析，还可以通过专用的接口将结构柱、梁等模型导入 PKPM 或 Etabs 等结构建模或计算分析软件中进行结构方面的分析运算。

5.3 新 建 项 目

单击"应用程序"按钮→"新建"→"项目"命令，打开"新建项目"对话框，选择"样板文件"，单击"确定"按钮新建项目文件，如图 5-1 所示。

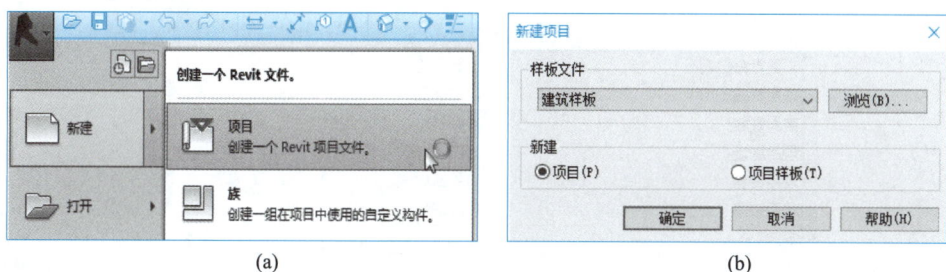

(a) (b)

图 5-1 "新建项目"对话框

> **注意**
>
> 在 Autodesk Revit 中，项目是整个建筑物设计的联合文件。建筑的所有标准视图、建筑设计图及明细表都包含在项目文件中。只要修改模型，所有的相关视图、施工图和明细表都会随之自动更新。创建新的项目文件是开始设计的第一步。

5.4 项目设置与保存

单击"管理"选项卡→"设置"面板→"项目信息"工具，弹出如图 5-2 所示的"项目属性"对话框，输入项目信息。

单击"管理"选项卡→"设置"面板→"项目单位"工具，弹出"项目单位"对话框，如图 5-3 所示。

单击"长度"→"格式"按钮，弹出"格式"对话框，将长度单位设置为毫米（mm）；单击"面积"→"格式"按钮，弹出"格式"对话框，将面积单位设置为平方米（m^2）；单击"体积"→"格式"按钮，弹出"格式"对话框，将体积单位设置为立方米（m^3），见图 5-4。

单击应用程序按钮→"另存为"→"项目"命令，弹出"另存为"对话框，见图 5-5。

单击"另存为"对话框右下角"选项"按钮，弹出"文件保存选项"对话框，设置"最大备份数"为"3"，见图 5-6。

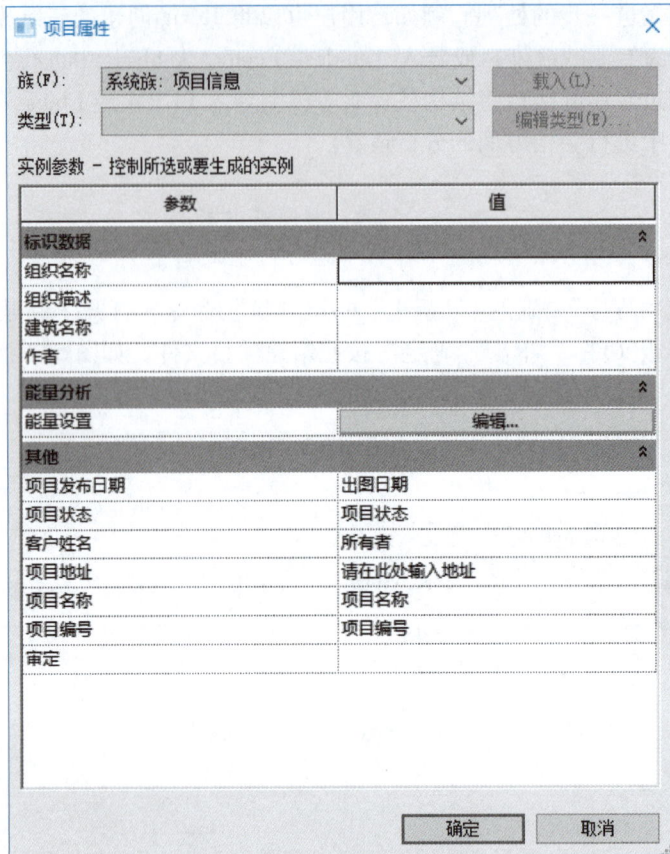

图 5-2　"项目属性"对话框

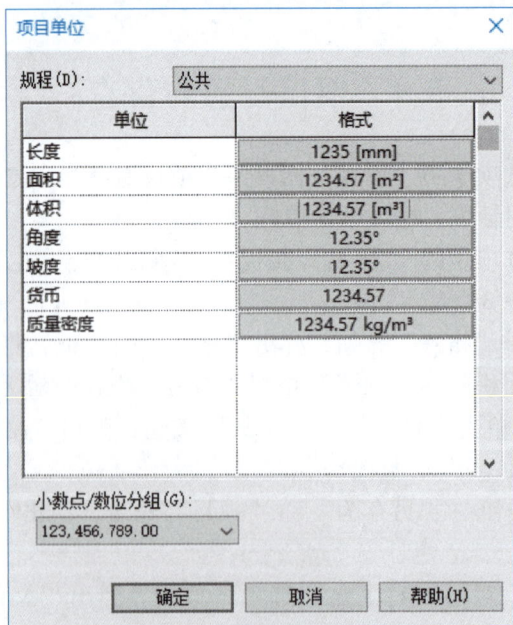

图 5-3　"项目单位"对话框

(a)

(b)

(c)

图 5-4 项目单位设置

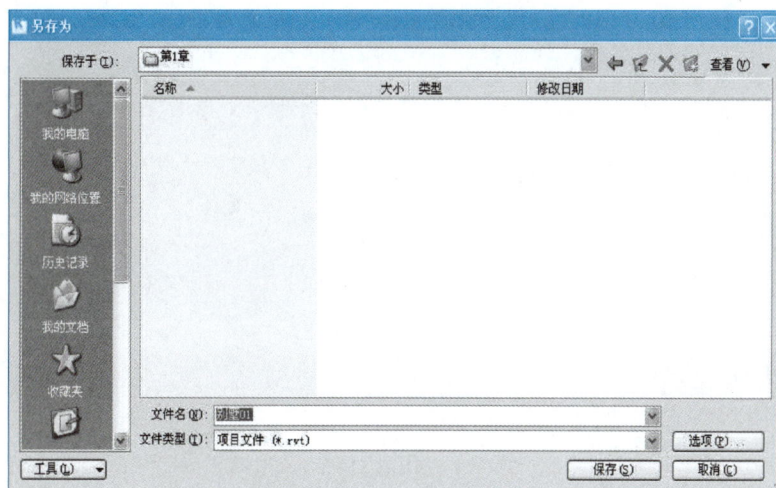

图 5-5 "另存为"对话框

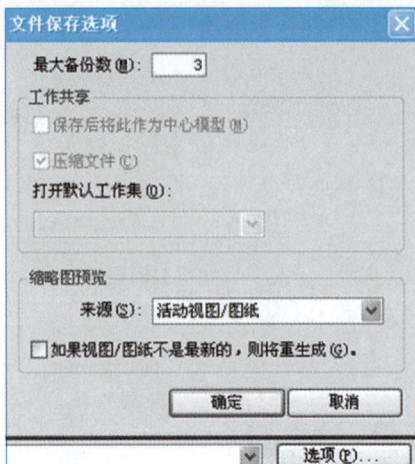

图 5-6　设置备份数

设置保存路径，输入项目文件名，单击"保存"按钮即可保存项目文件。

任务 6 绘制标高

工作任务卡（任务 6）

一、任务描述
掌握标高绘制、标高修改的方法，完成标高绘制。

二、重点掌握
直接绘制标高与利用"复制"命令绘制标高两种绘制方法的差别。

三、学习笔记

四、课后评价
任务达成度（自评）：＿＿＿＿＿＿％。 任务达成度（教师评价）：＿＿＿＿＿＿％。 备注：

标高用来定义楼层层高及生成平面视图，标高不是必须作为楼层层高；轴网用于为构件定位，在 Revit 中轴网确定了一个不可见的工作平面。轴网编号以及标高符号样式均可定制修改。软件目前可以绘制弧形和直线轴网，不支持折线轴网。在本任务中，需要重点掌握轴网和标高的 2D、3D 显示模式的不同作用，影响范围命令的应用，轴网和标高标头的显示控制，如何生成对应标高的平面视图等功能应用。

6.1　创 建 标 高

在 Revit 中，"标高"命令必须在立面和剖面视图中才能使用，因此在正式开始项目设计前，必须事先打开一个立面视图。

在项目浏览器中展开"立面（建筑立面）"项，双击视图名称"南"进入南立面视图，如图 6-1 所示。调整"标高 2"，在绘图区域双击"标高 2"前的数值，输入"3.3"，按"Enter"键，将一层与二层之间的层高修改为 3.3 m，如图 6-2 所示。

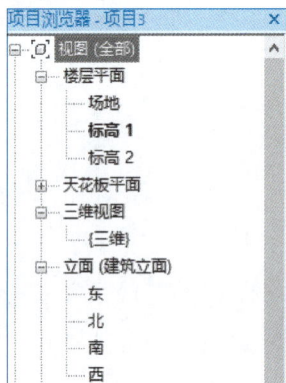

图 6-1　进入南立面视图

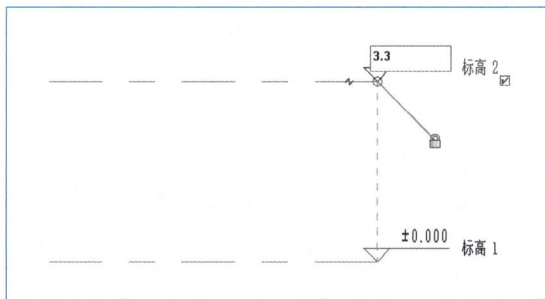

图 6-2　输入标高

修改楼层名称，双击绘图区域立面图右侧的"标高 1"，输入"F1"，按"Enter"键，弹出"Revit"提示对话框，单击"是"按钮，重命名相应的平面视图名称，如图 6-3 所示。重复上述步骤，将"标高 2"改为"F2"。

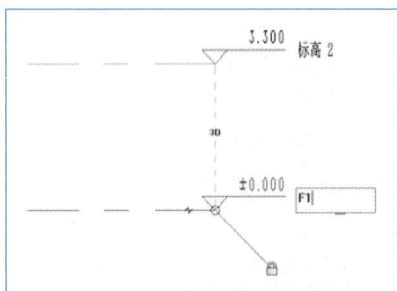

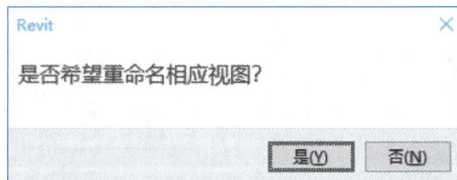

图 6-3　重命名视图

绘制标高 F3，调整其间距为 3000 mm，如图 6-4 所示。

利用"复制"命令，创建地坪标高和"−1F"。选择标高"F2"，单击"修改"选项卡→"修改"面板→"复制"命令，在选项栏勾选多重复制选项"约束""多个"。

移动光标，单击标高"F2"，然后垂直向下移动光标，输入间距值"3750"，按"Enter"键确认后，复制新的标高，如图 6-5 所示。

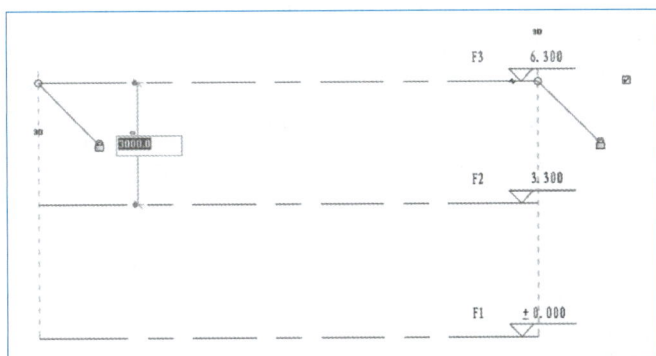

图 6-4　输入标高间距"3000"

继续向下移动光标，输入"2850"后按"Enter"键，输入"200"后按"Enter"键，复制出另外 2 根新的标高。分别选择新复制的 3 根标高，单击蓝色的标头名称激活文本框，分别输入新的标高名称 0F、−1F、−1F−1，按"Enter"键确认，结果如图 6-6 所示。

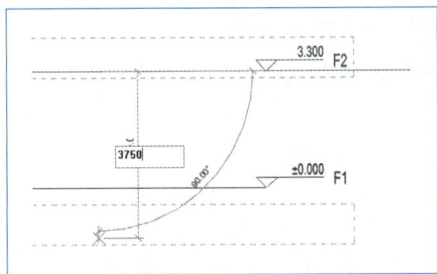

图 6-5　输入标高间距"3750"

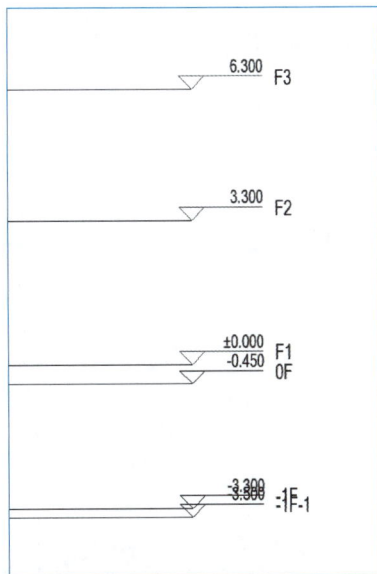

图 6-6　修改标高头名称

微课

创建标高

至此建筑的各个标高创建完成，保存文件。

需要注意的是，在 Revit 中复制的标高是参照标高，因此新复制的标高标头都

是黑色显示，在项目浏览器中的"楼层平面"项下也没有创建新的平面视图。而且标高标头之间有干涉，下面将对标高做局部调整。

6.2　编辑标高

接上节练习进行标高的编辑。按住"Ctrl"键单击拾取标高"0F"和"-1F-1"，从"属性"选项板的类型选择器下拉列表中选择"标高：GB_下标高符号"类型，两个标头自动向下翻转方向，结果如图6-7所示。

单击"视图"选项卡→"平面视图"面板→"楼层平面"工具，打开"新建楼层平面"对话框，如图6-8所示。从"新建楼层平面"对话框的下面列表中选择"-1F"，单击"确定"按钮后，在项目浏览器中创建了新的楼层平面"-1F"，并自动打开"-1F"作为当前视图。在项目浏览器中双击"立面（建筑立面）"项下的"南"回到南立面视图中，发现标高"-1F"标头变成蓝色显示。保存文件。

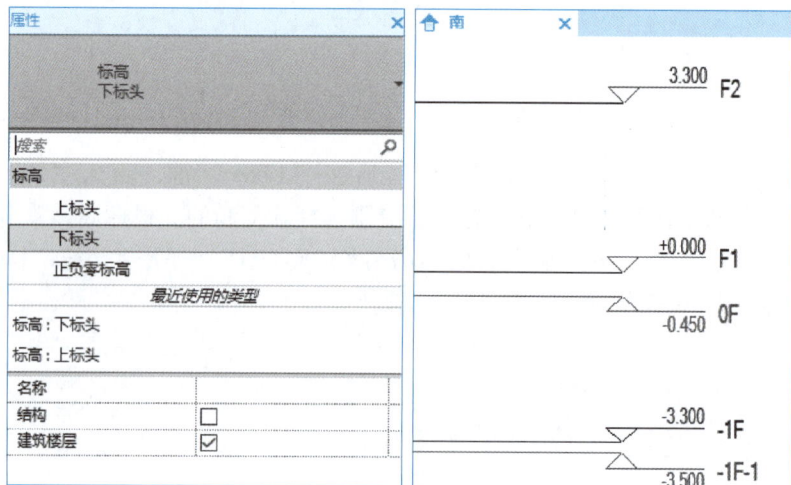

图6-7　翻转标高头

编辑标高（1）

编辑标高（2）

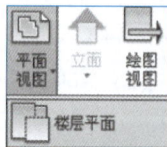

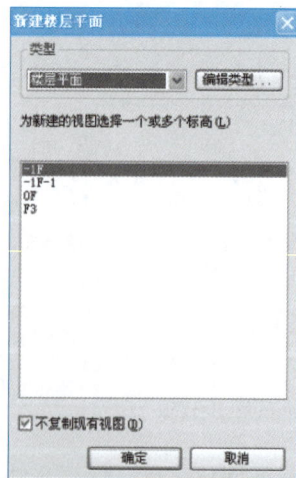

图6-8　建立楼层平面

任务 7　绘制轴网

一、任务描述
掌握轴网绘制、轴网修改的方法，完成轴网绘制。

二、重点掌握
直接绘制轴网的方法，利用"复制"命令绘制轴网的方法。

三、学习笔记

四、课后评价
任务达成度（自评）：_____%。 任务达成度（教师评价）：_____%。 备注：

7.1　创 建 轴 网

下面将介绍在平面图中创建轴网。在 Revit 中，轴网只需要在任意一个平面视图中绘制一次，其他平面视图和立面、剖面视图中都将自动显示。首先，在项目浏览器中双击"楼层平面"项下的"F1"视图，打开首层平面视图。然后单击绘制轴网按钮绘制第一条垂直轴线，轴号为 1，见图 7-1。单击"修改"选项卡→"修改"面板→"复制"命令创建 2~8 号轴线。单击选择 1 号轴线，移动光标在 1 号轴线上单击一点，然后水平向右移动光标，输入间距值"1200"，按"Enter"键确认，复制 2 号轴线。保持光标位于新复制的轴线右侧，分别输入"4300""1100""1500""3900""3900""600""2400"，按"Enter"键确认，复制 3~9 号轴线。

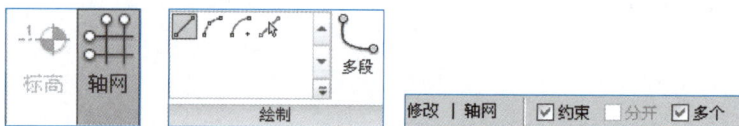

图 7-1　绘制轴网按钮

选择 8 号轴线，标头文字变为蓝色，单击标头文字输入"1/7"，按"Enter"键确认，将 8 号轴线改为附加轴线。

同理选择后面的 9 号轴线，修改标头文字为"8"。完成后垂直轴线结果如图 7-2 所示。

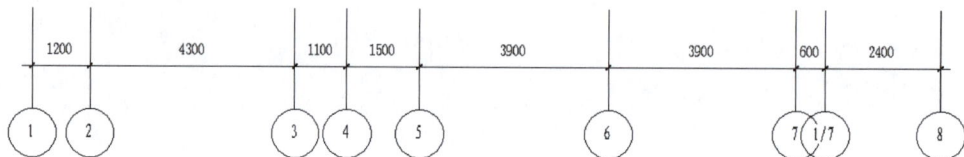

图 7-2　横向轴网

单击"建筑"选项卡→"基准"面板→"轴网"工具，移动光标到视图中 1 号轴线标头左上方位置单击鼠标左键捕捉一点作为轴线起点。然后从左向右水平移动光标到 8 号轴线右侧一段距离后，再次单击鼠标左键捕捉轴线终点创建第一条水平轴线。

选择刚创建的水平轴线，修改标头文字为"A"，创建 A 号轴线。

在"修改"选项卡下的"修改"面板中单击"复制"命令，创建 B~I 号轴线。移动光标在 A 号轴线上单击捕捉一点作为复制参考点，然后垂直向上移动光标，保持光标位于新复制的轴线右侧，分别输入"4500""1500""4500""900""4500""2700""1800""3400"，按"Enter"键确认，完成复制。

选择 I 号轴线，修改标头文字为"J"，创建 J 号轴线。

完成后的双向轴网如图 7-3 所示，确保轴网在四个立面符号范围内，保存文件。

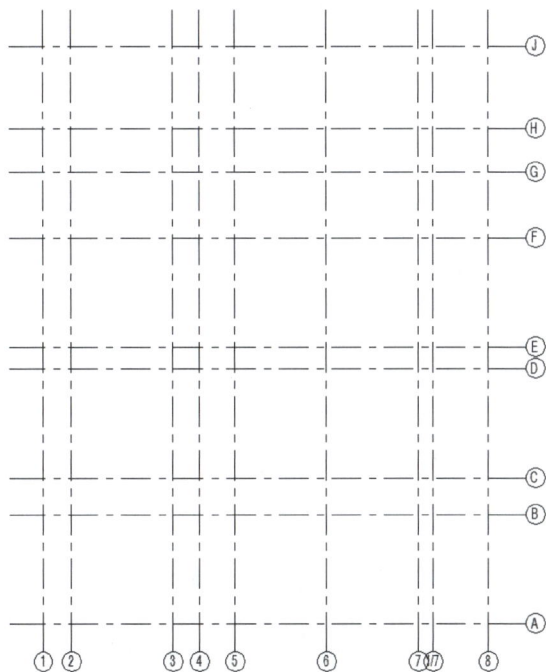

图 7-3　双向轴网

7.2　编辑轴网

　　绘制完轴网后，需要在平面图和立面视图中手动调整轴线标头位置，修改 7 号和 1/7 号轴线、D 号和 E 号轴线标头干涉等，以满足出图需求。偏移 D 号轴、1/7 号轴线标头，如图7-4 所示。

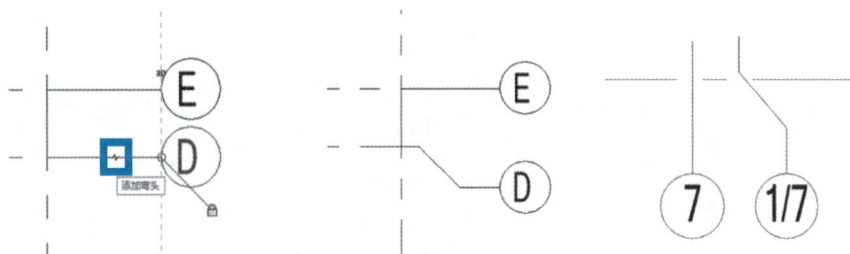

图 7-4　轴网编辑

微课
创建轴网

　　标头位置调整：在项目浏览器中双击"立面（建筑立面）"项下的"南"进入南立面视图，使用前述编辑标高和轴网的方法，调整标头位置、添加弯头，结果如图7-5 所示。

　　采用同样方法调整"东"立面视图或"西"立面视图的标高和轴网。至此标高和轴网创建完成，保存文件。

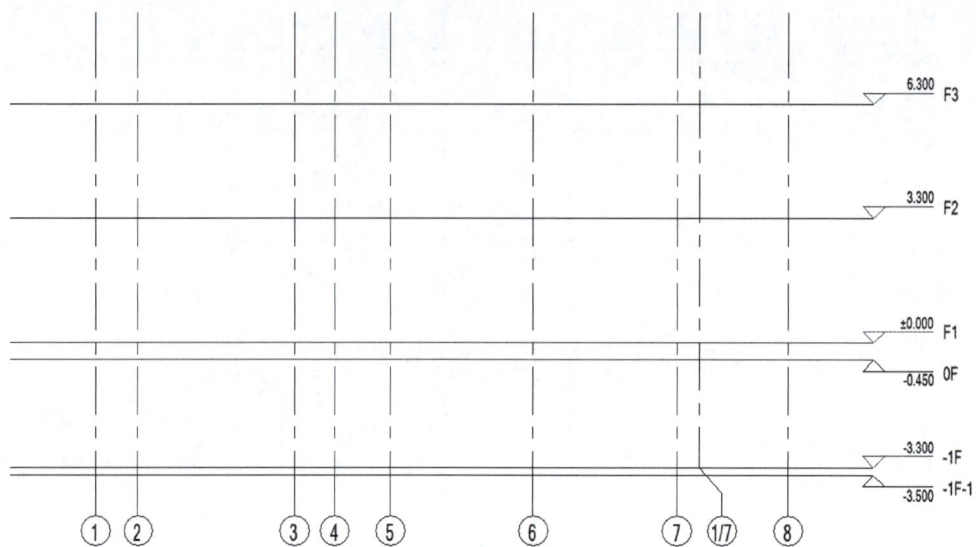

图 7-5   调整标高轴网

任务 8 绘制地下一层墙体

工作任务卡（任务 8）

一、任务描述
了解墙体绘制的基本知识，熟悉墙体创建的方法，在标高轴网的基础上完成地下一层外墙和内墙墙体的绘制。

二、重点掌握
墙体结构的设置，材质浏览器的使用。

三、学习笔记

四、课后评价
任务达成度（自评）：＿＿＿＿＿＿＿＿%。 任务达成度（教师评价）：＿＿＿＿＿＿＿＿%。 备注：

完成了标高和轴网等定位依据设计，将从地下一层平面开始，分层逐步完成某别墅的三维模型设计。本任务将创建地下一层平面的墙体构件。

8.1　墙体创建的基本知识

在本任务绘制墙体时需要使用的墙体类型有"基本墙：剪力墙"、"基本墙：普通砖200"、"基本墙：普通砖100"、外墙饰面砖、白色涂料、挡土墙、支撑构件等。墙体属于"系统族"，不能通过"载入族"的方式获得，在绘制前需要自行创建墙体类型，然后才能进行绘制。

下面以"外墙饰面砖"为例介绍墙体的创建和编辑过程。单击"建筑"选项卡→"构建"面板→"墙"工具，单击"属性"选项板最上面的类型选择器，然后选择"常规-200 mm"类型的墙。单击"编辑类型"按钮，在弹出的"类型属性"对话框里，单击"复制"按钮，弹出"名称"对话框，将复制的墙体命名为"外墙饰面砖"，单击"确定"按钮，如图8-1所示。

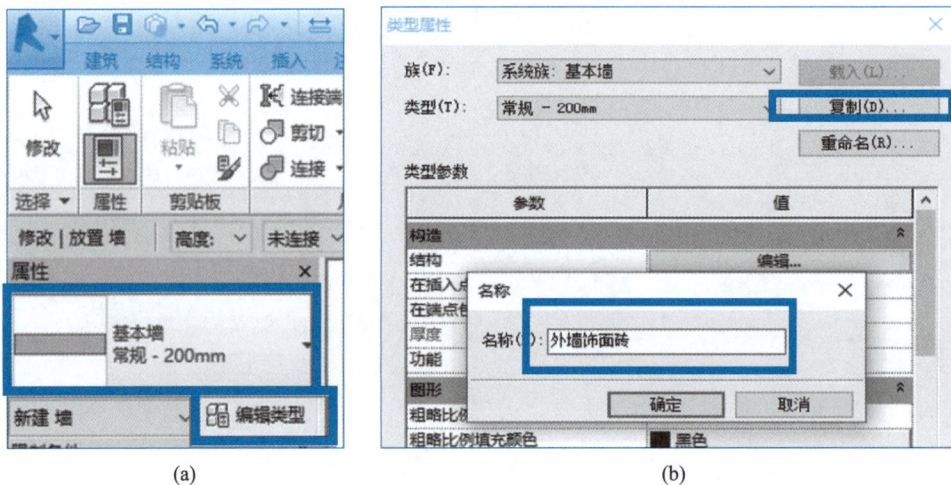

(a)　　　　　　　　　　　　　　(b)

图8-1　墙体命名

在外墙饰面砖的"类型属性"对话框里，单击"结构"的"编辑"按钮，进入"编辑部件"面板。两次单击"插入"按钮，插入两个厚度为0的"结构[1]"，如图8-2所示。

单击"结构[1]"文字，单击右侧出现的向下的箭头，将两个"结构[1]"分层的名称分别命名为"面层1[4]"和"面层2[5]"，如图8-3所示。

单击两个面层的"厚度"下"0"的位置，分别输入"20.0"，为两个面层建立厚度。单击"面层1"左侧的编号"2"，然后连续单击"向上"按钮，使"面层1"向上移动，直到左侧的编号变为"1"为止。采用同样的方法，将"面层2"向下移动，直到左侧的编号变为"5"为止，如图8-4所示。

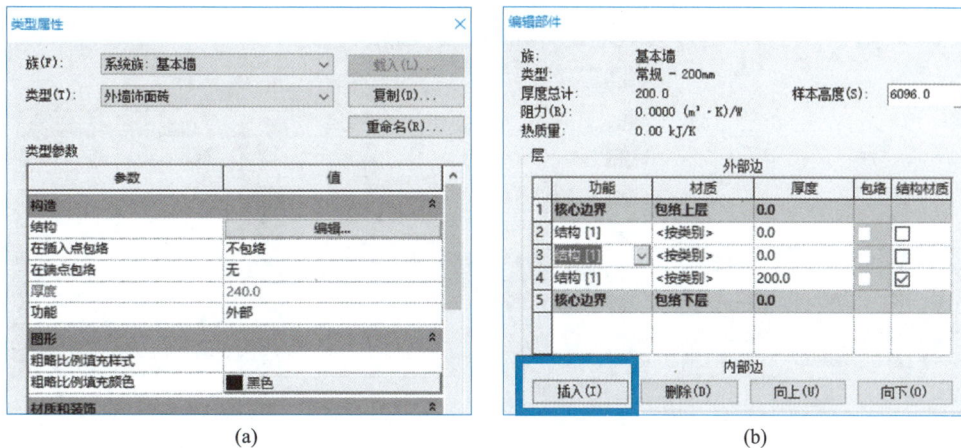

图 8-2　插入结构层

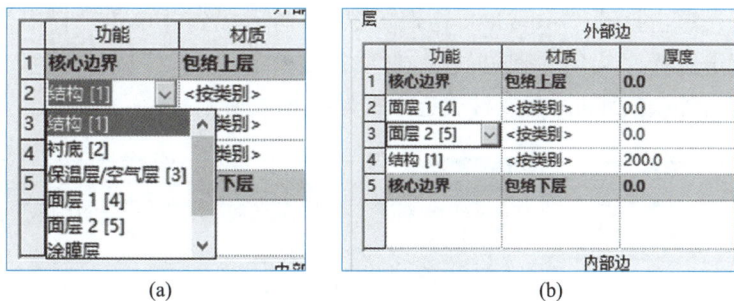

图 8-3　重命名结构层

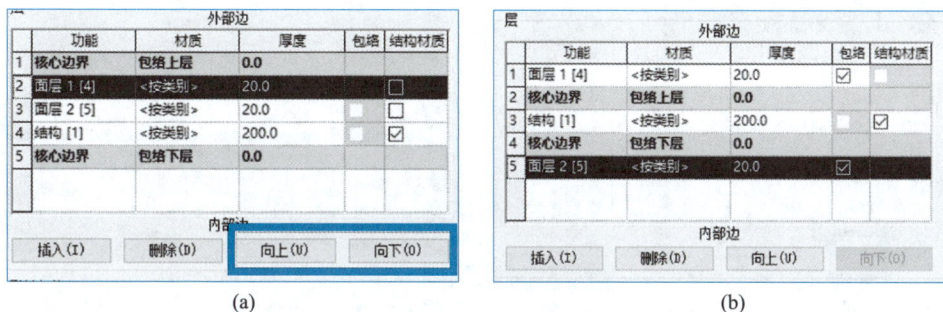

图 8-4　调整层位置

创建外墙饰面砖（2）

以上完成了墙体的结构分层和分层厚度的设置，接下来要设置墙体三个结构分层的材质和外观。单击"结构［1］"→"材质"→"按类别"，其右侧会出现一个有三个点的方形按钮□，单击它，会弹出"结构［1］"的材质浏览器。在材质浏览器的项目材质里找到"默认墙"，使用鼠标右键单击它，在弹出的快捷菜单中选择"复制"选项，将复制好的材质命名为"墙体-普通砖"，按"Enter"键确定，如图8-5所示。

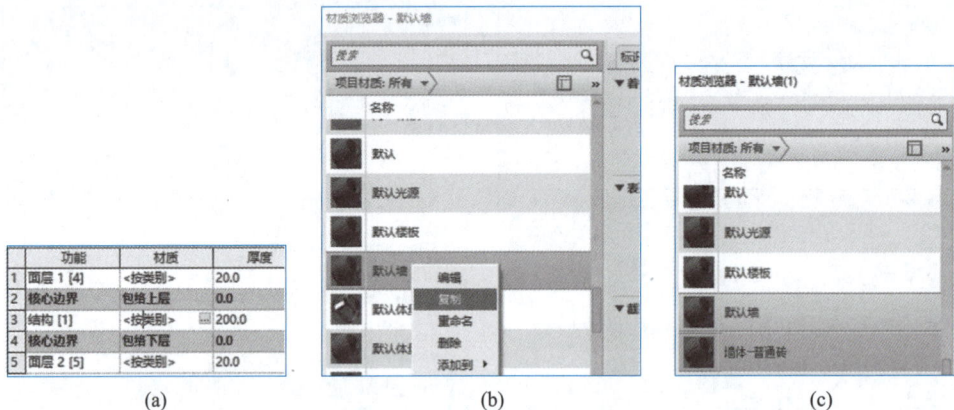

	功能	材质	厚度
1	面层 1 [4]	<按类别>	20.0
2	核心边界	包络上层	0.0
3	结构 [1]	<按类别>	200.0
4	核心边界	包络下层	0.0
5	面层 2 [5]	<按类别>	20.0

(a)　　　　　　　　　(b)　　　　　　　　　(c)

图 8-5　新建材质

　　单击选中"墙体-普通砖",单击下方的矩形按钮▭,打开资源浏览器,在资源浏览器里,单击打开"Autodesk 物理资源",向下找到并单击"砖石",在右侧的材质里双击选择"均匀顺砌-橙色"材质,或单击"均匀顺砌-橙色"材质最右侧的双向箭头替换按钮▤,完成材质选择,如图 8-6 所示。

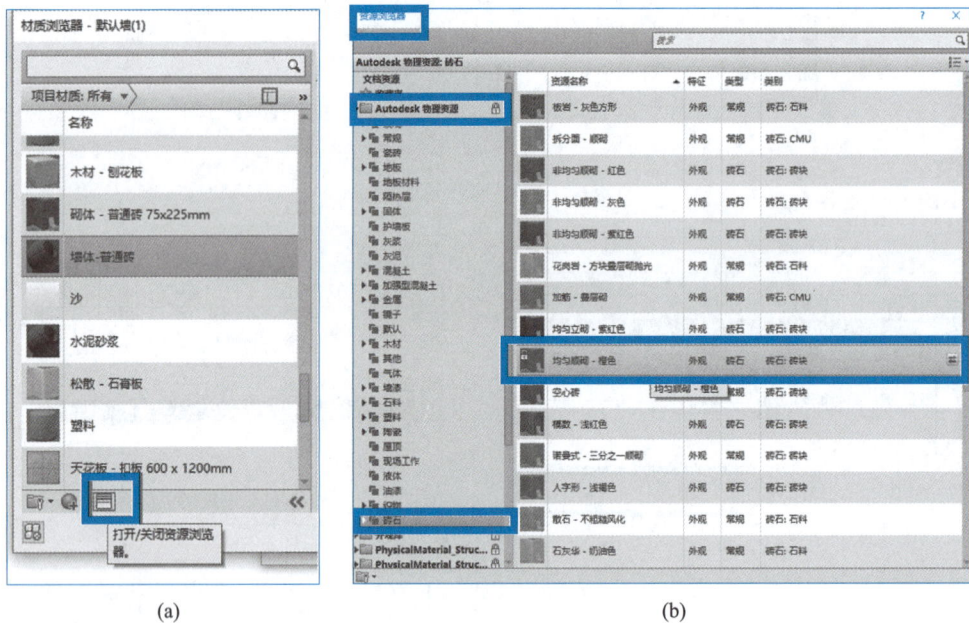

(a)　　　　　　　　　　　　　　　　　(b)

图 8-6　赋予材质

　　完成材质选择后,从材质浏览器里可以看到材质已经发生变化,然后单击下方"确定"按钮最终完成材质创建。使用同样的方法,将"面层 1"的材质命名为"外墙饰面砖",选择"外观库"→"砖石"中的"顺砌砖-叠层砌"材质。将"面层 2"的材质命名为"涂料-白色",选择"Autodesk 物理资源"→"墙漆"→"有光泽象牙白"材质,如图 8-7 所示。

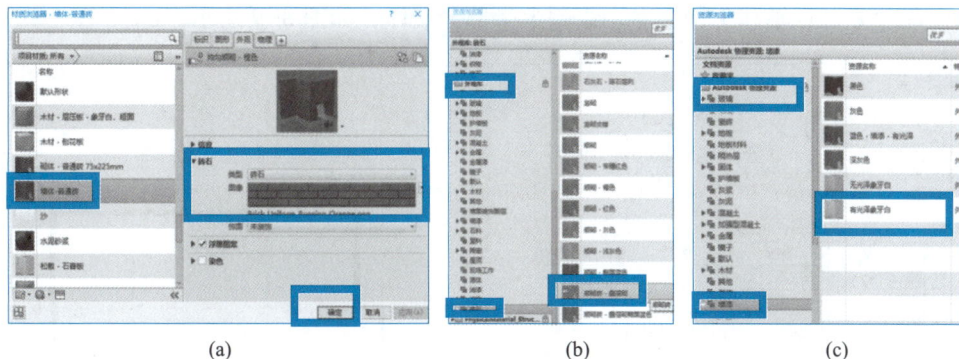

图 8-7　编辑材质

完成全部材质创建后返回"编辑部件"对话框，单击"确定"按钮，即可在"属性"选项板的类型选择器中看到创建好的墙体材质，接下来就可以画墙体了，如图 8-8 所示。

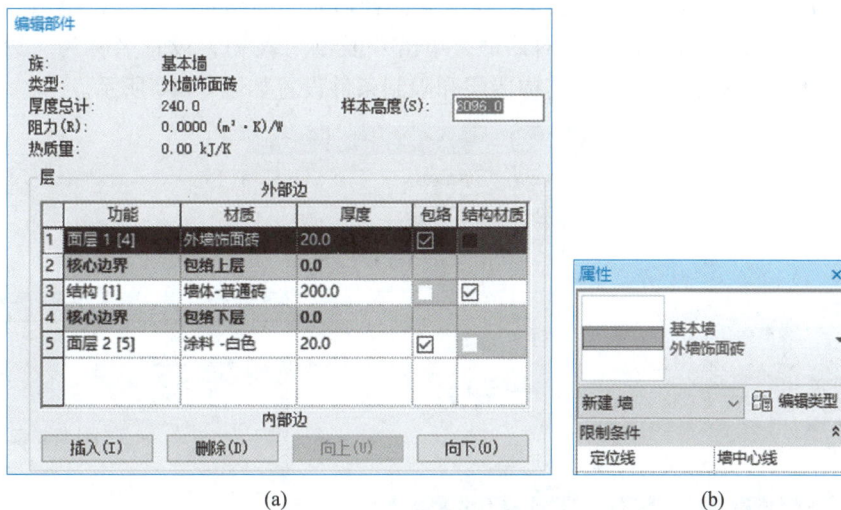

图 8-8　完成材质设置

其他类型墙体都使用同样方法创建，然后进行绘制。外墙-机刨横纹灰白色花岗岩、外墙-白色涂料这两种墙体的结构与外墙-饰面砖完全一致，区别在于外墙装饰材料不再是外墙饰面砖，而分别是机刨横纹灰白色花岗岩和白色涂料。

8.2　绘制地下一层外墙

在项目浏览器中双击"楼层平面"项下的"-1F"，打开地下一层平面视图。接上节练习，单击"建筑"选项卡→"构建"面板→"墙"工具，在"属性"选项板选择"基本墙：剪力墙"类型，调整"属性"选项板→"底部限制条件"为"-1F-1"，"顶部约束"为"直到标高：1F"。激活"绘制"面板，选择"直线"工具，移动光标单击鼠标左键捕捉 E 轴和 2 轴交点为绘制墙体起点，顺时针单击捕捉 E 轴和 1 轴交点、F 轴和 1 轴交点、F 轴和 2 轴交点、H 轴和 2 轴交点、H 轴

和 7 轴交点、D 轴和 7 轴交点、绘制上半部分墙体，如图 8-9 所示。

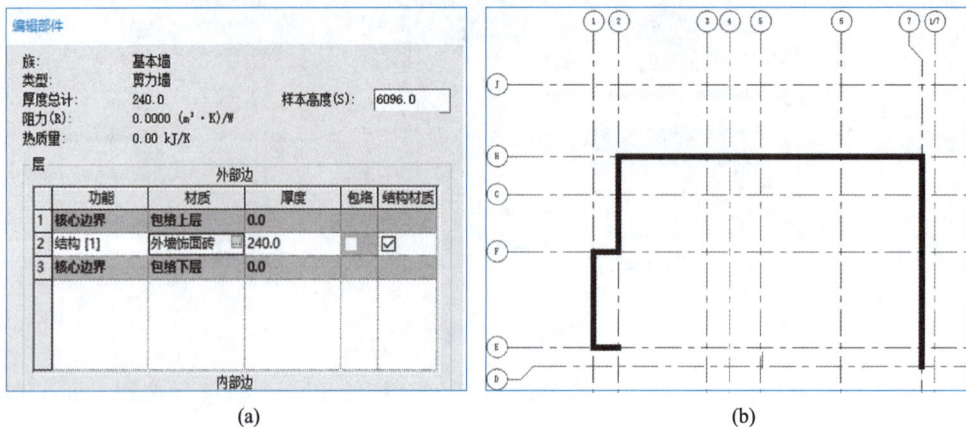

(a)   (b)

图 8-9   绘制墙体

单击"属性"选项板，选择"基本墙：普通砖-200 mm"类型，单击"编辑类型"按钮进入"类型属性"对话框，单击"复制"按钮，设置名称为"外墙饰面砖"，单击"确定"按钮。其构造层和限制条件设置如图 8-10 所示。

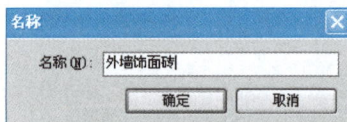

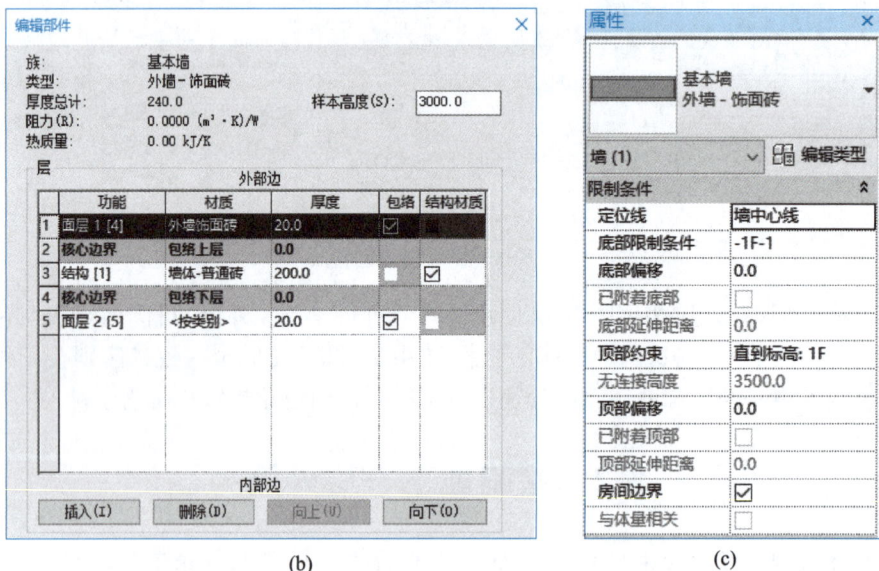

(a)

(b)   (c)

图 8-10   设置墙体类型

单击"属性"选项板，选择"基本墙：外墙-饰面砖"类型，激活"绘制"→"直线"工具，移动光标单击鼠标左键捕捉 E 轴和 2 轴交点为绘制墙体起点，然后光标垂直向下移动，输入"8280"，按"Enter"键确认；光标水平向右移动到 5 轴单击，继续单击捕捉 E 轴和 5 轴交点、E 轴和 6 轴交点、D 轴和 6 轴交点、D 轴和 7 轴交点绘制下半部分外墙，如图 8-11 所示。按住"Ctrl"键，选中刚绘制完成的墙面，单击空格键，翻转墙面。

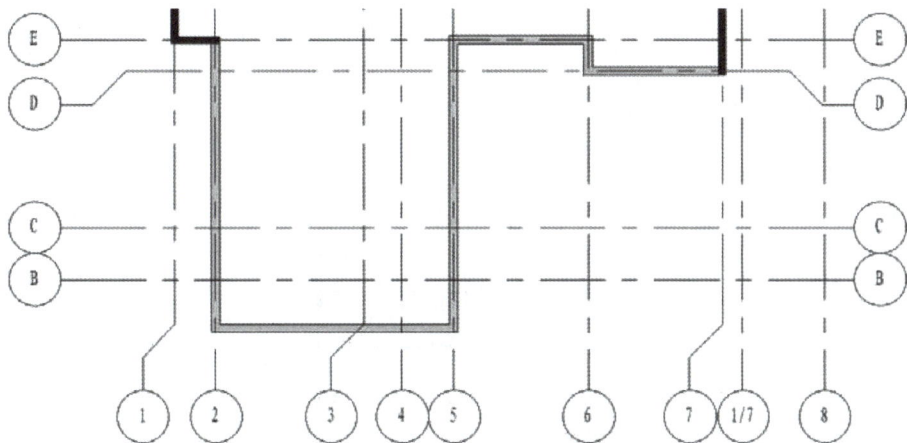

图 8-11 绘制下半部分外墙体

完成后的地下一层外墙如图 8-12 所示，保存文件。

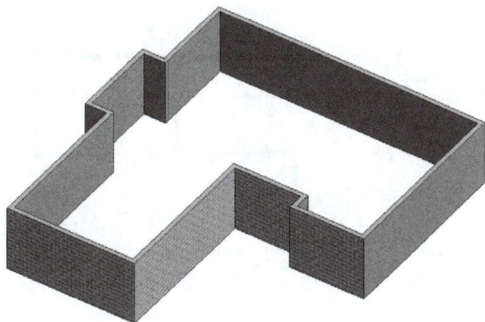

图 8-12 完成地下一层外墙绘制的效果

8.3 绘制地下一层内墙

接上节练习，单击"建筑"选项卡→"构建"面板→"墙"工具，单击"属性"选项板，选择"基本墙：普通砖-200 mm"类型，激活"绘制"→"直线"工具，在"属性"选项板中设置"定位线"为"墙中心线"项。

设置"属性"选项板中实例参数"底部限制条件"为"-1F"，"顶部约束"为"直到标高：F1"。按图 8-13 所示内墙位置捕捉轴线交点，绘制"普通砖-200 mm"地下室内墙。

单击"属性"选项板，选择"基本墙：普通砖-100 mm"类型，选择"定位线"为"面层面：外部"，设置实例参数"底部限制条件"为"-1F"，"顶部约束"为"直到标高：F1"。按图 8-14 所示内墙位置捕捉轴线交点，绘制"普通砖-100 mm"地下室内墙。

绘制地下一层
内墙

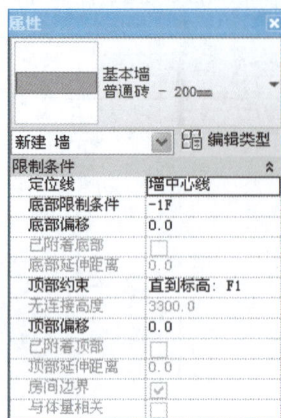

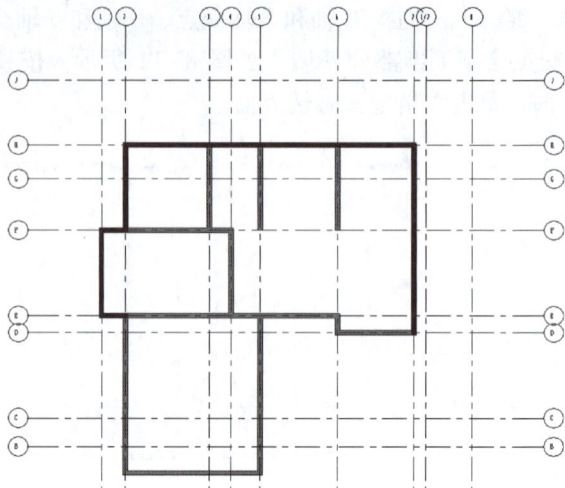

图 8-13　绘制 200 mm 厚内墙

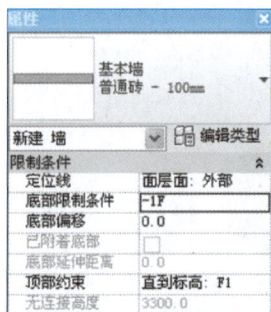

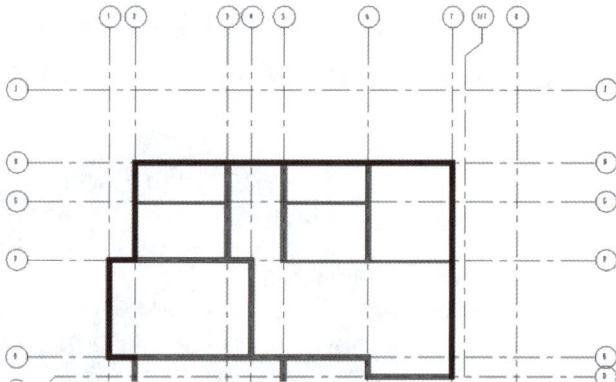

图 8-14　绘制 100 mm 厚内墙

完成后的地下一层墙体如图 8-15 所示，保存文件。

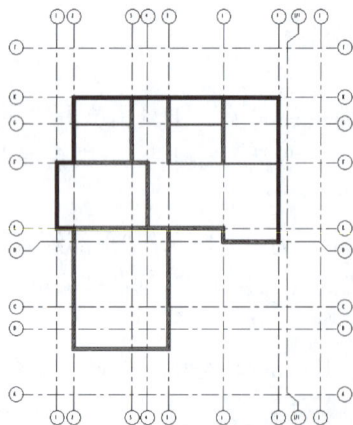

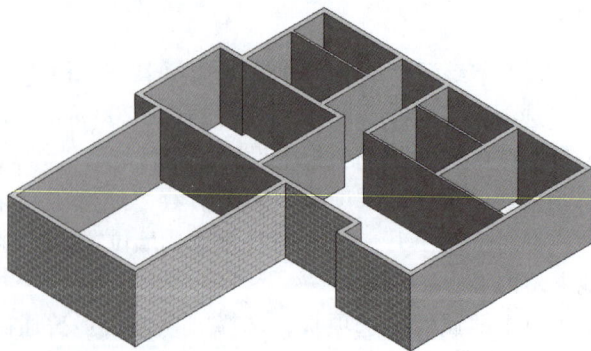

图 8-15　完成地下一层墙体的绘制及效果

任务 9　绘制地下一层门窗

工作任务卡（任务 9）

一、任务描述

识读图纸，确认门和窗的定型、定位尺寸。掌握门和窗的绘制和编辑的方法，完成地下一层门窗的绘制。

二、重点掌握

获得族的几种方法：自己绘制族库文件后载入，从软件自带族库载入，从已有的族文件载入，从常见的族库插件载入，从常见的族库下载网站下载。

三、学习笔记

四、课后评价

任务达成度（自评）：＿＿＿＿＿＿＿＿＿＿％。

任务达成度（教师评价）：＿＿＿＿＿＿＿＿＿＿％。

备注：

在三维模型中，门窗的模型与它们的平面表达并不是对应的剖切关系，这说明门窗模型与平立面表达可以相对独立。此外，门窗在项目中可以通过修改类型参数（如门窗的宽、高、材质等）形成新的门窗类型。门窗主体为墙体，它们对墙具有依附关系，删除墙体，门窗也随之被删除。

9.1   插入地下一层门

在进行门窗绘制前，首先要创建或插入相应的门窗族，这里介绍插入门窗族的方法，绘图所需的门窗族都可以在配套课程资源里找到。

以插入"装饰木门-M0921"为例。首先将所有的族库文件下载到计算机硬盘某个位置，然后单击"插入"选项卡中"模式"面板，单击"载入族"命令，在弹出的"载入族"对话框的左侧单击"我的电脑"按钮，然后找到已下载族库文件的所在位置，选择需要载入的族文件"装饰木门.rfa"，单击下方"打开"按钮，即完成了族库的载入，在门或窗"属性"选项板中的类型选择器中即可选择所需的门窗族。在项目浏览器中单击"-1F"，打开"-1F"视图，单击"建筑"选项卡→"构建"→"门"工具，选择"装饰木门-M0921"类型，在选项栏上选择"在放置时进行标记"工具，可对门进行自动标记，见图9-1。

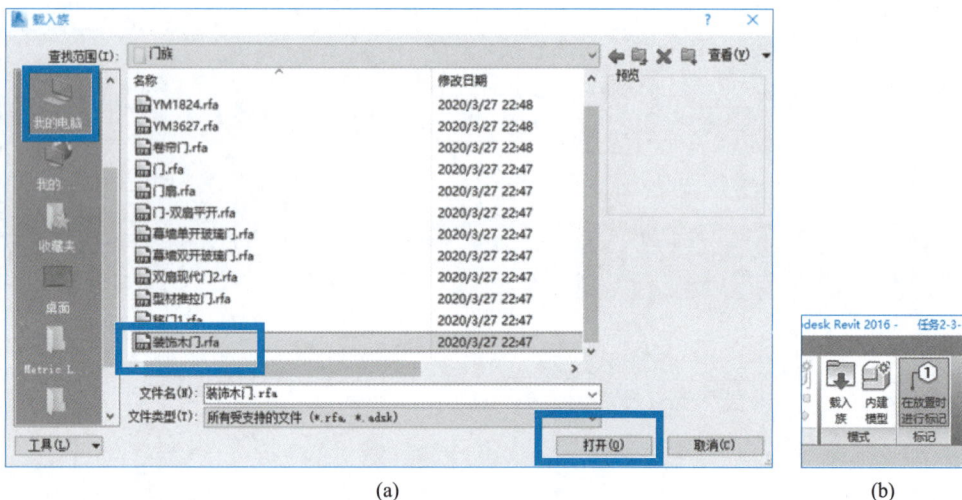

(a)   (b)

图9-1   载入装饰木门 M0921

将光标移到3轴"普通砖-200 mm"的墙上，此时会出现门与周围墙体距离的蓝色相对尺寸。这样可以通过相对尺寸大致捕捉门的位置。在平面视图中放置门之前，按空格键可以控制门的左右开启方向。在墙上合适位置单击鼠标左键以放置门，调整临时尺寸标注蓝色的控制点，拖动蓝色控制点规定到 F 轴"普通砖-200 mm"墙的上边缘，修改尺寸值为"100"，得到"大头角"的距离，如图9-2所示。

"装饰木门-M0921"修改后的位置如图9-3所示。

同理，在"属性"选项板中的类型选择器中分别选择"卷帘门：JLM5422"

"装饰木门-M0921""装饰木门-M0821""YM1824-YM3267""移门：YM2124"
门类型，按图9-4所示位置插入地下一层墙上。

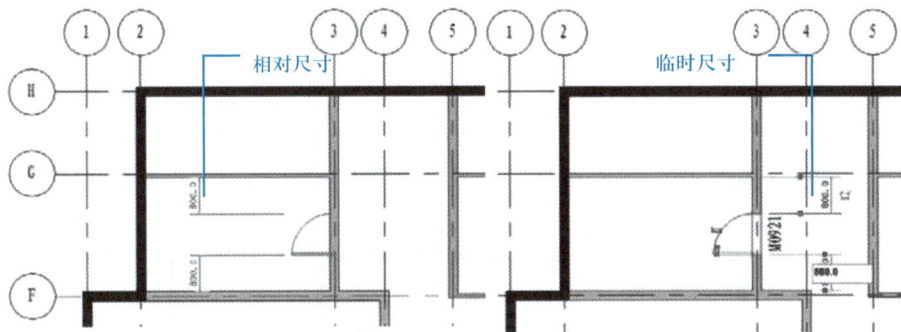

图9-2　修改装饰木门 M0921 的"大头角"

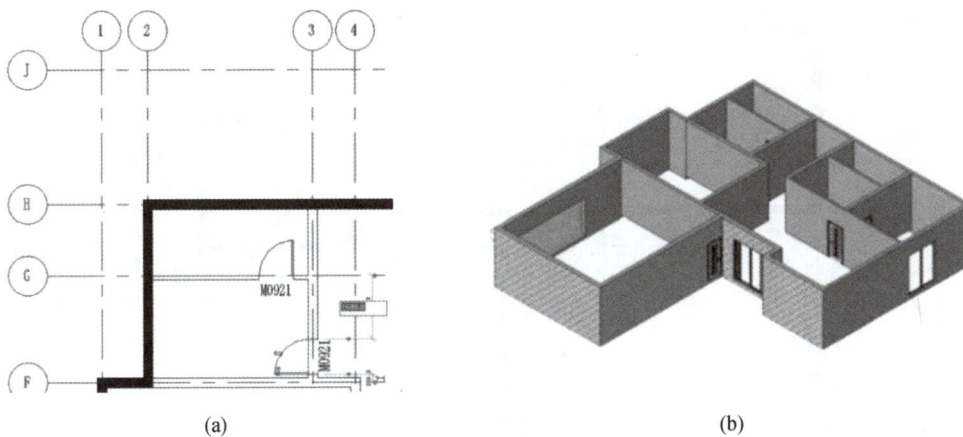

(a)

(b)

图9-3　完成装饰木门 M0921

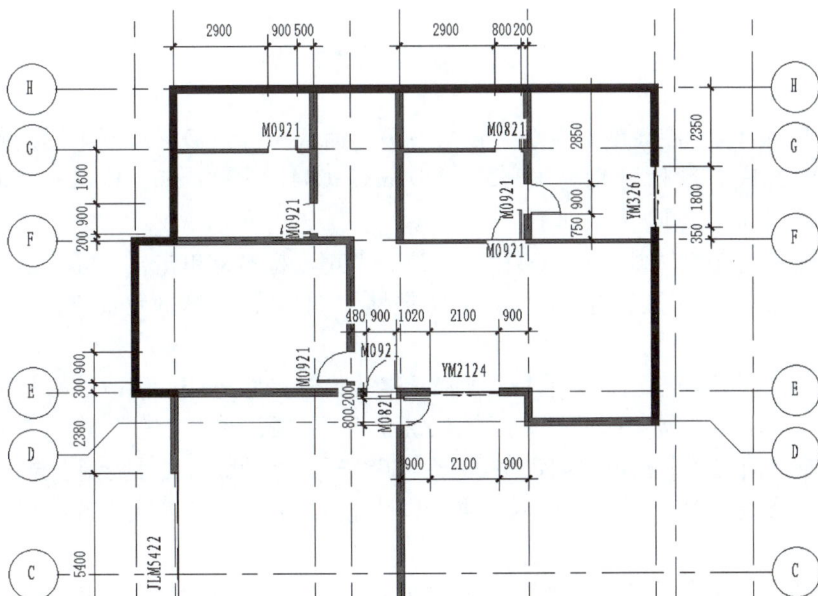

图9-4　地下一层门的分布

9.2　放置地下一层窗

接9.1的练习，在项目浏览器中单击"-1F"，打开"-1F"视图，单击"建筑"选项卡→"构建"→"窗"工具。在"属性"选项板的类型选择器中分别选择"推拉窗01206：C1206""固定窗0823：C0823""C3415""推拉窗0624：C0624"类型，按图9-5所示，在地下一层的墙体上单击将窗放置在合适位置。

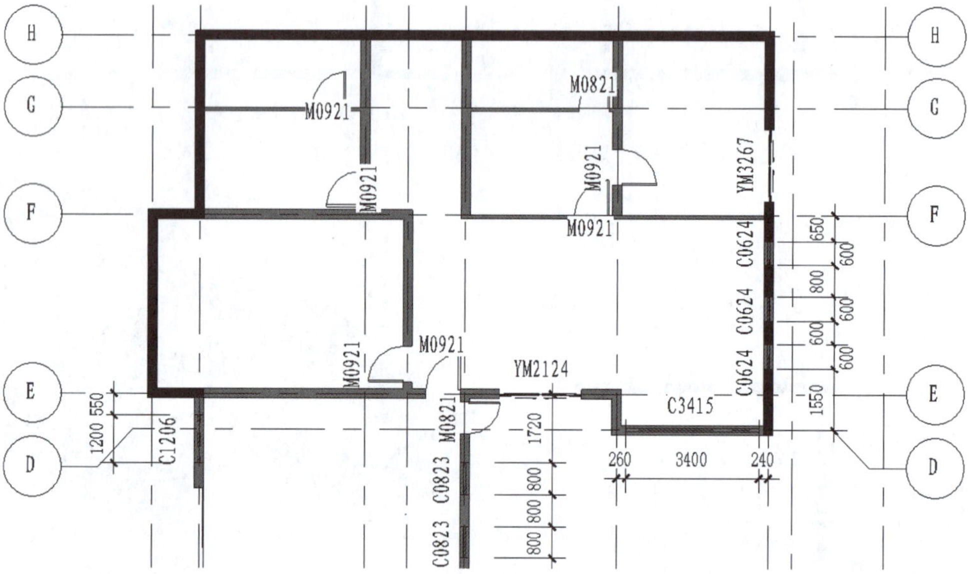

图9-5　地下一层窗的分布

9.3　编辑窗台高

本案例中窗台底高度不完全一致，一次性插入全部窗后，需要手动调整窗台高度。窗的底高度值分别为C0624-250 mm、C3415-900 mm、C0823-400 mm、C1206-1900 mm。调整方法如下。

方法一：选择"固定窗0823：C0823"，使用鼠标右键单击，选择"选择全部实例-在视图中可见"选项，设置"属性"选项板，修改"底高度"值为"400.0"。

方法二：切换至立面视图，选择窗，移动临时尺寸界线，修改临时尺寸标注值。进入项目浏览器，单击"立面（建筑立面）"项，双击"东"进入东立面视图。在东立面视图中选择"固定窗0823：C0823"，移动临时尺寸控制点至"-1F"标高线，修改临时尺寸标注值为"400.0"，按"Enter"键确认修改，如图9-6所示。

采用同样方法，编辑其他窗的底高度。编辑完成后的地下一层门窗效果如图9-7所示，保存文件。

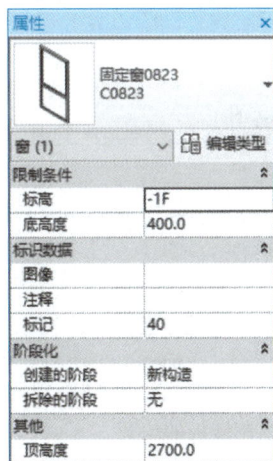

(a)　　　　　　　　　　　　　　(b)

图 9-6　设置窗的底部标高

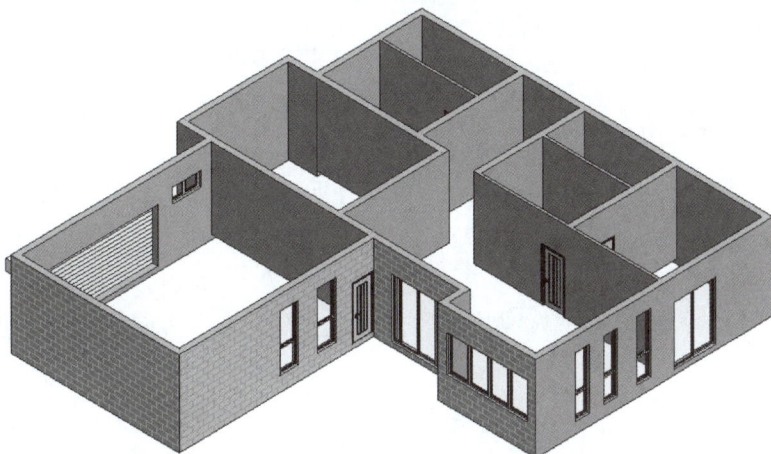

图 9-7　地下一层插入门窗后的效果

任务 10　绘制地下一层楼板及复制楼层

工作任务卡（任务 10）

一、任务描述
识读图纸，掌握楼板的绘制方法，完成地下一层楼板的绘制。了解整体复制楼层的方法。
二、重点掌握
使用拾取墙、直线、按"Tab"键拾取三种方法来绘制楼板的轮廓。
三、学习笔记
四、课后评价
任务达成度（自评）：_____%。 任务达成度（教师评价）：_____%。 备注：

10.1 创建地下一层楼板

Revit 默认样板中并没有所需要的楼板类型，所以首先要进行楼板类型的创建，然后才能进行楼板的绘制。选择"属性"选项板，楼板类型选择"常规-150 mm"，单击"编辑类型"按钮，弹出"类型属性"对话框。

楼板的创建过程和墙体的创建过程相同。首先单击"复制"按钮，将楼板重新命名为"常规200 mm"，单击"确定"按钮。然后在"结构"里单击"编辑"按钮，将楼板"结构1"的厚度改为"200.0"，单击"确定"按钮，再次单击"确定"按钮退出"类型属性"对话框，完成楼板的创建。

打开地下一层平面 F1，单击"建筑"选项卡→"构建"→"楼板"工具，进入楼板绘制模式。激活"绘制"面板中"拾取墙"工具，在选项栏中设置"偏移"为"-20.0"，移动光标到外墙外边线上，依次单击拾取外墙外边线自动创建楼板轮廓线，或者按"Tab"键全选外墙，如图 10-1 所示。拾取墙创建的轮廓线自动和墙体保持关联关系。

图 10-1　设置地下一层楼板偏移

设置"属性"选项板，选择楼板类型为"常规-200 mm"，见图 10-2。

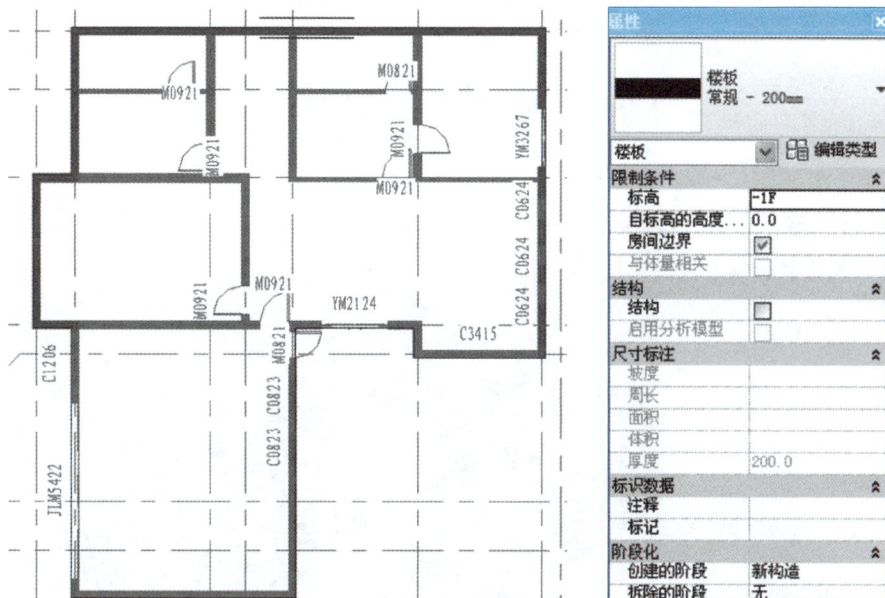

图 10-2　设置地下一层楼板类型

创建地下一层楼板（1）

创建地下一层楼板（2）

单击"完成绘制"命令，创建地下一层楼板，在弹出的"Revit"提示对话框中单击"是"按钮，楼板与墙相交的地方将自动剪切，如图 10-3 所示。

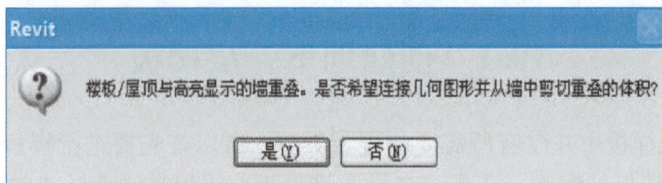

图 10-3　绘制地下一层楼板时弹出的"Revit"对话框

创建的地下一层楼板如图 10-4 所示。至此本项目全部地下一层构件绘制完毕。

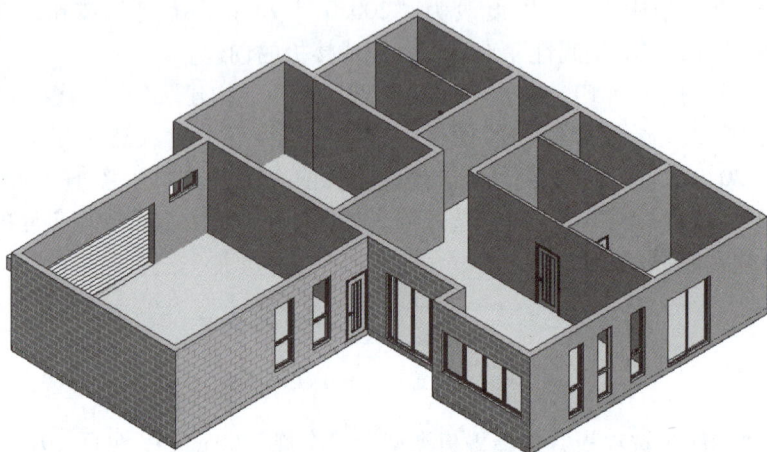

图 10-4　地下一层楼板完成后的效果

10.2　复制地下一层外墙

接上节练习，切换到三维视图，将光标放在地下一层的外墙上，高亮显示后按"Tab"键，所有外墙将全部高亮显示，单击鼠标左键，地下一层外墙将全部选中，构件亮显，如图 10-5 所示。

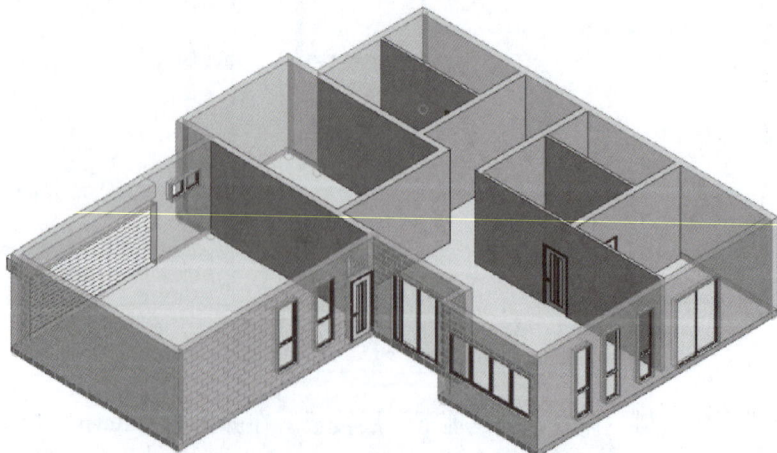

图 10-5　单击"Tab"键全选外墙

单击"修改"选项卡→"剪贴板"面板→"复制到剪贴板"命令，将所有构件复制到剪贴板中备用。

单击"修改"选项卡→"剪贴板"面板→"粘贴"→"与选定的标高对齐"命令（图10-6），打开"选择标高"对话框，如图10-7所示。单击选择"F1"，单击"确定"按钮。

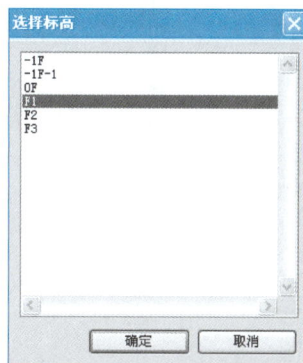

图 10-6　粘贴命令　　　　　图 10-7　"选择标高"对话框

此时地下一层平面的外墙都被复制到首层平面，同时由于门窗默认为是依附于墙体的构件，所以一并被复制，整体复制后的效果如图10-8所示。

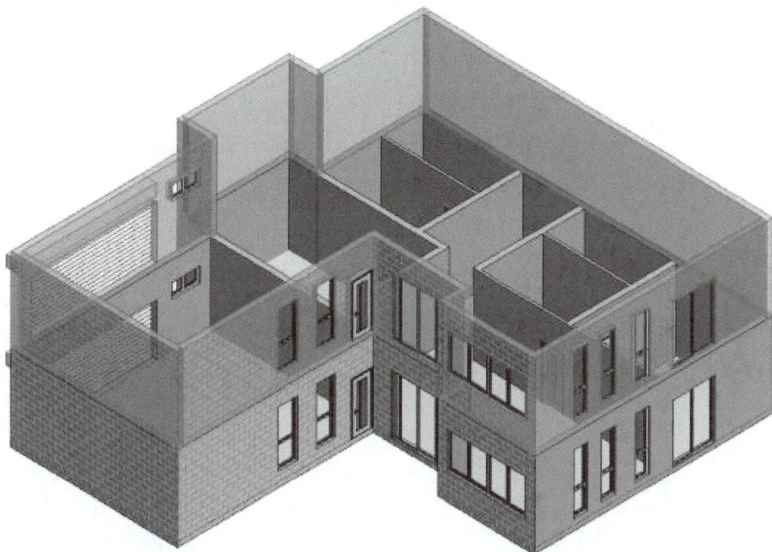

图 10-8　整体复制后的效果

在项目浏览器中双击"楼层平面"项下的"F1"，打开首层平面视图。框选所有构件，单击右上角"过滤器"工具，打开"过滤器"对话框，取消勾选"墙"。单击"确定"按钮，选择所有门窗，如图10-9所示。按"Delete"键，删除所有门窗。

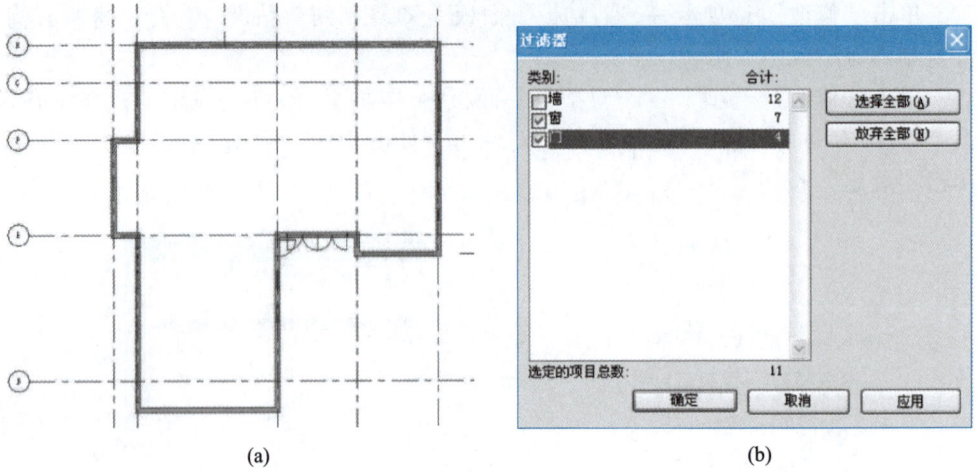

(a)

(b)

图 10-9 过滤复制上来的门窗

任务 11 绘制首层墙体

一、任务描述

对通过整体复制得到的首层外墙进行编辑，使外墙和图纸一致。在此基础上完成首层内墙的绘制。

二、重点掌握

修剪、拆分、对齐命令。

三、学习笔记

四、课后评价

任务达成度（自评）：＿＿＿＿＿＿％。

任务达成度（教师评价）：＿＿＿＿＿＿％。

备注：

11.1　编辑首层外墙

（1）调整外墙位置。单击工具栏中的"对齐"命令，移动光标单击拾取 B 轴线作为对齐目标位置，再移动光标到 B 轴下方的墙上，按"Tab"键拾取墙的中心线位置单击拾取，移动墙的位置，使中心线与 B 轴对齐，如图 11-1 所示。

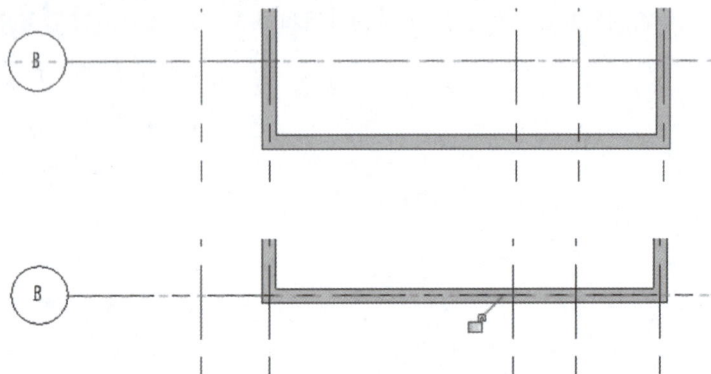

图 11-1　用对齐命令修改外墙

① 单击"建筑"选项卡→"构建"面板→"墙"工具，在"属性"选项板的类型选择器中选择"外墙-机刨横纹灰白色花岗石墙面"类型。创建方法与"外墙饰面砖"相同，见图 11-2。

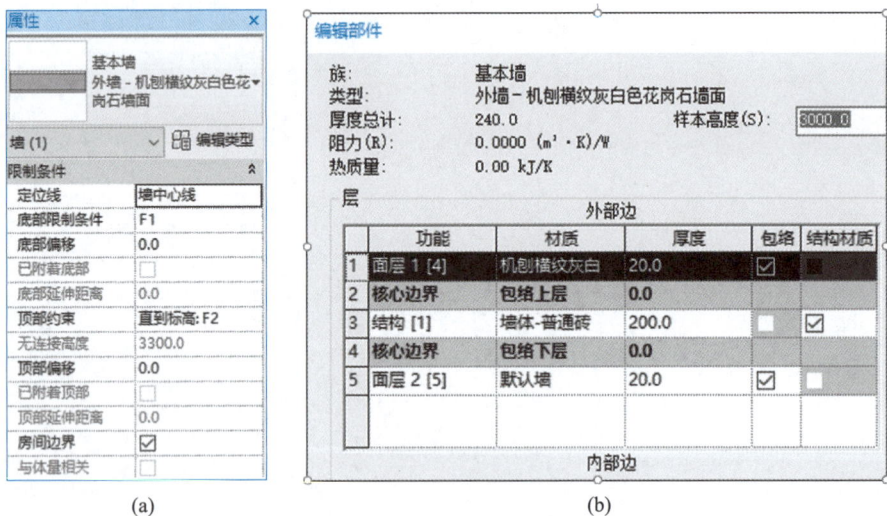

（a）　　　　　　　　　　　　　　　（b）

图 11-2　修改首层墙体材质

② 设置实例参数"底部限制条件"为"F1"，"顶部约束"为"直到标高：F2"。

③ 打开"F1"平面，在"建筑选项卡"中"构建"面板单击"墙"工具，激活"绘制"面板，在"属性"选项卡中，"定位线"选择"墙中心线"，移动光

标单击鼠标左键捕捉 H 轴和 5 轴交点为绘制墙体起点，然后逆时针单击捕捉 G 轴与 5 轴交点、G 轴与 6 轴交点、H 轴与 6 轴交点，绘制 3 面墙体，位置如图 11-3 所示。

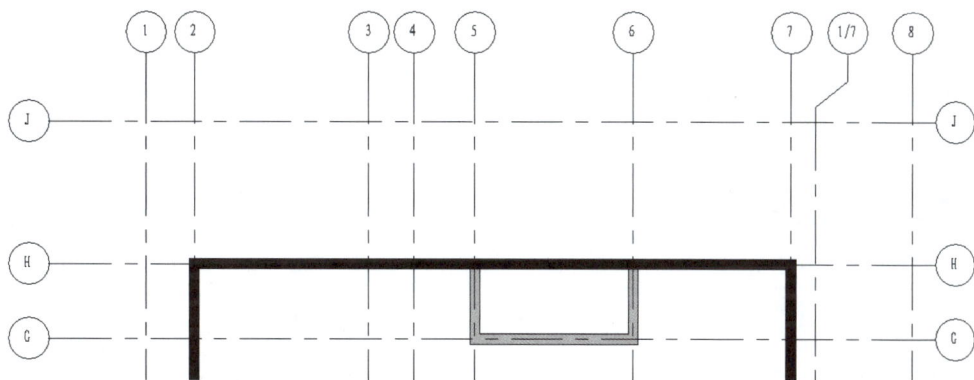

图 11-3　绘制首层部分外墙

④ 单击工具栏"对齐"命令，按前述方法，将 G 轴墙的外边线与 G 轴对齐。

（2）单击工具栏"拆分图元"命令，移动光标到 H 轴上的墙 5、6 轴之间任意位置，单击鼠标左键将墙拆分为两段，见图 11-4。

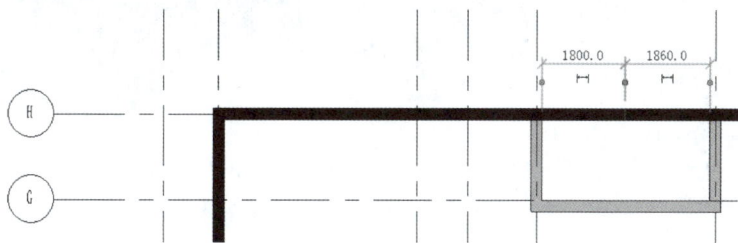

图 11-4　拆分图元命令

（3）单击工具栏"修剪"命令，移动光标到 H 轴与 5 轴左边的墙上单击，再移动光标到 5 轴的墙上单击，这样右侧多余的墙被剪掉。同理，H 轴与 6 轴右边的墙也用此方法修剪，见图 11-5。

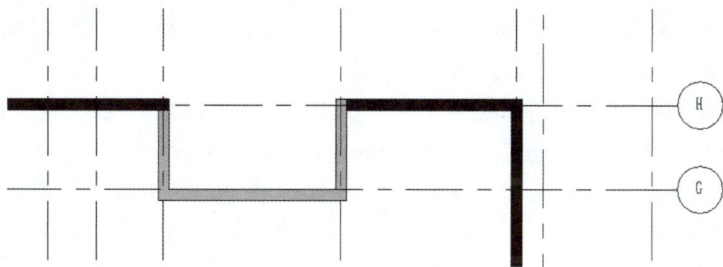

图 11-5　修剪命令

① 移动光标到复制的外墙上，按"Tab"键，当所有外墙均亮显时，单击鼠标

选择所有外墙，从"属性"选项板类型选择器下拉列表中选择"外墙-机刨横纹灰白色花岗石墙面"类型，更新所有外墙类型。

② 首层平面外墙部分的效果如图 11-6 所示，保存文件。

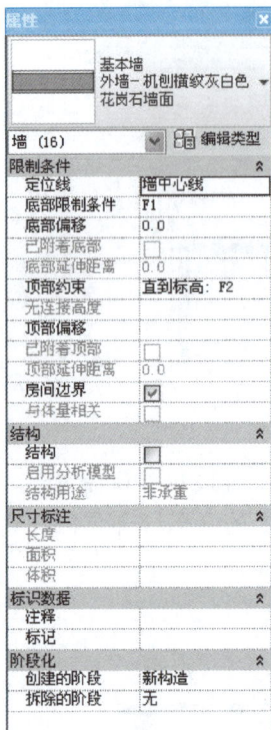

(a)

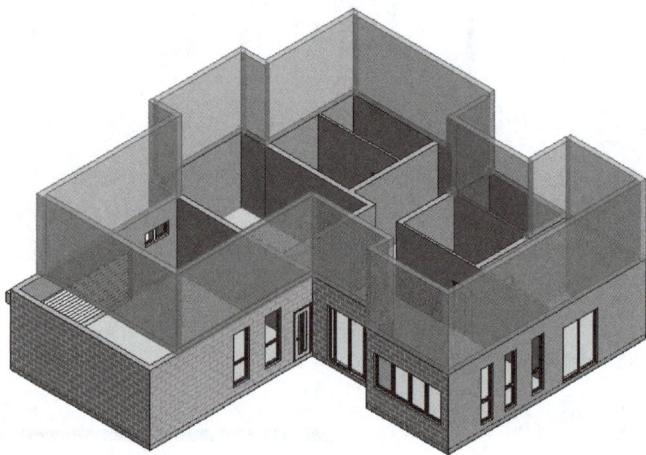

(b)

图 11-6　首层平面外墙部分的效果

11.2　绘制首层内墙

接 11.1 的练习，继续绘制首层平面内墙。

（1）单击"建筑"选项卡→"构建"→"墙"工具，在"属性"选项板类型选择器中选择"普通砖-200 mm"类型，选项栏选择"绘制"命令，"属性"选项板中"定位线"选择"墙中心线"。

（2）设置实例参数"底部限制条件"为"F1"，"顶部约束"为"直到标高：F2"。如图 11-7 所示，绘制普通砖 200 mm 内墙。

（3）在"属性"选项板类型选择器中选择"普通砖-100 mm"类型，选项栏选择"绘制"命令。

（4）设置实例参数"底部限制条件"为"F1"，"顶部约束"为"直到标高：F2"，绘制普通砖 100 mm 内墙，如图 11-8 所示。

（5）完成后的首层内外墙体效果如图 11-9 所示，保存文件。

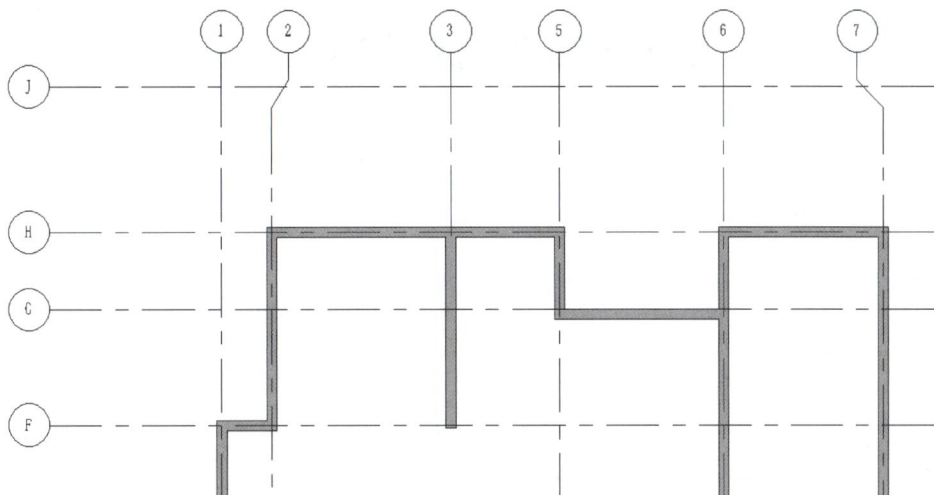

图 11-7 绘制首层普通砖 200 mm 内墙

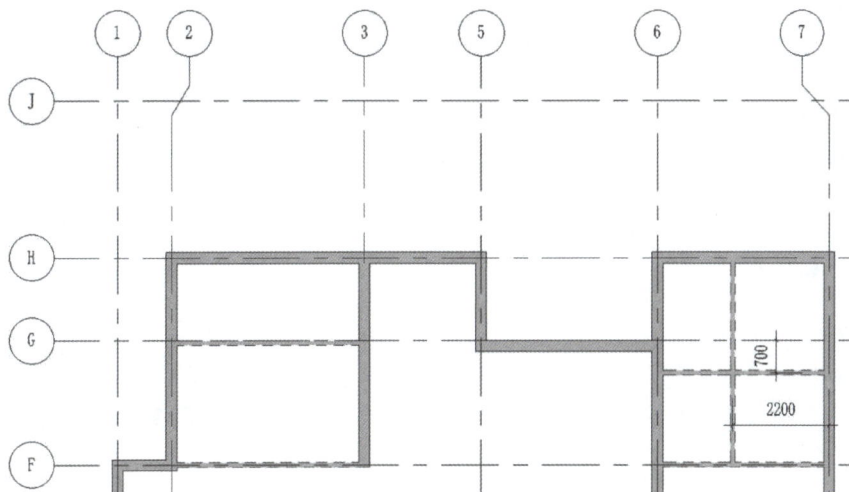

图 11-8 绘制首层普通砖 100 mm 内墙

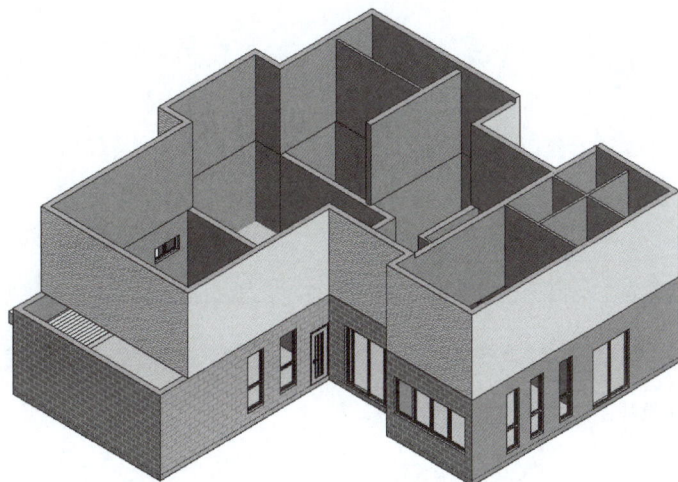

图 11-9 完成后的首层内外墙体效果

任务 12 绘制首层门窗及楼板

工作任务卡（任务 12）

一、任务描述
看懂图纸，使用之前学过的命令，完成首层门窗和楼板的绘制。
二、重点掌握
提高门窗和楼板绘制命令的熟练程度。
三、学习笔记
四、课后评价
任务达成度（自评）：_____%。 任务达成度（教师评价）：_____%。 备注：

12.1　插入和编辑门窗

编辑完成首层平面内外墙体后，即可创建首层门窗。门窗的插入和编辑方法本任务不再详述。

（1）在项目浏览器"楼层平面"项下双击"F1"，打开首层楼层。

（2）编辑窗台高。在平面视图中选择窗，单击选项栏"属性"工具，打开"属性"选项板，设置"底高度"参数值，调整窗户的窗台高。各窗的窗台高为C2406-1200 mm、C0609-1400 mm、C0615-900 mm、C0915-900 mm、C3423-100 mm、C0823-100 mm、C0825-150 mm、C0625-300 mm，见图12-1。

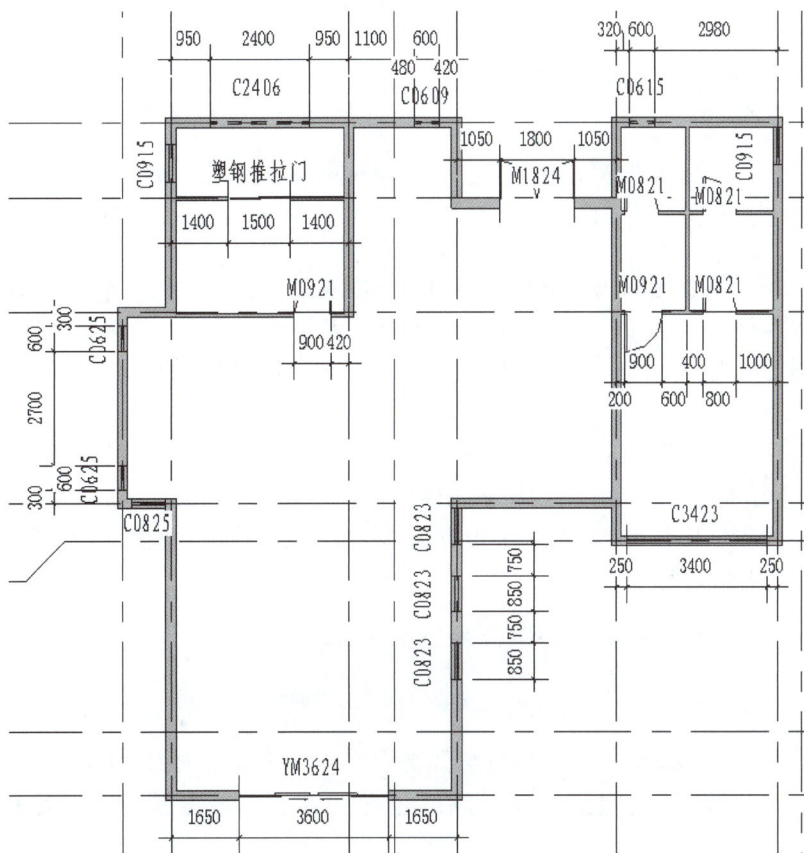

图12-1　首层门窗定位

12.2　创建首层楼板

Revit可以根据墙创建楼板边界轮廓线来自动创建楼板，在楼板和墙体之间保持关联关系，当墙体位置改变后，楼板也会自动更新。

（1）打开首层平面 F1，单击"建筑"选项卡→"构建"面板→"楼板"工具，进入楼板绘制模式，出现"绘制"面板，如图 12-2 所示。

（2）单击"拾取墙"命令，将光标移动到外墙外边线上，依次单击拾取外墙外边线自动创建楼板轮廓线，如图 12-3 所示。拾取墙创建的轮廓线自动和墙体保持关联关系。

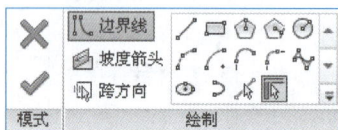

图 12-2　首层楼板绘制命令

图 12-3　拾取墙命令

（3）检查确认轮廓线完全封闭。用户可以通过工具栏中的"修剪"命令修剪轮廓线使其封闭，也可以通过光标拖动迹线端点移动到合适位置来实现，Revit 将会自动捕捉附近的其他轮廓线的端点。当完成楼板绘制时，如果轮廓线没有闭合，系统会报错。

（4）用户也可以单击工具栏中的"线"命令，选择选项栏上的"线""矩形""圆弧"等绘制命令，绘制封闭楼板轮廓线。

（5）设置偏移。在选项栏里单击"偏移"命令，选择"数值方式"单选按钮，设置楼板边缘的"偏移"量为 20，取消勾选"复制"复选框，如图 12-4 所示。

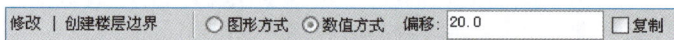

图 12-4　设置楼板向内偏移

（6）将光标移动到一条楼板轮廓线上内侧，在轮廓线内侧出现一条绿色虚线预览后，按"Tab"键直到出现一圈绿色虚线预览。单击鼠标左键完成偏移，见图 12-5。

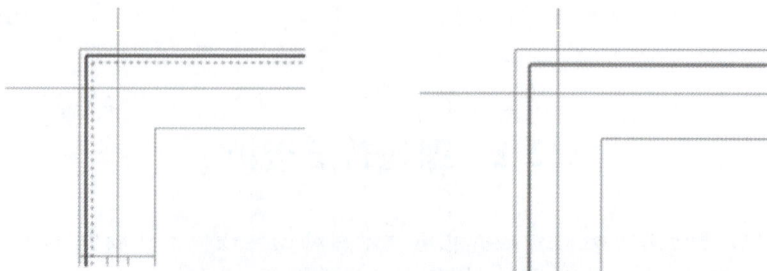

图 12-5　用"Tab"键完成偏移

首层楼板轮廓线如图 12-6 所示。

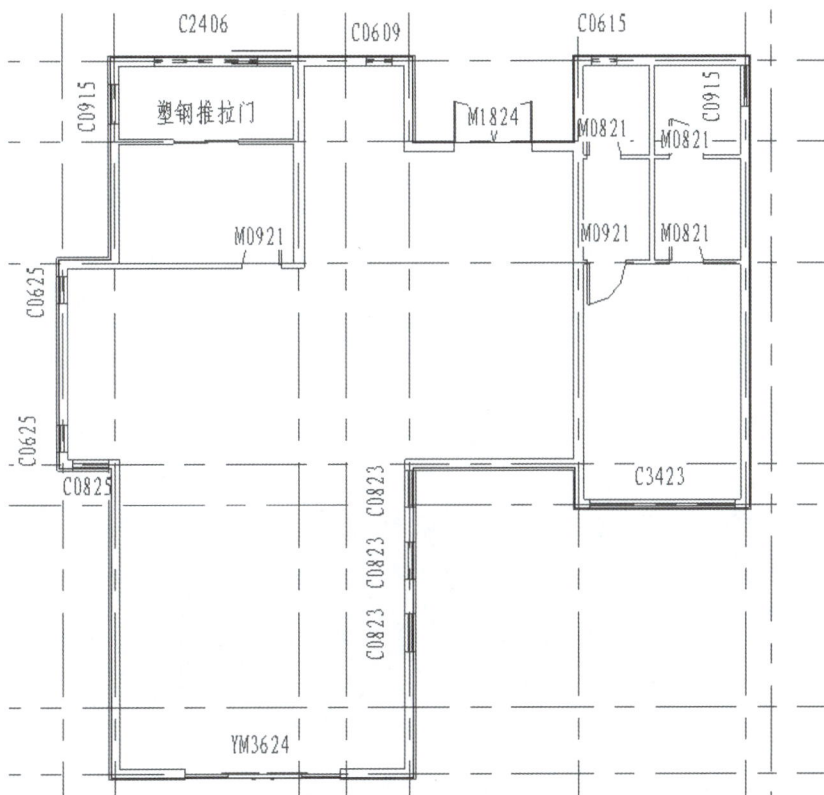

图 12-6 首层楼板轮廓线

选择 B 轴下面的轮廓线，单击工具栏"移动"命令，将光标向下移动，输入"4490"。单击"绘制"面板"线"工具，用"绘制"命令绘制如图 12-7 所示的线。

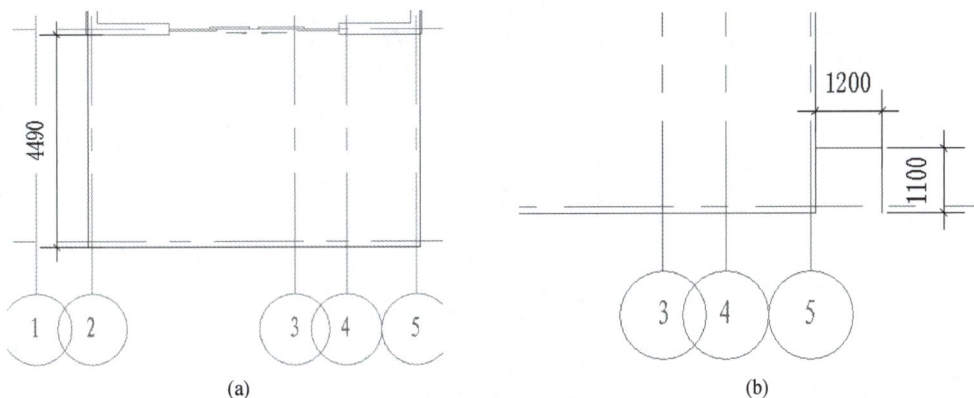

(a)

(b)

图 12-7 修改首层楼板轮廓线（1）

单击工具栏"修剪"命令，完成后如图 12-8 所示。

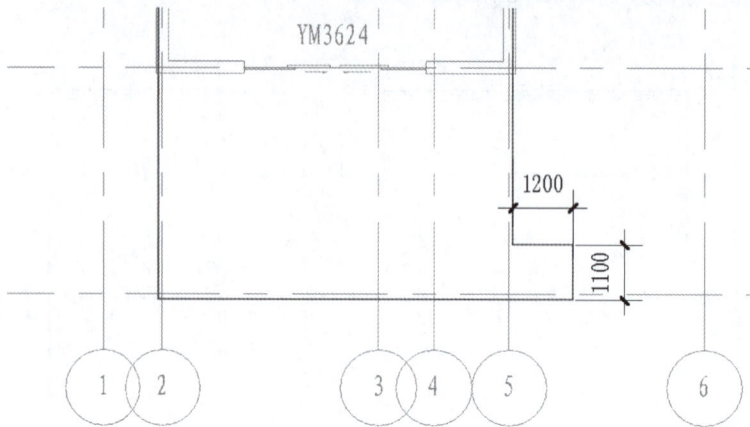

图 12-8　修改首层楼板轮廓线（2）

完成后的首层楼板轮廓线草图如图 12-9 所示。

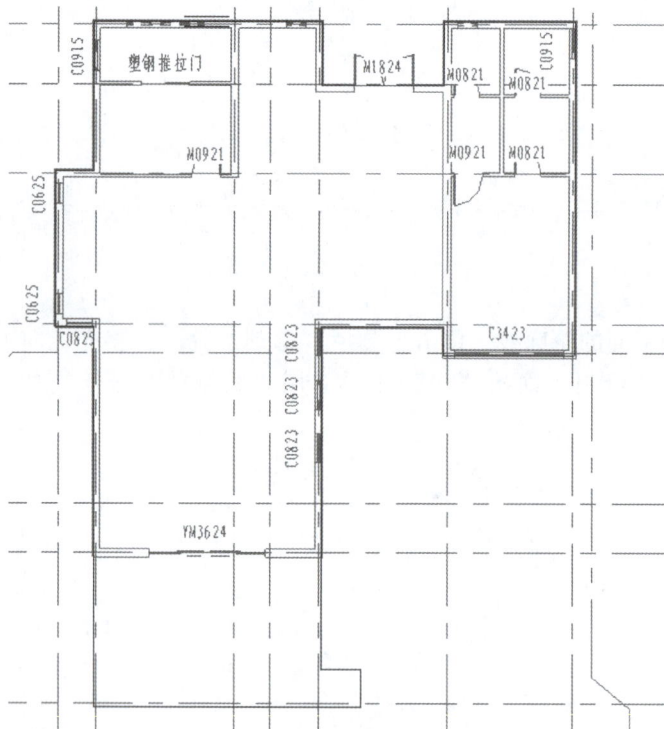

图 12-9　完成后的首层楼板轮廓线草图

在"属性"选项板，选择楼板类型为"常规-100 mm"，单击创建首层楼板。弹出"Revit"提示对话框，单击"否"按钮，见图 12-10。

至此首层平面主体绘制完成，其效果如图 12-11 所示，保存文件。

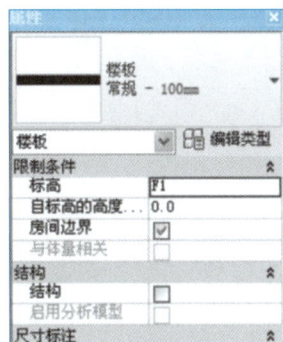

(a)

(b)

图 12-10　创建首层楼板材质

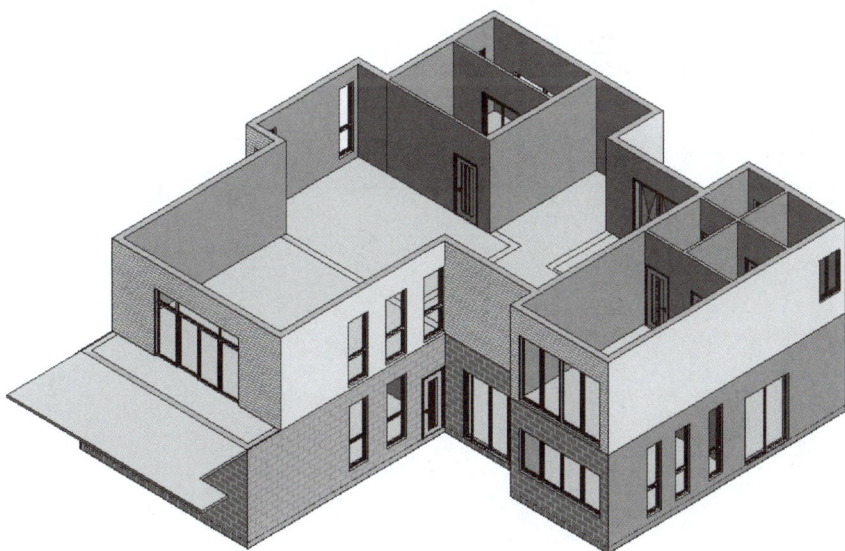

图 12-11　首层平面主体完成的效果

任务 13　绘制二层墙体

工作任务卡（任务 13）

一、任务描述
整体复制首层构件，编辑并完成二层外墙的绘制，绘制完成二层的内墙。
二、重点掌握
使用最为便捷、迅速的方式完成二层墙体的绘制。
三、学习笔记
四、课后评价
任务达成度（自评）：＿＿＿＿＿＿＿＿%。 任务达成度（教师评价）：＿＿＿＿＿＿＿＿%。 备注：

13.1 整体复制首层构件

（1）展开项目浏览器下"立面（建筑立面）"项，双击"南"，进入南立面视图。

（2）在南立面视图中，从首层构件左上角位置到首层构件右下角位置，按住鼠标左键拖拽选择框，框选首层所有构件，如图13-1所示。

图13-1 框选首层所有构件

（3）在构件选择状态下，选项栏单击"过滤器"命令，打开"过滤器"对话框，确保勾选"墙""门""窗"类别，单击"确定"按钮关闭对话框。

（4）单击"修改"选项卡→"剪贴板"面板→"复制到剪贴板"命令，将首层平面的所有构件复制到剪贴板中备用。

（5）单击"修改"选项卡→"剪贴板"面板→"粘贴"→"与选定的标高对齐"命令，弹出"选择标高"对话框，选择"F2"选项，首层平面所有的构件都被复制到二层平面，如图13-2所示。

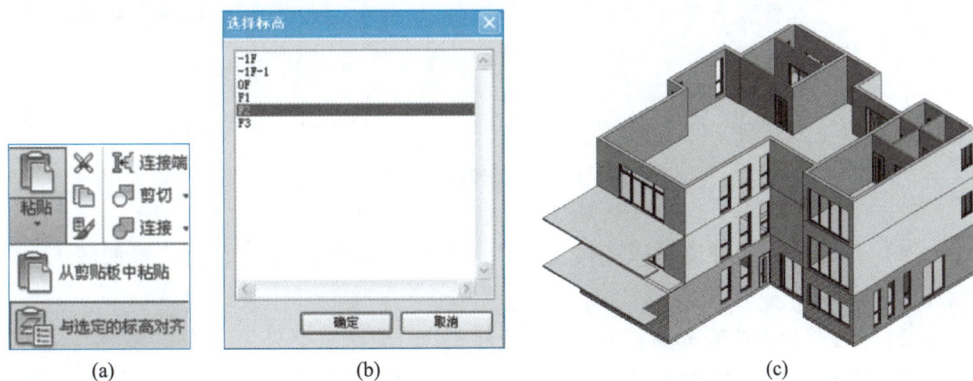

(a)　　　　　　　　　(b)　　　　　　　　　(c)

图13-2 复制到二层平面

（6）在复制的二层构件处于选择状态时（如果已经取消选择，请在南立面视图中再次框选二层所有构件），单击"过滤器"命令，打开"过滤器"对话框，只勾选"门""窗"类别，单击"确定"按钮选择所有门窗。按"Del"（Delete 删除）键，删除所有门窗。保存文件。

13. 2　编辑二层外墙

（1）打开"F2"平面视图，按住"Ctrl"键连续单击选择所有的墙，再按"Del"键删除所有内墙。

（2）调整外墙位置。单击工具栏中的"对齐"命令，移动光标单击拾取 C 轴线作为对齐目标位置，再将光标移动到 B 轴的墙上，按"Tab"键拾取墙的中心线位置单击拾取，移动墙的位置使其中心线与 B 轴对齐，弹出"Autodesk Revit 2013"提示对话框，提示错误，单击"删除图元"按钮，如图 13-3 所示。

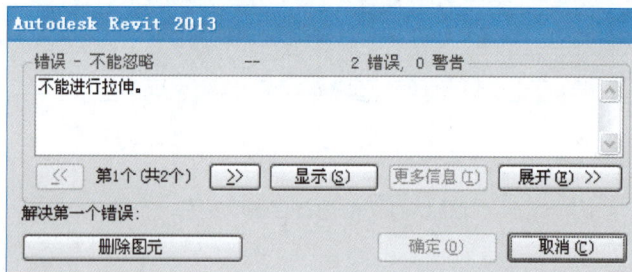

图 13-3　单击"删除图元"按钮

（3）同理，以 4 轴线作为对齐目标位置，将 5 轴线上的墙拾取墙中心线，使其对齐至 4 轴线，如图 13-4、图 13-5 所示。

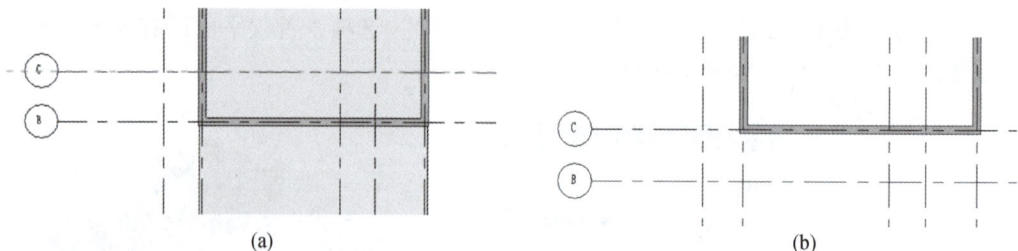

(a)　　　　　　　　　　　　　　　　　(b)

图 13-4　对齐命令举例

（4）其余部分的外墙可以通过工具栏"修剪"命令，修改墙的位置如图 13-6 所示。

（5）新建外墙"基本墙：外墙-白色涂料"。选择二层外墙，在"属性"选项板类型选择器中将墙体替换为"基本墙：外墙-白色涂料"，更新所有外墙类型，见图 13-7、图 13-8。

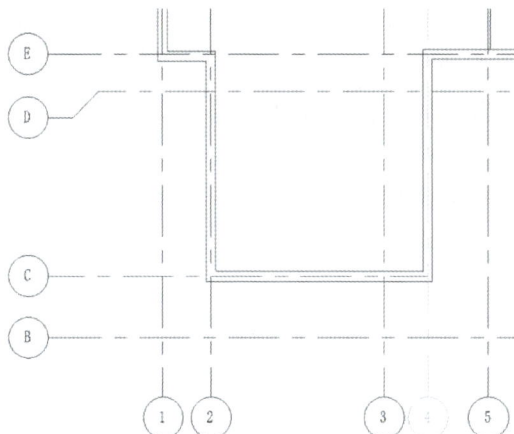

图 13-5 使用对齐命令

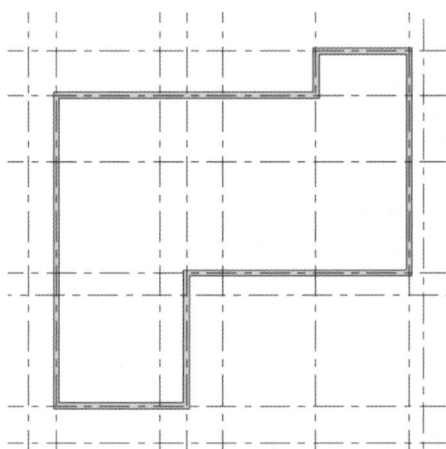

(a)

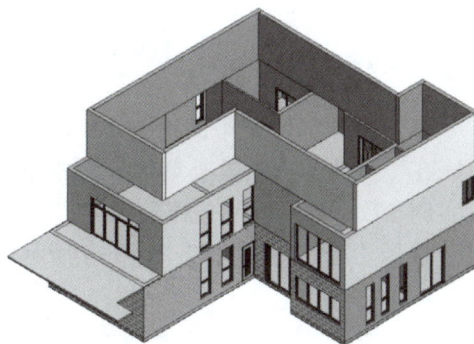

(b)

图 13-6 完成二层外墙轮廓修剪

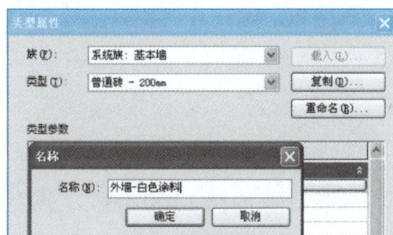

(a)

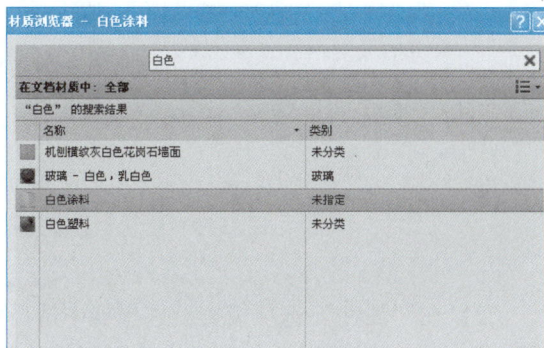

(b)

图 13-7 创建二层外墙材质

（6）单击选项栏"属性"按钮，在"属性"选项板中设置二层墙体的"顶部约束"为"直到标高：F3"。

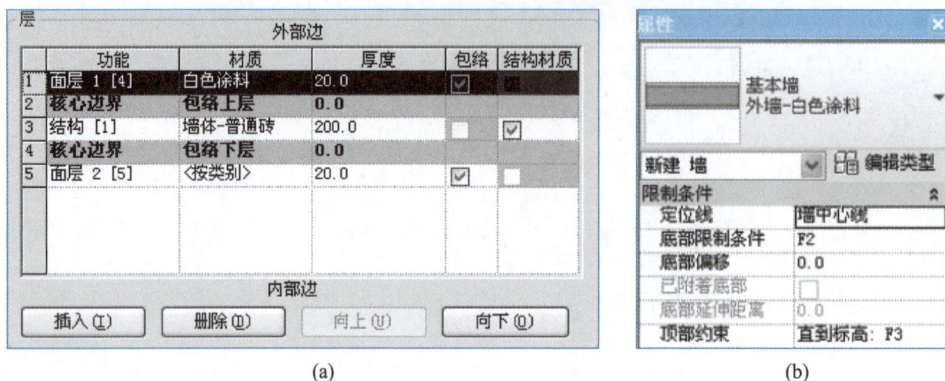

(a)   (b)

图 13-8   设置二层外墙参数

13.3   绘制二层内墙

（1）打开"F2"平面视图，单击"建筑"选项卡→"构建"面板→"墙"工具，在"属性"选项板类型选择器中选择"基本墙：普通砖-200 mm"类型，设置实例参数"底部限制条件"为"F2"，"顶部约束"为"直到标高：F3"，"定位线"选择"墙中心线"，按图 13-9 所示位置绘制"普通砖-200 mm"内墙。

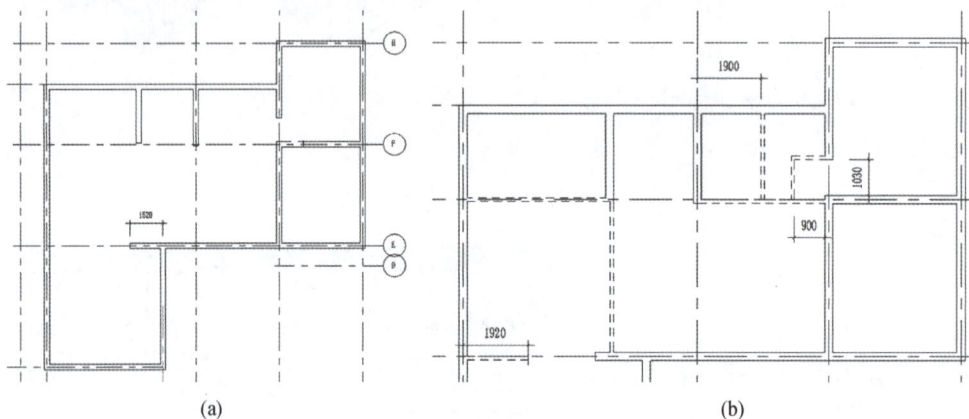

(a)   (b)

图 13-9   绘制二层普通砖 200 mm 内墙

（2）在"属性"选项板类型选择器中选择"基本墙：普通砖-100 mm"，激活"绘制"命令，设置属性参数"底部限制条件"为"F2"，"顶部约束"为"直到标高：F3"，按图 13-10 所示位置绘制"普通砖-100 mm"内墙。

（3）完成后的二层墙体效果如图 13-11 所示，保存文件。

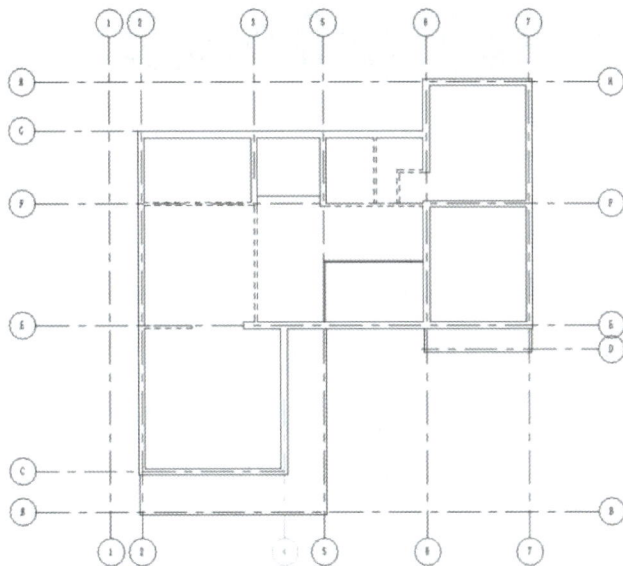

图 13-10 绘制二层普通砖 100 mm 内墙

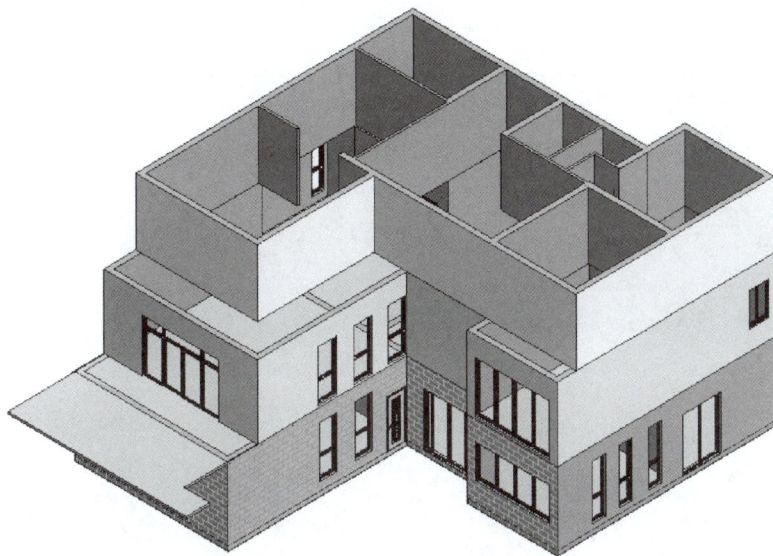

图 13-11 完成后的二层墙体效果

任务 14　绘制二层门窗及楼板

工作任务卡（任务 14）

一、任务描述
完成二层门窗和楼板的绘制。

二、重点掌握
使用最为便捷、迅速的方式完成门窗和楼板的绘制。

三、学习笔记

四、课后评价
任务达成度（自评）：_____%。 任务达成度（教师评价）：_____%。 备注：

14.1 插入和编辑门窗

编辑完成二层平面内外墙体后，即可创建二层门窗。

（1）选择项目浏览器→"楼层平面"→双击"F2"，进入二层楼层平面。

（2）单击"建筑"选项卡→"构建"面板→"门"工具，在"属性"选项板类型选择器中选择"移门：YM3324""装饰木门-M0921""装饰木门-M0821""LM0924""YM1824：YM3267""门-双扇平开1200×2100 mm"，按图14-1所示位置，将光标移动到墙体上单击放置门，并编辑临时尺寸，精确定位。

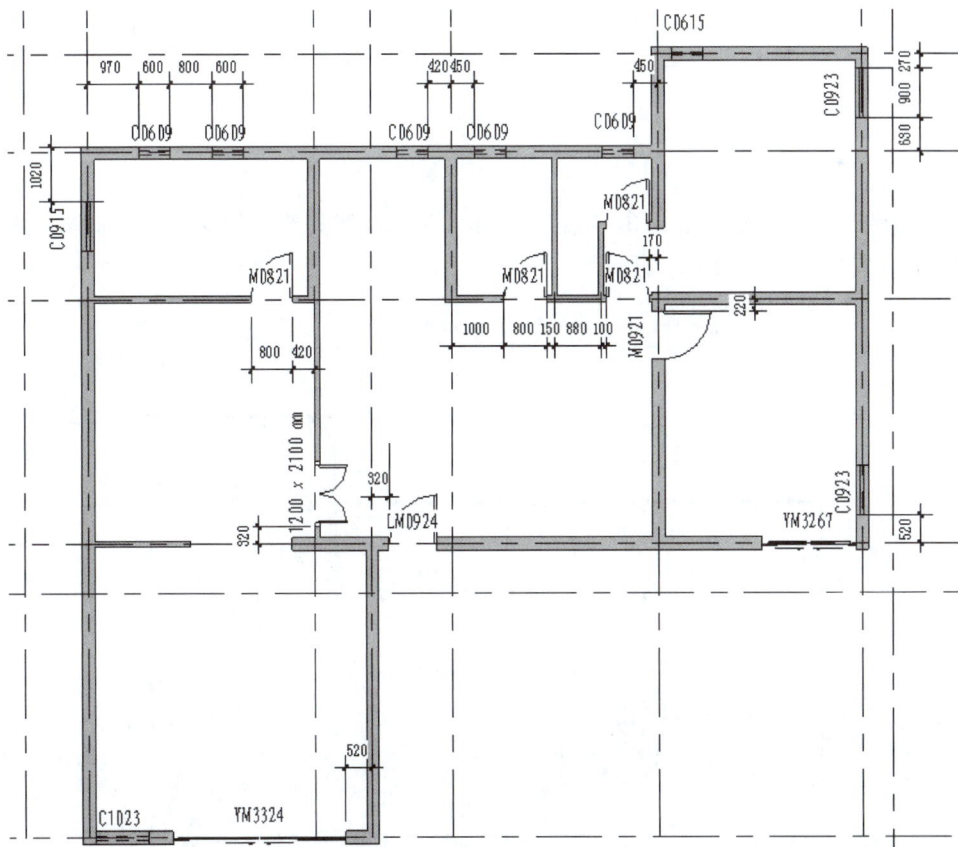

图14-1 二层门窗定位

（3）编辑窗台高。在平面视图中选择窗，设置"底高度"参数值，调整窗户的窗台高。各窗的窗台高为 C0609-1700 mm、C0615-850 mm、C0923-100 mm、C1023-100 mm、C0915-900 mm。

14.2 编辑二层楼板

打开"F2"平面，单击"建筑"选项卡→"构建"面板→"楼板"工具，选择"常规-100 mm"进入楼板绘制模式。

单击"建筑"选项卡→"工作平面"面板→"参照平面"命令，在当前视图中绘制一条相对于 B 轴距离"100 mm"的辅助线，如图 14-2 所示。

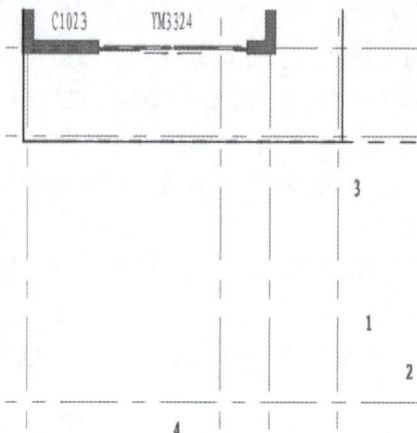

图 14-2　绘制二层楼板的参照平面

激活"绘制"面板，单击"线"工具，在辅助线处绘制轮廓，统一向内偏移 20 mm，完成轮廓如图 14-3 所示。

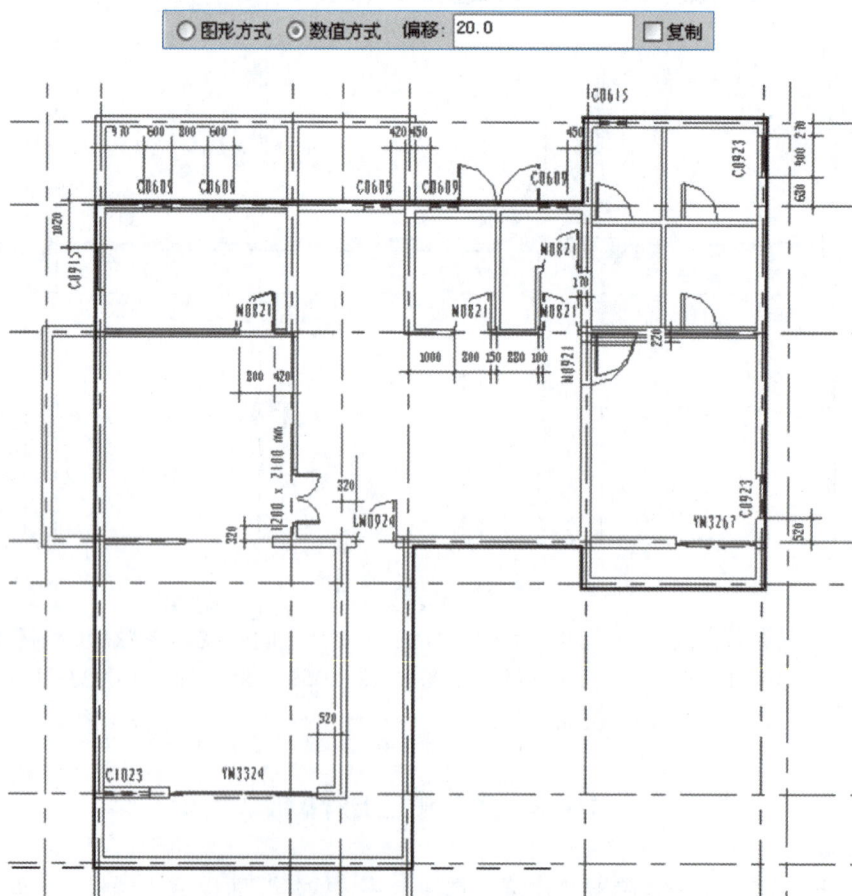

图 14-3　完成偏移 20 mm 后的二层楼板轮廓

完成轮廓绘制后，单击"完成绘制"命令创建二层楼板，弹出"Revit"提示对话框，单击"否"按钮，见图14-4。

图14-4　生成二层楼板弹出的对话框（1）

弹出"Revit"提示对话框，单击"是"按钮，见图14-5。

图14-5　生成二层楼板弹出的对话框（2）

至此二层平面的主体绘制完成，其效果如图14-6所示。保存文件。

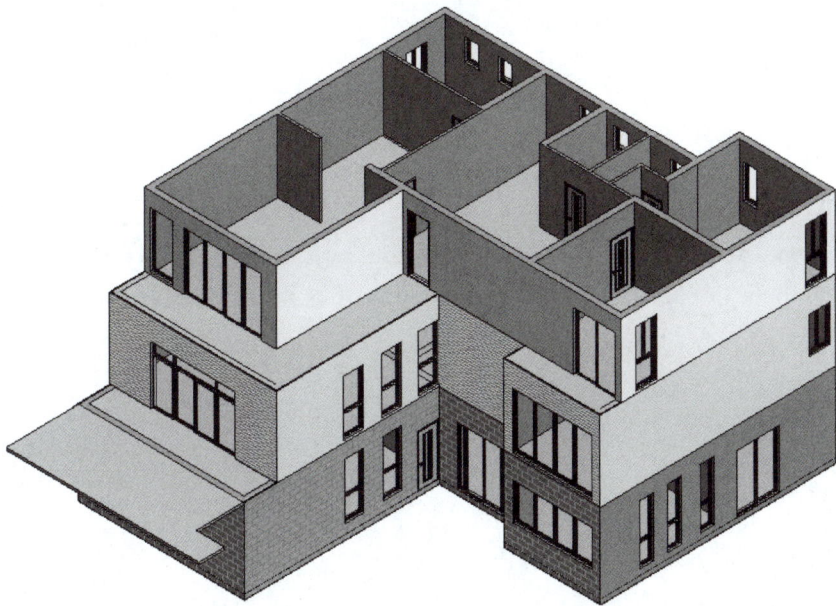

图14-6　完成后的二层平面主体效果

任务 15 绘制玻璃幕墙

工作任务卡（任务 15）

一、任务描述
了解玻璃幕墙的作用和结构，使用命令完成玻璃幕墙的绘制。

二、重点掌握
玻璃幕墙类型相关参数的含义，合理选择并控制竖梃间距的方式。

三、学习笔记

四、课后评价
任务达成度（自评）：＿＿＿＿＿＿＿＿%。 任务达成度（教师评价）：＿＿＿＿＿＿＿＿%。 备注：

幕墙是现代建筑设计中被广泛应用的一种建筑构件，由幕墙网格、竖梃和幕墙嵌板组成，如图 15-1 所示。在 Revit 中，根据幕墙的复杂程度分为常规幕墙、规则幕墙系统和面幕墙系统三种创建幕墙的方法。常规幕墙是墙体的一种特殊类型，其绘制方法和常规墙体相同，并具有常规墙体的各种属性，可以像编辑常规墙体一样用"附着""编辑立面轮廓"等命令编辑常规幕墙。

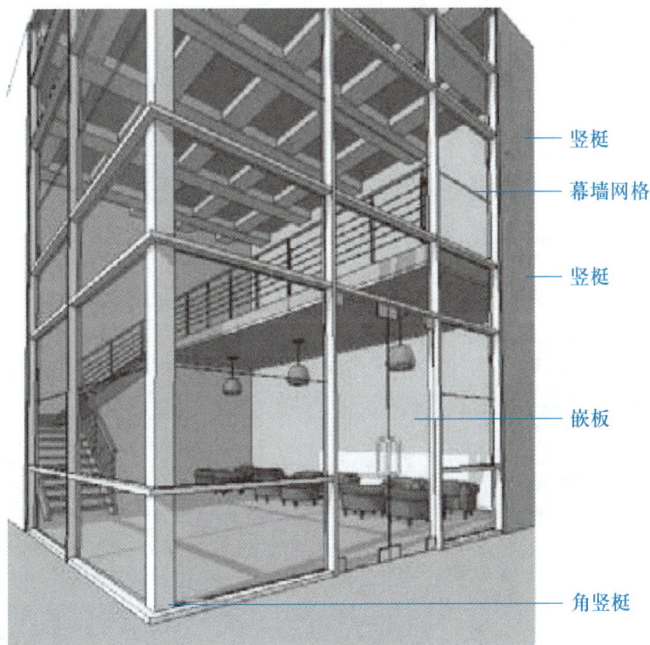

图 15-1 玻璃幕墙结构

下面开始绘制玻璃幕墙。

（1）在项目浏览器中双击"楼层平面"项下的"F1"，打开一层平面视图。

（2）单击"建筑"选项卡→"构建"面板→"墙"→"幕墙"工具，弹出"类型属性"对话框，单击"复制"按钮，创建新的幕墙类型，输入新的名称"C2156"，见图 15-2。

（3）在"属性"选项板中，按图 15-3 所示设置"底部限制条件"为"F1"、"底部偏移"为"100.0"、"顶部约束"为"未连接"、"无连接高度"为"5600.0"。打开"类型属性"对话框，勾选"自动嵌入"项。

（4）本案例中的幕墙分割与竖梃是通过参数设置自动完成的，并按图 15-3 所示在幕墙"C2156"的"类型属性"对话框中设置有关参数。

幕墙分割线设置：将"垂直网格样式"的"布局"参数选择"无"，"水平网格样式"的"布局"选择"固定距离"、"间距"设置为"925.0"、勾选"调整竖梃尺寸"参数。

幕墙竖梃设置：将"垂直竖梃"中的"内部类型"设置为"无"、"边界 1 类型"和"边界 2 类型"设置为"矩形竖梃：50×100 mm"；"水平竖梃"中的"内部类型"设置为"无"，"边界 1 类型""边界 2 类型"设置为"矩形竖梃：50×100 mm"。

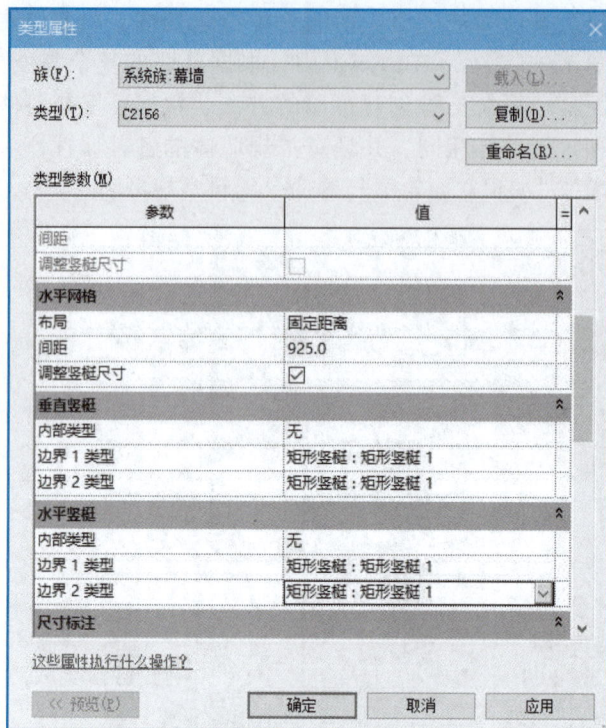

图 15-2　C2156 的类型参数

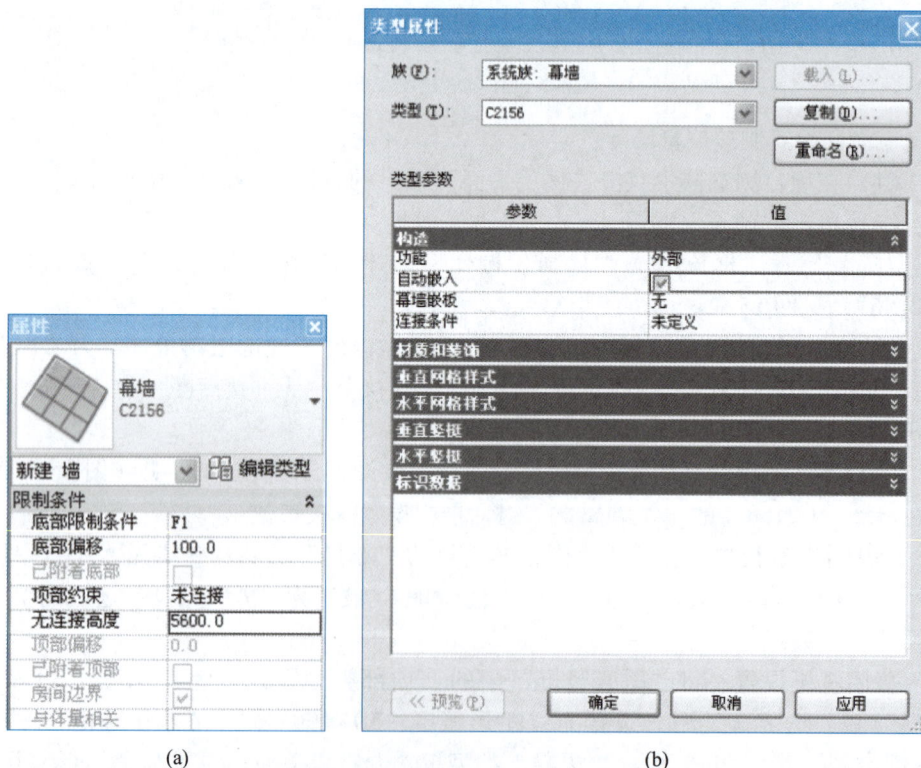

(a)

(b)

图 15-3　C2156 的实例参数

　　设置完上述参数后，单击"确定"按钮关闭对话框。按照绘制墙相同的方法在 E 轴与 5 轴和 6 轴交点处的墙上单击捕捉两点绘制幕墙，位置如图 15-4 所示。

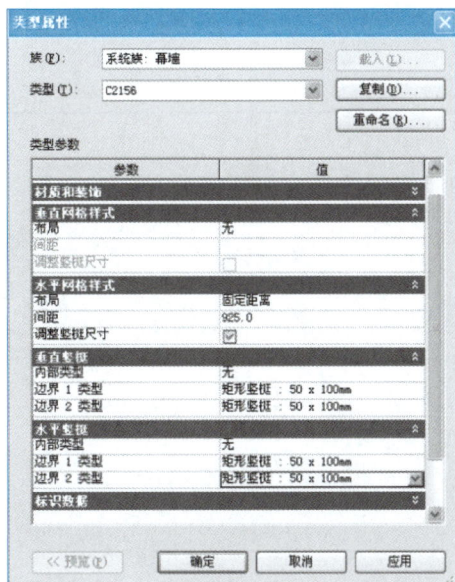

(a)

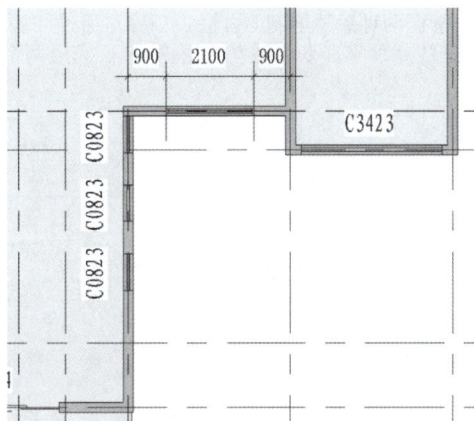

(b)

图 15-4　C2156 的尺寸定位

（5）完成后的玻璃幕墙效果如图 15-5 所示，保存文件。

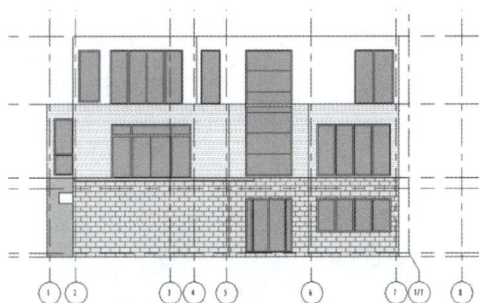

(a)

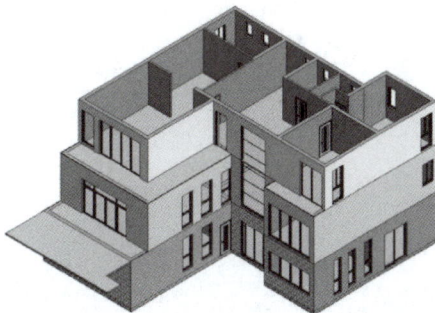

(b)

图 15-5　完成后的玻璃幕墙效果

任务 16 绘制首层和二层屋顶

工作任务卡（任务 16）

一、任务描述
掌握两种屋顶绘制的方法：一种是通过"拉伸屋顶"命令绘制（首层屋顶）；另一种是通过"迹线屋顶"命令绘制（二层屋顶）。完成两个屋顶的绘制。
二、重点掌握
参照平面的使用方法；屋顶坡度的设置。
三、学习笔记
四、课后评价
任务达成度（自评）：＿＿＿＿＿＿＿％。 任务达成度（教师评价）：＿＿＿＿＿＿＿％。 备注：

屋顶是建筑的重要组成部分，Revit 中提供了多种创建屋顶的常规工具，例如迹线屋顶、拉伸屋顶、面屋顶、玻璃斜窗等。此外，对于一些特殊造型的屋顶，可以使用内建模型的工具来创建。

16.1 创建拉伸屋顶

下面以首层左侧凸出部分墙体的双坡屋顶为例，介绍"拉伸屋顶"工具的使用方法。

在项目浏览器中双击"楼层平面"项下的"F2"，打开二层平面视图。

在二层平面视图"属性"选项板中设置参数"基线"为"F1"，如图 16-1 所示。

单击"建筑"选项卡→"工作平面"面板→"参照平面"命令，在 F 轴和 E 轴向外 800 mm 处各绘制一个参照平面，在 1 轴向左 800 mm 处绘制一个参照平面，如图 16-1 所示。

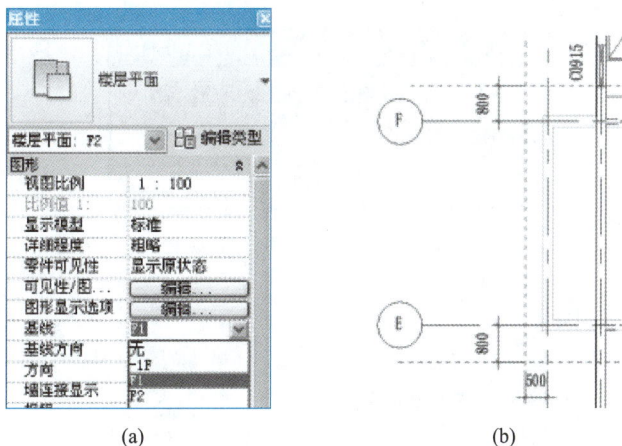

(a)　　　　　　　　(b)

图 16-1　绘制屋顶参照平面

单击"建筑"选项卡→"构建"面板→"屋顶"→"拉伸屋顶"工具，弹出"工作平面"对话框，提示设置工作平面，如图 16-2（a）所示。

在"工作平面"对话框中选择"拾取一个平面"单选按钮，单击"确定"按钮，移动光标单击拾取刚绘制的垂直参照平面，打开"转到视图"对话框，如图 16-2（b）所示。在上面的列表中单击"立面-西"，单击"打开视图"按钮，进入西立面视图。

在西立面视图中间墙体两侧可以看到两个竖向的参照平面，这是刚才在"F2"视图中绘制的两个水平参照平面在西立面的投影，用来创建屋顶时精确定位，屋顶参照标高和偏移的设置见图 16-3。

单击"建筑"选项卡→"构建"面板→"屋顶"工具，单击"属性"选项板里的"编辑类型"按钮，在弹出的"类型属性"对话框内单击"复制"按钮，新建名为"青灰色琉璃筒瓦"的屋顶类型，见图 16-4。

微课
创建拉伸屋顶
(1)

微课
创建拉伸屋顶
(2)

(a)

(b)

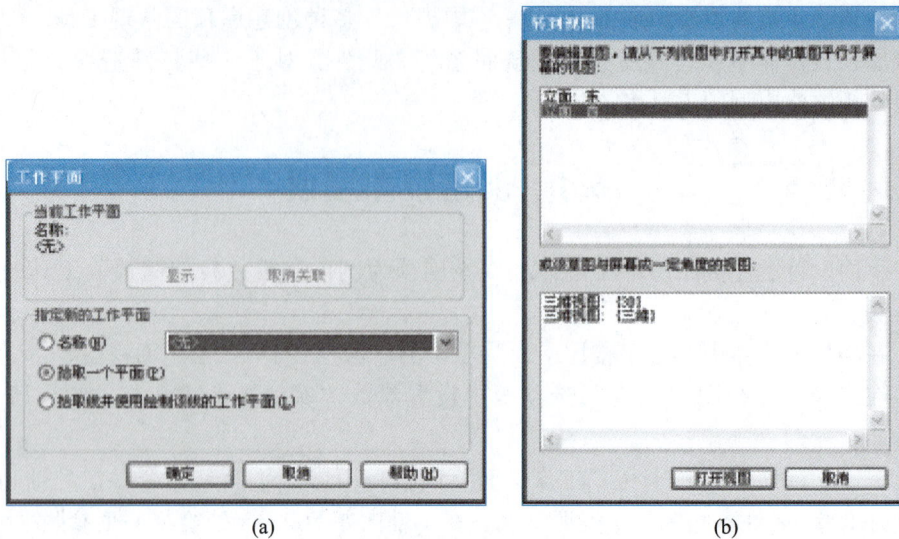

图 16-2   设置屋顶视图

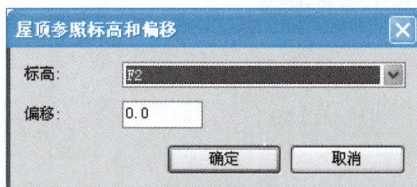

图 16-3   屋顶参照标高和偏移

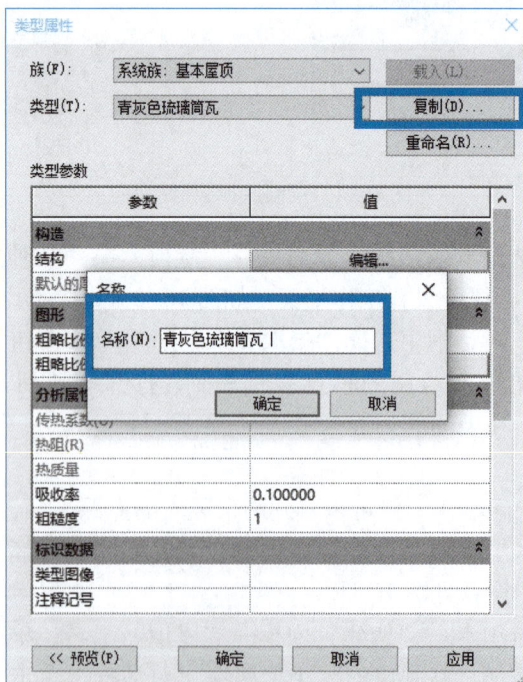

图 16-4   命名为"青灰色琉璃筒瓦"

单击"结构"的"编辑"按钮，用与创建墙体相同的方法，创建"青灰色琉璃筒瓦"的结构，然后设置其材质，如图16-5~图16-7所示。

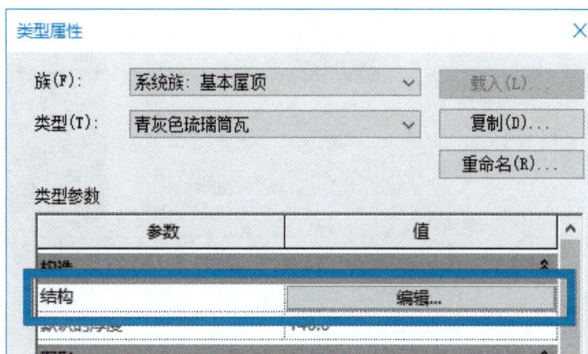

图16-5 "青灰色琉璃筒瓦"的"编辑"按钮

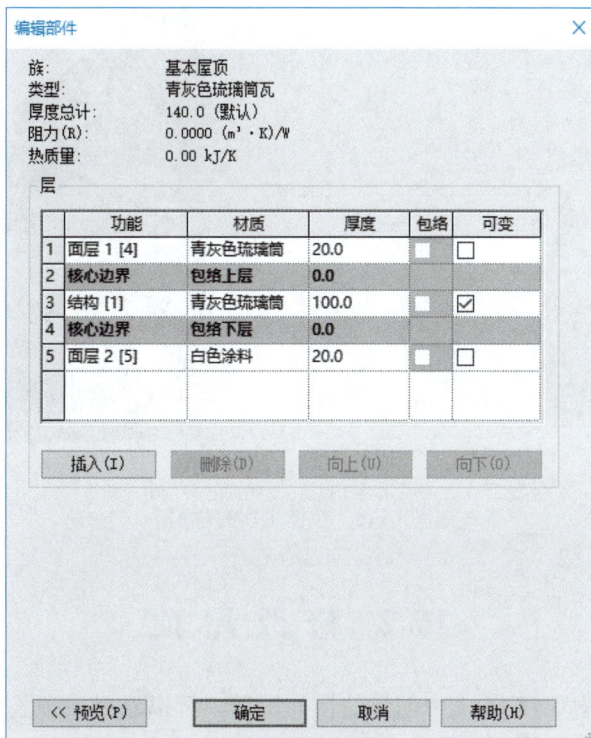

图16-6 "青灰色琉璃筒瓦"的结构

激活"绘制"面板，单击"修改/创建拉伸屋顶轮廓"下的"直线"命令，绘制拉伸屋顶截面形状线。在"属性"选项板单击屋顶属性按钮，从"类型"下拉列表中选择"青灰色琉璃筒瓦"，单击"确定"按钮关闭选项板。单击"完成屋顶"命令创建拉伸屋顶，结果如图16-8所示，保存文件。

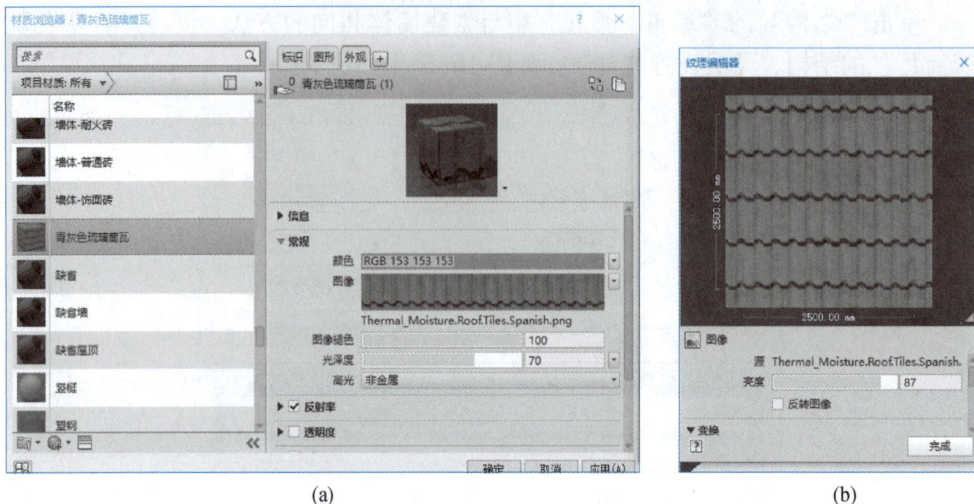

(a)

(b)

图 16-7 "青灰色琉璃筒瓦"的材质

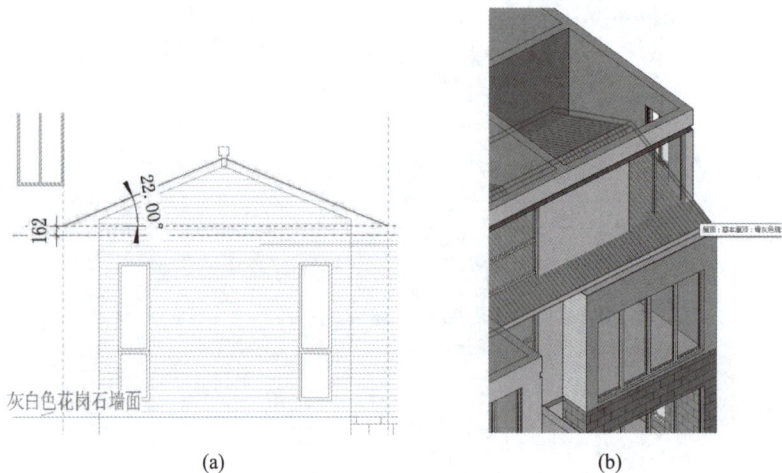

(a)

(b)

图 16-8 拉伸屋顶的位置

16.2 修改屋顶

在三维视图中观察 16.1 中创建的拉伸屋顶，可以看到屋顶长度过长，延伸到了二层屋内，同时屋顶下面没有山墙。下面将逐一完善这些细节。

（1）连接屋顶。打开三维视图，单击"修改"选项卡→"几何图形"面板→"连接/取消连接屋顶"命令。单击拾取延伸到二层屋内的屋顶边缘线，如图 16-9 所示。双击视图浏览器内楼层平面"F2"，切换到 F2 视图。通过拖拽光标，或使用"对齐"命令，将拾取的二层屋内的屋顶边缘线与二层外墙的墙面对齐，结果如图 16-10 所示。

按住"Ctrl"键，连续单击屋顶下面的三面墙，在"修改|墙"面板单击"附着"命令，然后在选项栏中选择"顶部"单选按钮，选择屋顶为被附着的目标，

墙体自动将其顶部附着到屋顶下面。这样在墙体和屋顶之间创建了关联关系，见图 16-11。

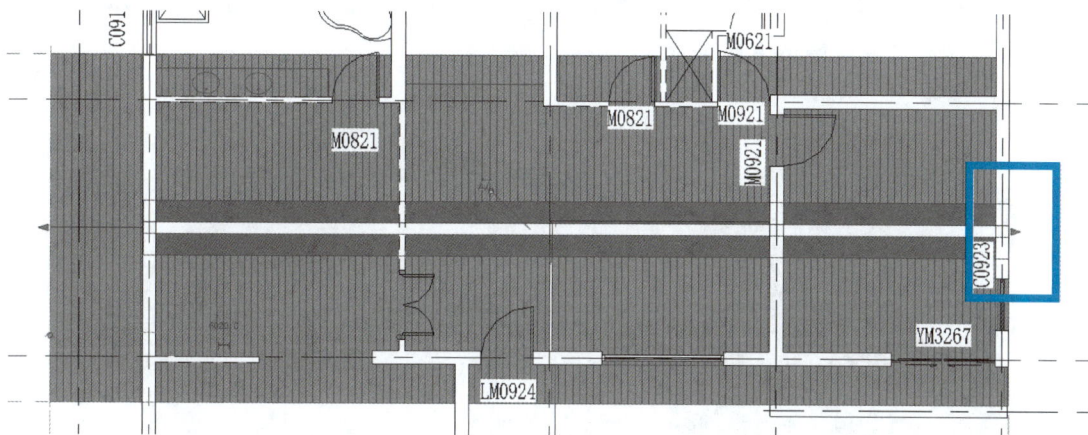

图 16-9 单击拾取二层屋内的屋顶边缘线

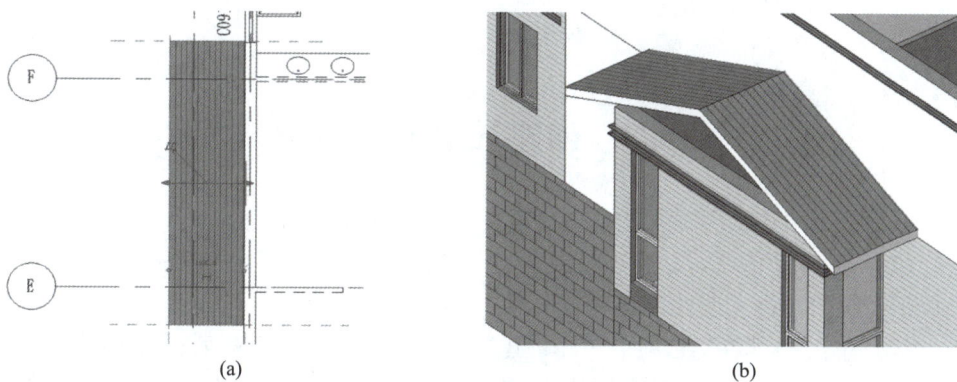

(a)　　　　　　　　　　　　(b)

图 16-10 拉伸屋顶结果

（2）创建屋脊。先插入配套课程资源中所给的屋脊族"屋脊.rfa"，然后在"结构"选项卡"结构"面板中选择"梁"命令，在"属性"选项板类型选择器下拉列表中选择梁类型为"屋脊：屋脊线"，在选项栏中勾选"三维捕捉"，设置参数如图 16-12 所示，在三维视图中捕捉屋脊线两个端点来创建屋脊，见图 16-12。

图 16-11 拉伸屋顶附着　　　　　　图 16-12 创建屋脊

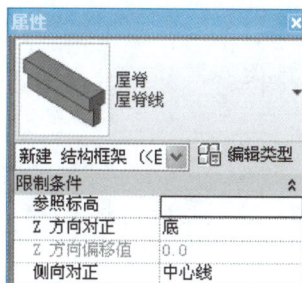

（3）连接屋顶和屋脊。单击"修改"选项卡→"几何图形"面板→"连接几何图形"命令，先选择要连接的第一个几何图形屋顶，再选择要与第一个几何图形连接的第二个几何图形屋脊，系统自动将两者连接在一起，屋脊效果如图16-13所示。按"Esc"键结束连接命令，保存文件。

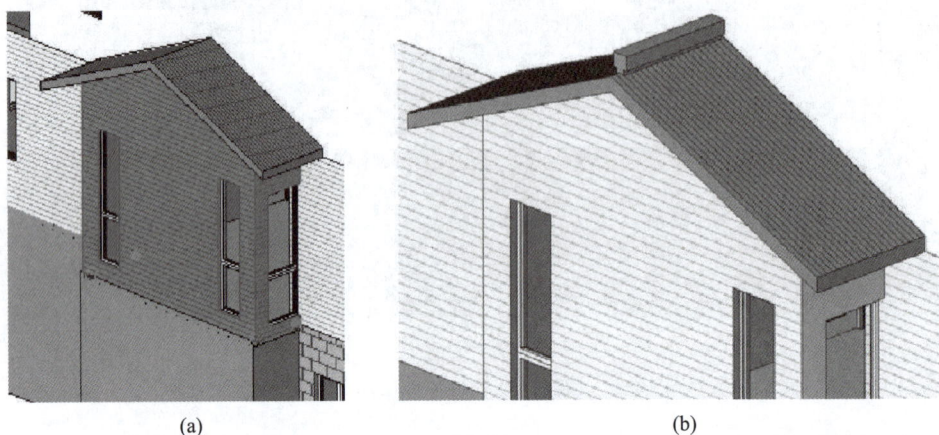

(a)　　　　　　　　　　　　　　　　　　(b)

图16-13　屋脊效果

16.3　创建二层多坡屋顶

下面使用"迹线屋顶"工具创建项目北侧二层的多坡屋顶。

（1）接16.2的练习，在项目浏览器中双击"楼层平面"项下的"F2"，打开二层平面视图，在"属性"选项板选择"基线"为"无"。

（2）单击"建筑"选项卡→"构建"面板→"屋顶"下拉列表，选择"迹线屋顶"工具，进入绘制屋顶轮廓迹线草图模式，激活"绘制"面板，选择"直线"工具，绘制屋顶轮廓迹线，轮廓线沿相应轴网往外偏移800 mm，如图16-14所示。

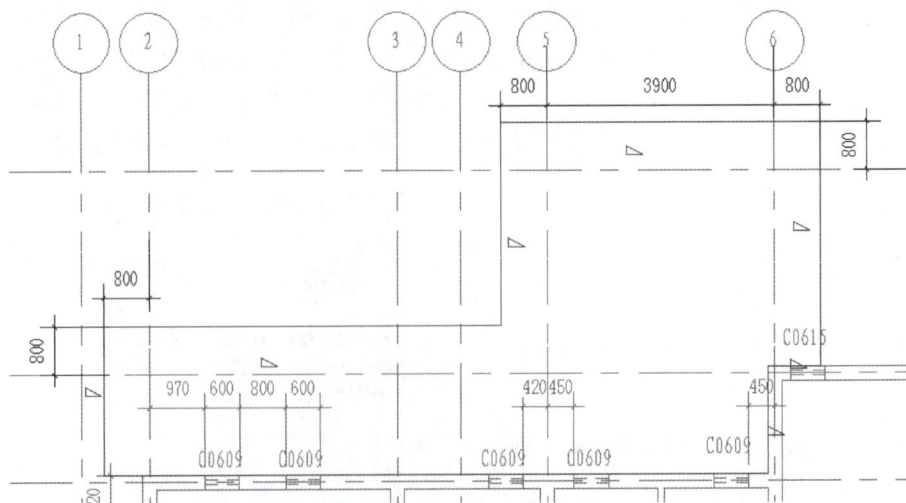

创建二层多坡屋顶

图16-14　二层多坡屋顶轮廓

（3）单击选项栏"属性"按钮，弹出"属性"选项板，选择"青灰色琉璃筒瓦"类型。

（4）修改屋顶坡度。选中所有绘制的迹线，在屋顶"属性"选项板中设置"坡度"参数为22°，如图16-15所示。

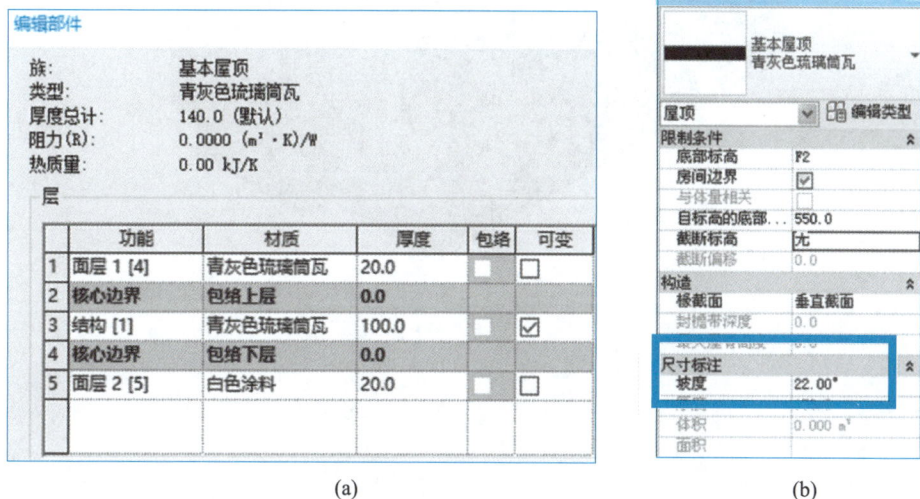

(a)

(b)

图16-15 修改二层屋顶坡度

（5）按住"Ctrl"键，连续单击选择最上面、最下面和右侧最短的那条水平迹线，以及下方左右两条垂直迹线，在"属性"选项板中取消勾选"定义屋顶坡度"复选框，取消这些边的坡度，取消后，这些线旁代表坡度的三角形将会消失，最终效果如图16-16所示。

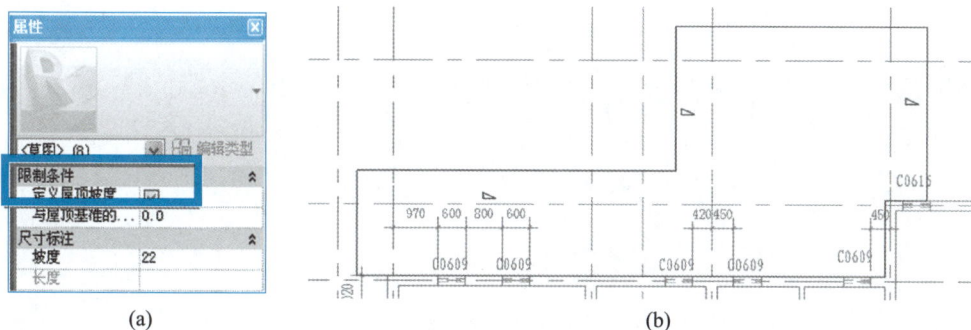

(a)

(b)

图16-16 修改二层屋顶坡度效果

（6）单击"完成"命令创建二层多坡屋顶。选择屋顶下的墙体，选项栏选择"附着"命令，拾取刚创建的屋顶，将墙体附着到屋顶下。同前所述，创建二层新的屋顶屋脊最终效果如图16-17所示。保存文件。

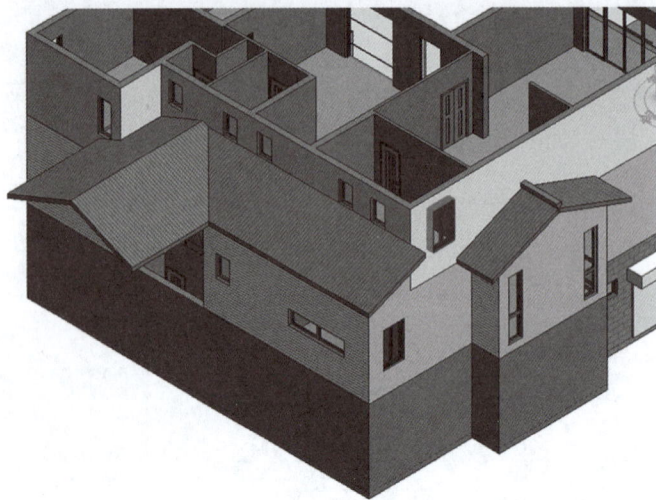

图 16-17　二层屋顶屋脊最终效果

任务 17　绘制顶层屋顶

工作任务卡（任务 17）

一、任务描述
读懂图纸，弄清顶层屋顶的样式。合理设置坡度，使用"迹线屋顶"命令，完成顶层屋顶的绘制。

二、重点掌握
合理划分迹线，熟练掌握"迹线屋顶"命令设置坡度的方法。

三、学习笔记

四、课后评价
任务达成度（自评）：＿＿＿＿＿＿＿＿＿＿％。 任务达成度（教师评价）：＿＿＿＿＿＿＿＿＿＿％。 备注：

（1）在项目浏览器中双击"楼层平面"项下的"F3"，打开"F3"视图，在"属性"选项板中设置参数"基线"为"F2"。

（2）单击"建筑"选项卡→"构建"面板→"屋顶"下拉列表，选择"迹线屋顶"工具，激活"绘制"面板，选择"直线"命令，如图17-1所示，在相应的轴线向外偏移800 mm，绘制出屋顶的轮廓，单击选项栏"属性"命令，弹出"属性"选项板，设置屋顶的"坡度"参数为22°。

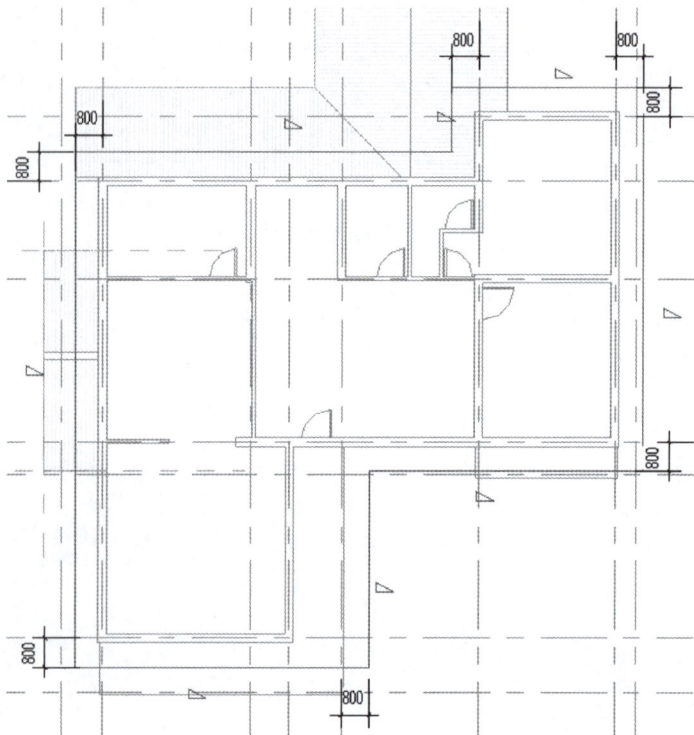

图 17-1　顶层屋顶尺寸

微课
创建三层多坡
屋顶

（3）单击"建筑"选项卡→"工作平面"面板→"参照平面"命令，如图17-2所示，绘制两个参照平面，它和中间两条水平迹线平齐，并和左右最外侧的两条垂直迹线相交。

①单击工具栏"拆分"命令，在参照平面和左右最外侧的两条垂直迹线交点位置分别单击鼠标左键，将两条垂直迹线拆分成上下两段。拆分位置如图17-3所示，按住"Ctrl"键单击选择最左侧迹线拆分后的上半段和最右侧迹线拆分后的下半段，取消坡度。完成后的屋顶迹线轮廓如图17-3所示，单击"完成"命令，创建三层多坡屋顶。

②选择三层墙体，用"附着"命令将墙顶部附着到屋顶下面。单击"结构"选项卡→"结构"面板→"梁"命令捕捉3条屋脊线创建屋脊，顶层屋顶完成后的效果如图17-4所示。保存文件。

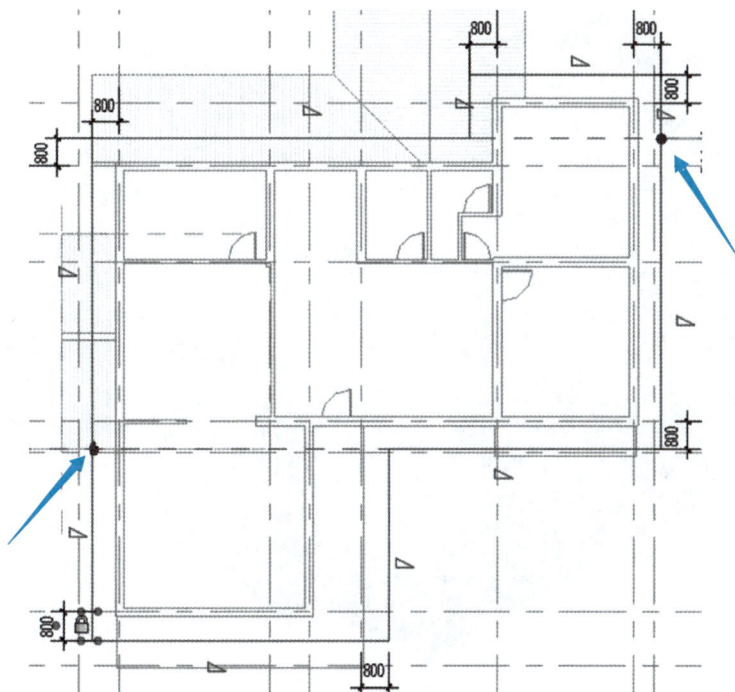

图 17-2　顶层屋顶拆分位置

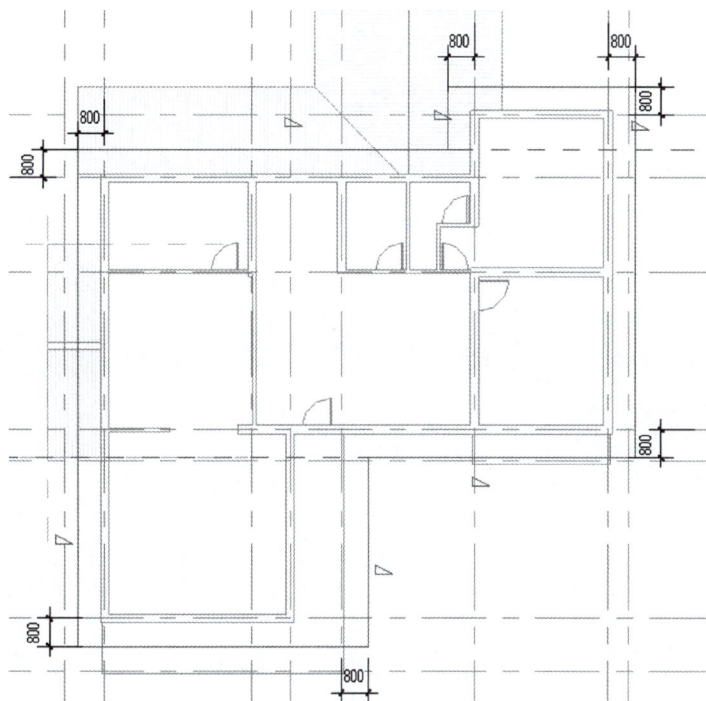

图 17-3　设置顶层屋顶坡度

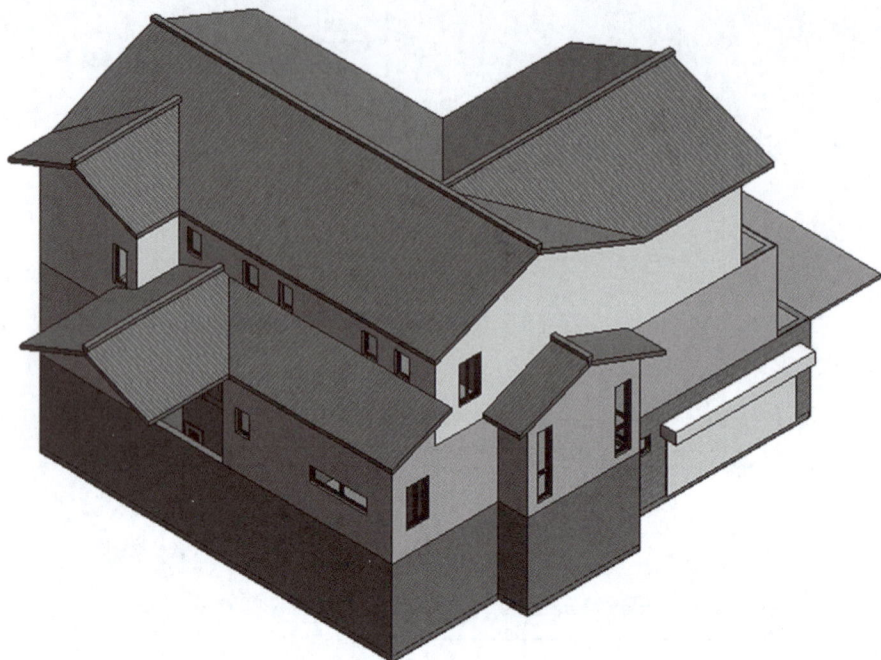

图 17-4 顶层屋顶完成后的效果

任务 18　绘制室外和室内的楼梯

工作任务卡（任务 18）

一、任务描述
掌握单跑楼梯、双跑楼梯的绘制方法。完成室外楼梯和室内楼梯的绘制。了解踢面和边界线的编辑方法。掌握多层楼梯的设置方法。

二、重点掌握
绘制双跑楼梯辅助线的方法。

三、学习笔记

四、课后评价
任务达成度（自评）：＿＿＿＿＿＿＿＿＿＿%。 任务达成度（教师评价）：＿＿＿＿＿＿＿＿＿＿%。 备注：

本任务将采用功能命令并结合案例的方式，介绍楼梯、扶手、坡道、柱和其他建筑构配件的创建和编辑方法，并对项目应用中可能遇到的各类问题进行讲解。

18.1　创建室外楼梯

单击"建筑"选项卡→"楼梯坡道"面板→"楼梯（按草图）"命令，进入绘制草图模式。在"属性"选项板类型选择器里选择"整体浇注式楼梯"，单击"编辑类型"按钮，在弹出的"类型属性"对话框里单击"复制"按钮，并重命名为"室外楼梯"。

"室外楼梯"类型参数设置：在"梯边梁"中设置参数"楼梯踏步梁高度"为100.0，"平台斜梁高度"为120.0。在"材质和装饰"中设置楼梯的"整体式材质"参数为"混凝土–现场浇注混凝土"。在"踢面"里勾上"结束于踢面"，"踢面类型"设置为"无"。设置完成后，单击"确定"按钮关闭所有对话框。

在"属性"选项板中选择楼梯类型为"室外楼梯"，设置楼梯的"底部标高"为"–1F–1"，"顶部标高"为"F1"、"宽度"为1150.0，"所需踢面数"为20，"实际踏板深度"为280.0，见图18–1。

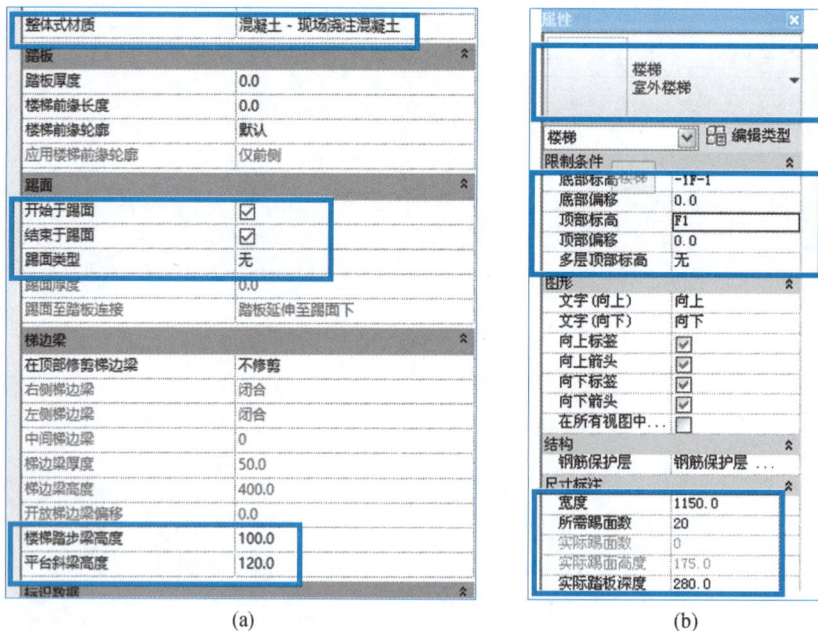

(a)　　　　　　　　　　　　　　(b)

图 18–1　室外楼梯参数

选择"绘制"面板下的"梯段"命令，将光标移动至水平参照平面上与梯段中心线延伸相交位置，当参照平面亮显并提示"交点"时，单击捕捉交点作为第二跑起点位置，将光标向下垂直移动到矩形预览框之外并单击鼠标左键，创建剩余的踏步，见图18–2。

创建了 10 个踢面，剩余 10 个

(a)

创建了 20 个踢面，剩余 0 个

(b)

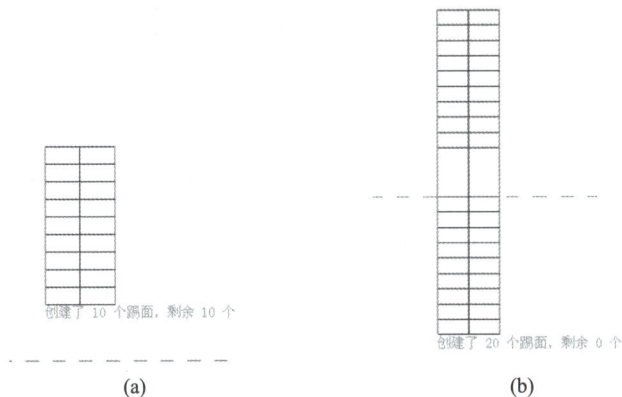

图 18-2　绘制楼梯步骤

扶手类型：单击"修改|创建楼梯"选项卡→"工具"面板→"栏杆扶手"命令，从"栏杆扶手"对话框下拉列表中选择"扶手类型"为"栏杆-金属立杆"。单击"确定"按钮，创建室外楼梯。

打开"F1"层平面，把楼梯移动到如图 18-3 所示位置。

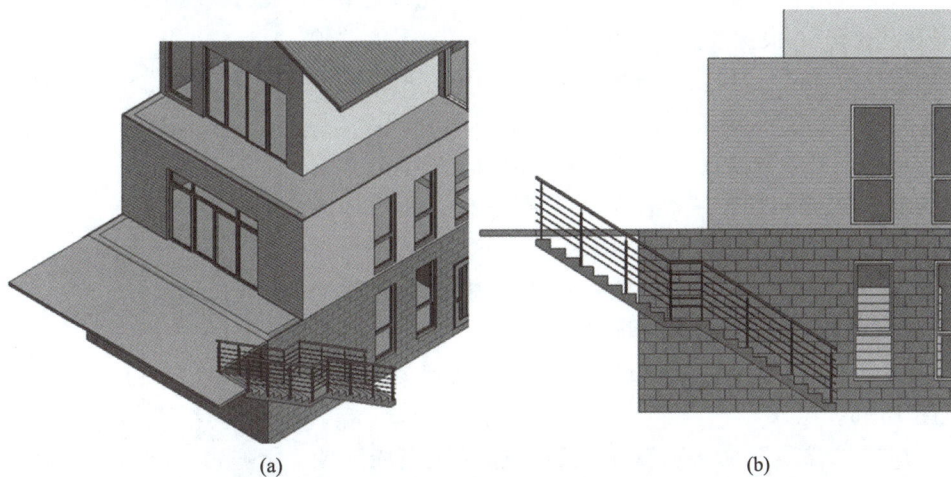

(a)

(b)

微课

创建室外楼梯

图 18-3　楼梯移动的位置

18.2　用"梯段"命令创建楼梯

在项目浏览器中双击"楼层平面"项下的"-1F"，打开地下一层平面视图。

单击"建筑"选项卡→"楼梯坡道"面板→"楼梯（按草图）"命令，进入绘制草图模式。

绘制参照平面：单击"建筑"选项卡→"工作平面"面板→"参照平面"命令，在地下一层楼梯间绘制 4 个参照平面，并用临时尺寸精确定位参照平面与墙边线的距离。其中左、右两个垂直参照平面到墙边线的距离为 575 mm，是楼梯梯段宽度的一半；下面水平参照平面到下面墙边线的距离为 1380 mm，为第一跑起跑位置；上面水平参照平面距离下面参照平面的距离为 1820 mm，室内楼梯的位置见图 18-4。

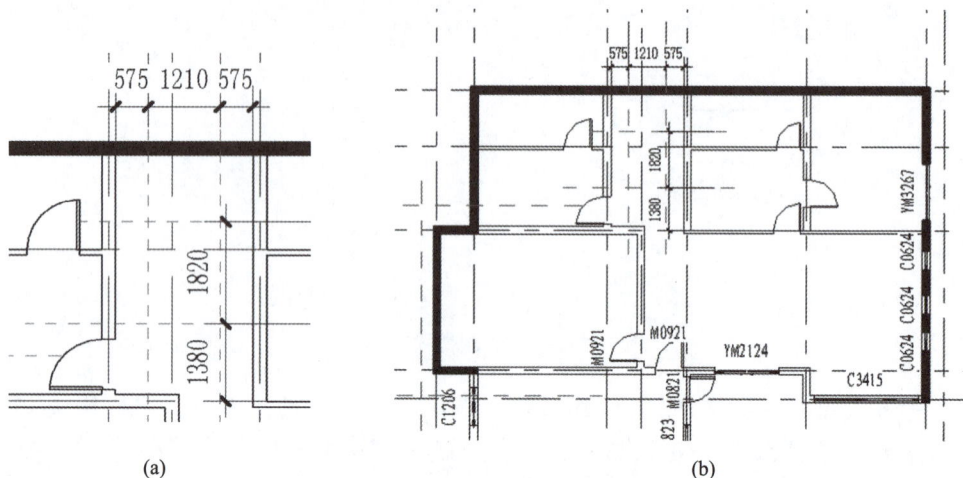

(a)   (b)

图 18-4   室内楼梯的位置

楼梯实例参数设置：在属性选项板选择楼梯类型为"整体式楼梯"，设置楼梯的"底部标高"为"-1F"，"顶部标高"为"F1"，梯段"宽度"为 1150.0，"所需踢面数"为 19.0，"实际踏板深度"为 260.0，见图 18-5。

楼梯类型参数设置：在"属性"选项板中单击"编辑类型"按钮，打开"类型属性"对话框，在"梯边梁"中设置参数"楼梯踏步梁高度"为 80.0，"平台斜梁高度"为 100.0。在"材质和装饰"中设置楼梯的"整体式材质"参数为"钢筋混凝土"，设置完成后单击"确定"按钮，关闭所有对话框。室内楼梯类型属性见图 18-6。

室内楼梯的绘制（1）

室内楼梯的绘制（2）

单击"梯段"命令，默认选项栏选择"直线"绘图模式，移动光标至参照平面右下角交点位置，两个参照平面亮显，同时系统提示"交点"时，单击捕捉该交点作为第一跑起跑位置。

图 18-5   室内楼梯实例参数

将光标向上垂直移动至右上角参照平面交点位置，同时在起跑点下方出现灰色显示的"创建了 7 个踢面，剩余 13 个"的提示字样和蓝色的临时尺寸，这表示从起跑点到光标所在尺寸位置创建了 7 个踢面，还剩余 13 个未创建。单击捕捉该交点作为第一跑终点位置，自动绘制第一跑踢面和边界草图。

将光标移动到左上角参照平面交点位置，单击捕捉作为第二跑起点位置。将光标向下垂直移动到矩形预览图形之外单击捕捉一点，系统会自动创建休息平台和第二跑梯段草图。单击选择楼梯顶部的绿色边界线，用鼠标指针拖拽其和顶部墙体内边界重合。

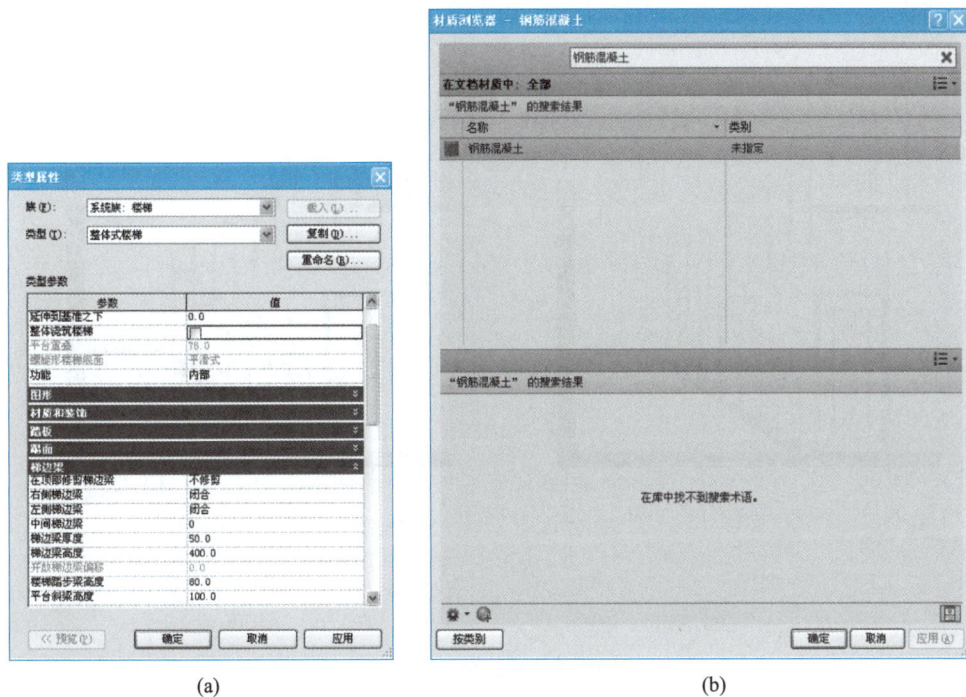

图 18-6　室内楼梯类型属性

　　单击"修改|创建楼梯"选项卡下"工具"面板"栏杆扶手"命令，从"栏杆扶手"对话框下拉列表中选择需要的扶手类型。本案例中选择默认的扶手类型。单击"完成楼梯"命令，创建地下一层的 U 形不等跑楼梯。室内楼梯绘制见图 18-7。

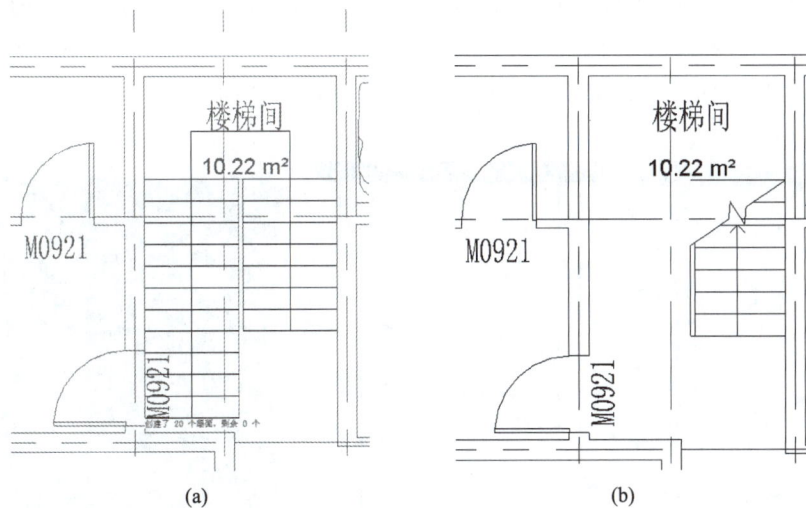

图 18-7　室内楼梯绘制

　　楼梯完成绘制后，栏杆扶手可能没有落到楼梯踏步上。可以在视图中选择此扶手，使用鼠标右键单击，在弹出的快捷菜单中选择"翻转方向"选项，扶手自动调整使栏杆落到楼梯踏步上，见图18-8。

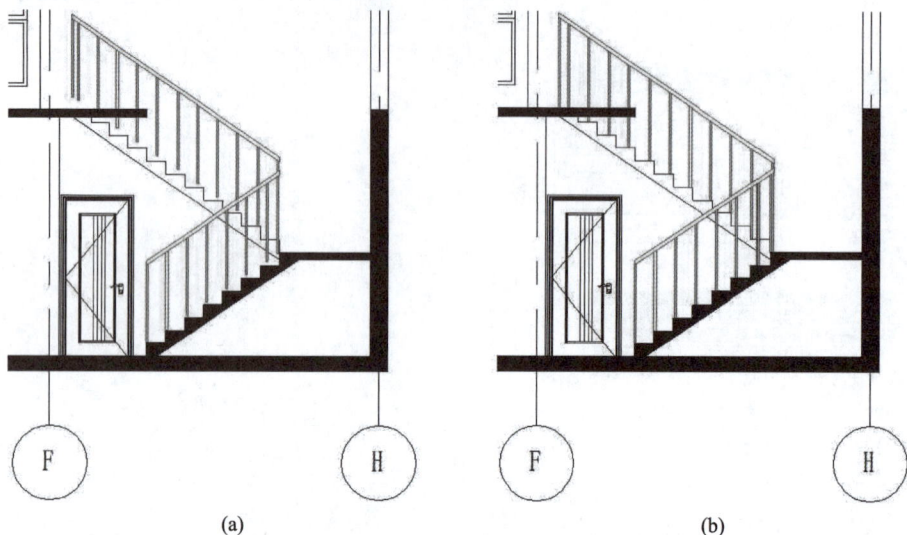

(a)   (b)

图18-8   编辑室内楼梯栏杆

18.3   编辑踢面和边界线

单击选择18.2绘制的楼梯，在选项栏中单击"编辑"命令，重新回到绘制楼梯边界和踢面草图模式。选择右侧第一跑的踢面线，按"Delete"键删除。激活"绘制"面板，单击"踢面"命令，选择"三点画弧"工具，单击捕捉下面水平参照平面左、右两边踢面线端点，再捕捉弧线中间一个端点绘制一段圆弧。复制7条该圆弧踢面。单击"完成楼梯"命令，即可创建圆弧踢面楼梯，见图18-9。

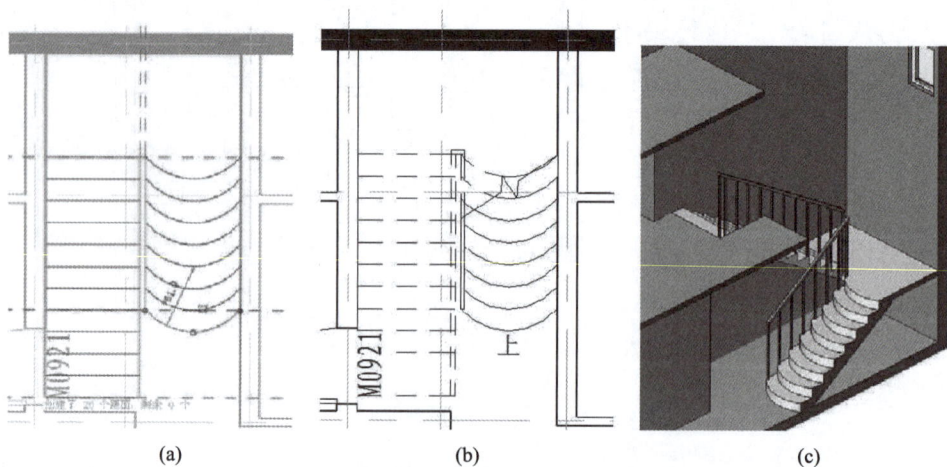

(a)   (b)   (c)

图18-9   圆弧踢面

18.4　创建多层楼梯

在项目浏览器中双击"楼层平面"项下的"-1F"，打开地下一层平面视图。选择地下一层的楼梯，在"属性"选项板设置参数"多层顶部标高"为"F2"。单击"确定"按钮后，即可自动创建其余楼层的楼梯和栏杆扶手，见图 18-10。保存文件。

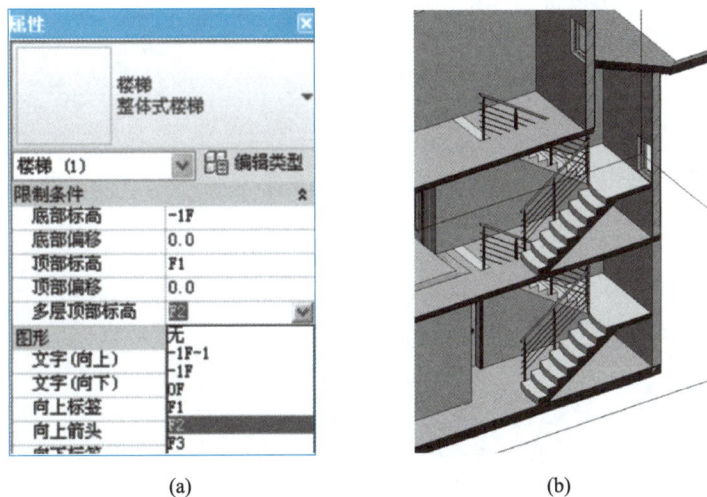

(a)　　　　　　　　(b)

图 18-10　创建多层楼梯参数及效果

任务 19　绘制洞口和坡道

工作任务卡（任务 19）

一、任务描述
使用"竖井"命令绘制楼梯间的洞口。使用"坡道"命令完成地下一层东侧入口坡道的绘制。使用"楼板"命令完成车库入口处坡道的绘制。
二、重点掌握
通过添加分割线和修改子图元创建带边坡的坡道。
三、学习笔记
四、课后评价
任务达成度（自评）：＿＿＿＿＿＿＿％。 任务达成度（教师评价）：＿＿＿＿＿＿＿％。 备注：

19.1　创　建　洞　口

在楼梯处开竖井洞口：在项目浏览器双击"F1"打开平面视图，单击"建筑"选项卡→"洞口"面板→"竖井工具，激活绘制"面板，选择"直线"工具，按照楼梯轮廓绘制，如19-1所示，单击完成。

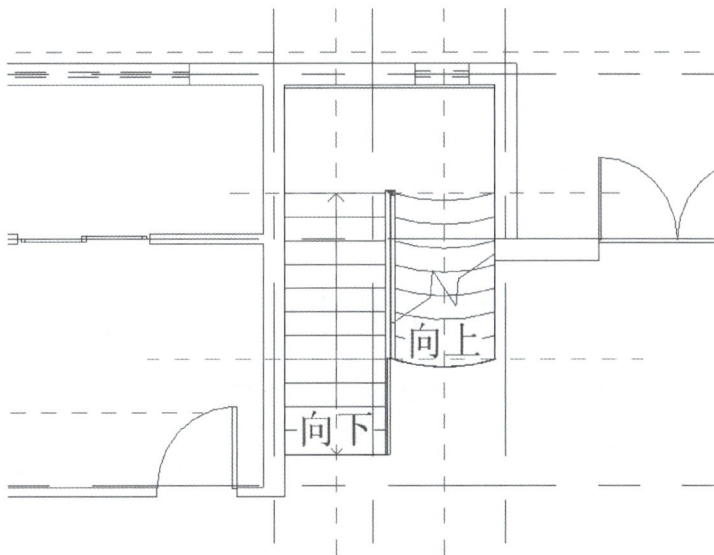

图 19-1　洞口轮廓

在三维视图的"属性"选项板中，勾选"剖面框"，调整到合适角度，观察楼梯和洞口，见图19-2。

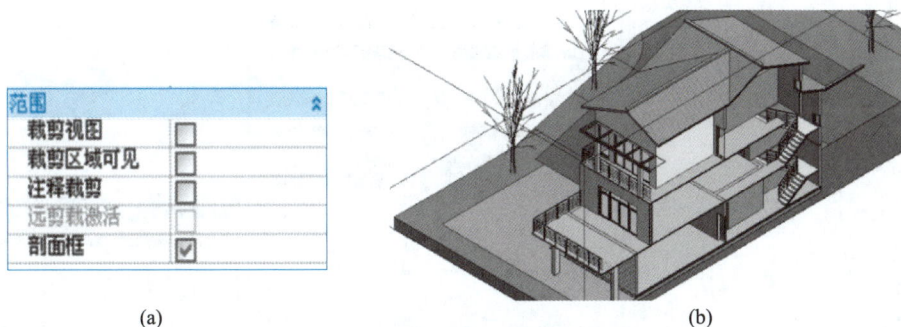

(a)　　　　　　　　　　　　　　　(b)

图 19-2　设置剖面框

选中绘制的竖井洞口，调整其属性参数，见图19-3。

(a)　　　　　　　　　　(b)

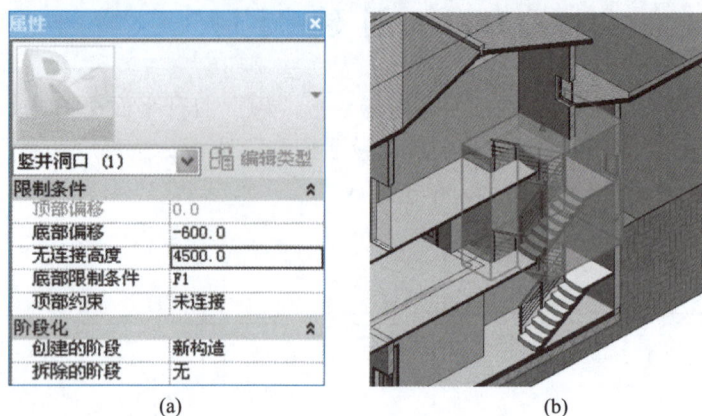

图 19-3　调整竖井洞口参数

19.2　创 建 坡 道

Revit 的"坡道"创建方法和"楼梯"创建非常相似，下面简要讲解。

接 19.1 的练习，在项目浏览器中双击"楼层平面"项下的"-1F-1"，打开"-1F-1"平面视图。单击"建筑"选项卡→"楼梯坡道"面板→"坡道"工具，进入绘制模式。

单击"属性"选项板，设置参数"底部标高"和"顶部标高"都为"-1F-1"，"顶部偏移"为"200.0"、"宽度"为"2500.0"，如图 19-4 所示。

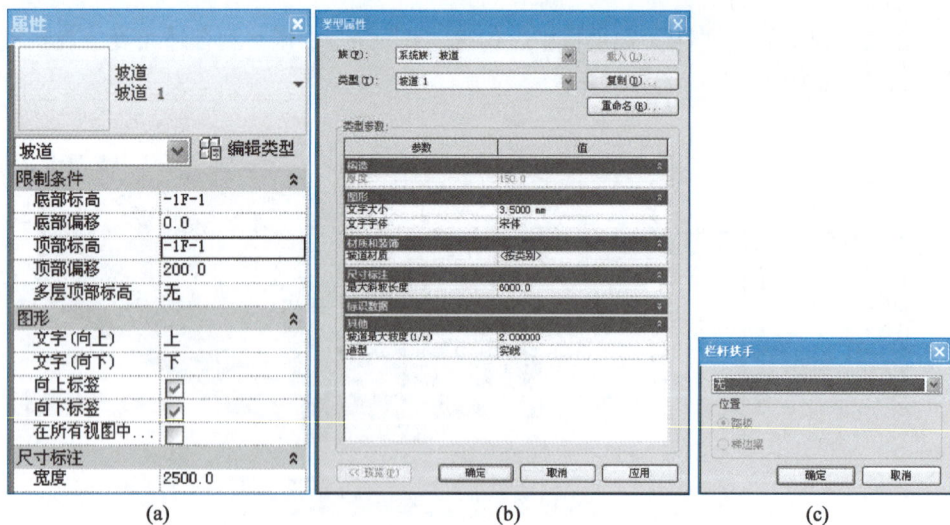

微课

创建入口处
坡道

(a)　　　　　　　　　　(b)　　　　　　　　　　(c)

图 19-4　设置坡道参数

打开坡道"类型属性"对话框，设置参数"最大斜坡长度"为"6000.0"，"坡道最大坡度（1/x）"为"2"，"造型"为"实线"。设置完成后单击"确定"

按钮关闭对话框。单击"修改|创建楼梯"选项卡→"工具"面板→"栏杆扶手"命令，弹出"栏杆扶手"对话框，设置扶手类型参数为"无"，单击"确定"按钮。

激活"绘制"面板，单击"梯段"工具，选项栏选择"直线"工具，将光标移动到绘图区域中，从右向左拖拽光标绘制坡道梯段，可框选所有草图线，将其移动到图 19-5 所示位置。单击"完成"命令，创建坡道见图 19-5。

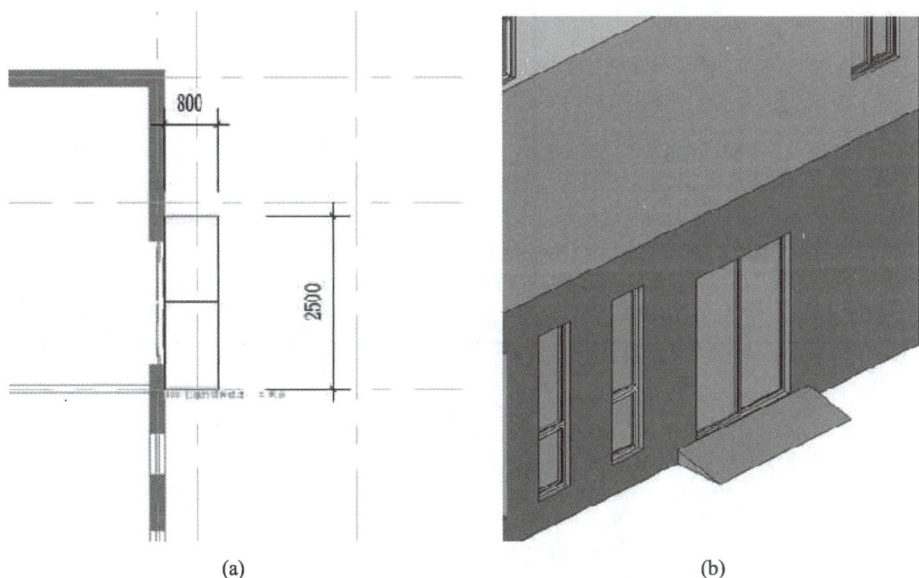

(a)   (b)

图 19-5　创建坡道

19.3　创建带边坡的坡道

前述"坡道"命令不能创建两侧带边坡的坡道，下面推荐使用"楼板"命令来创建边坡坡道。

在项目浏览器中双击"楼层平面"项下的"−1F"，打开平面视图。单击"建筑"选项卡→"构建"面板→"楼板"命令，激活"绘制"面板，选择"直线"工具，在"属性"选项板取消勾选"定义屋顶坡度"复选框，在左下角车库入口处绘制楼板的轮廓。

打开"类型属性"对话框，新创建楼板类型为"边坡坡道"，设置其结构厚度为 200 mm，单击"确定"按钮关闭对话框，见图 19-6。

单击"完成"命令创建平楼板。选择刚绘制的平楼板，右上角出现"形状编辑"面板，显示几个形状编辑工具，选项栏选择"添加分割线"工具，楼板边界变成绿色虚线显示。在上、下角位置各绘制一条蓝色分割线，见图 19-7。

打开边坡坡道的"类型属性"对话框，打开"编辑部件"对话框，勾选"结构材质"和"可变"复选框，见图 19-8。

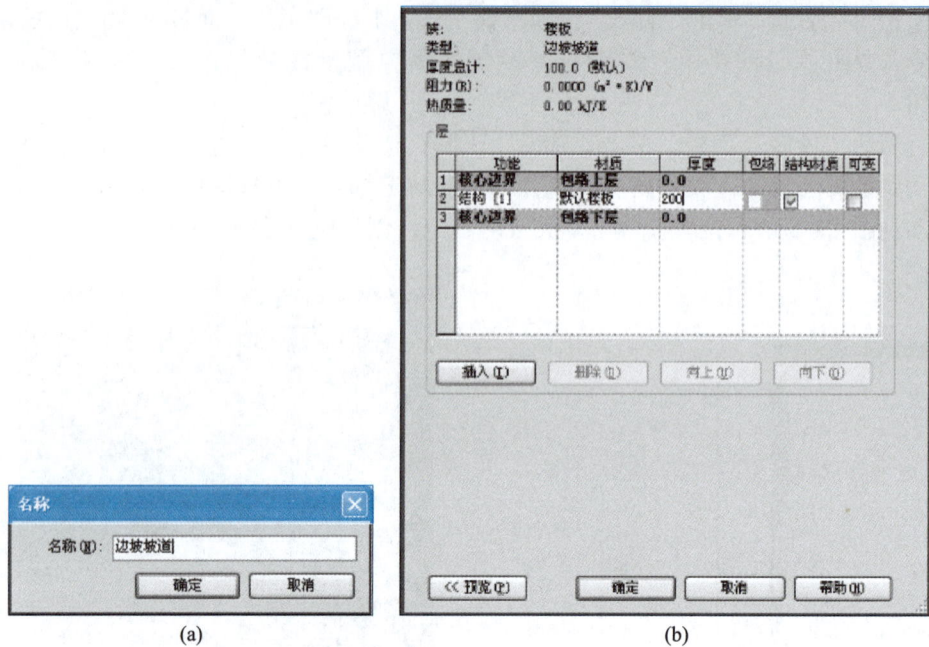

族: 楼板
类型: 边坡坡道
厚度总计: 100.0 (默认)
阻力(R):   0.0000 (m² · K)/Y
热质量: 0.00 kJ/K

	功能	材质	厚度	包络	结构材质	可变
1	核心边界	包络上层	0.0			
2	结构 [1]	默认楼板	200		☑	
3	核心边界	包络下层	0.0			

插入(I)   删除(D)   向上(U)   向下(O)

名称
名称(N): 边坡坡道
确定   取消

《预览(P)   确定   取消   帮助(H)

(a)   (b)

图 19-6   创建边坡坡道

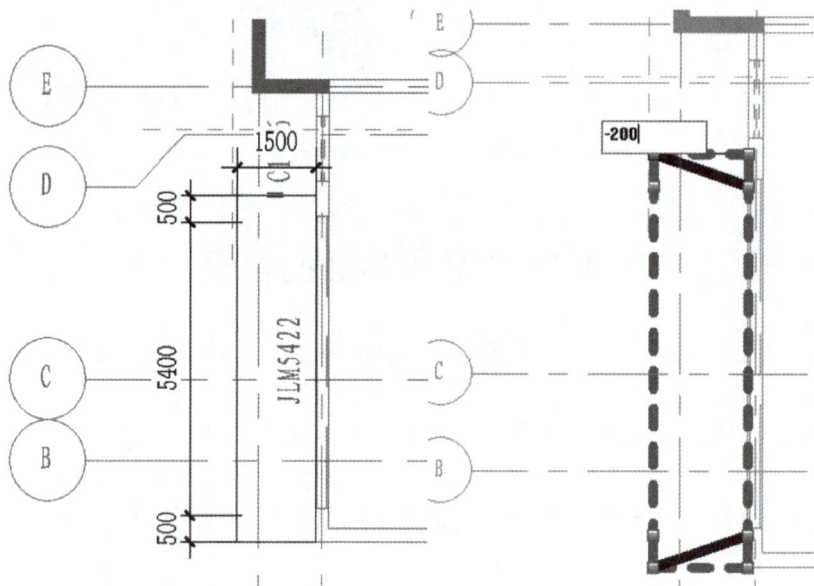

图 19-7   车库坡道尺寸

　　选项栏选择"修改子图元"工具，分别单击楼板边界 4 个点，出现蓝色临时相对高程值（默认为 0），单击文字输入"-200"后按"Enter"键。完成后按"Esc"键结束编辑命令，平楼板变为带边坡的坡道。车库坡道效果见图 19-9。

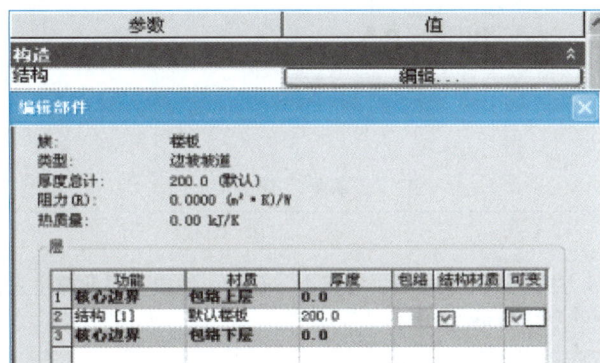

图 19-8 调整车库坡道属性

带边坡的坡道

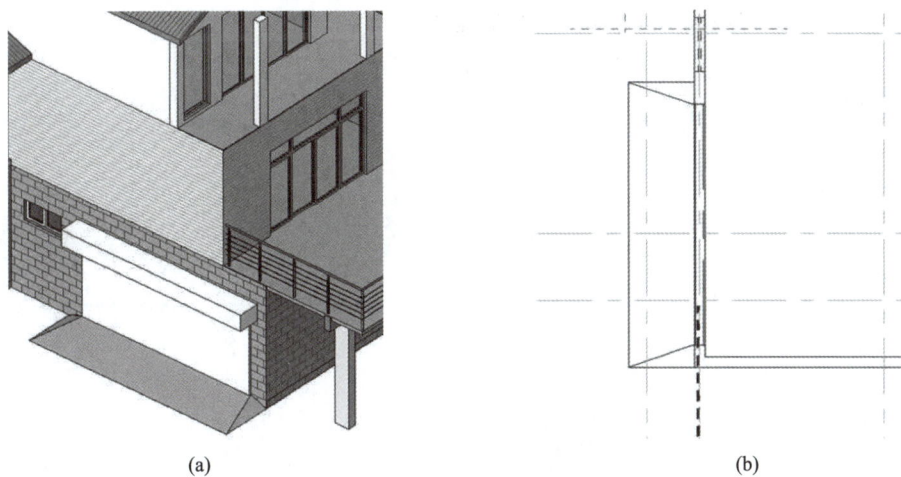

(a)

(b)

图 19-9 车库坡道效果

任务 20 绘制台阶

工作任务卡（任务 20）

一、任务描述
掌握轮廓族的创建方法。通过"楼板：楼板边"命令，完成一层北侧主入口处台阶的绘制，完成地下一层南侧入口处台阶的绘制。

二、重点掌握
合理选择使用"楼板边"命令时，光标捕捉的位置。

三、学习笔记

四、课后评价
任务达成度（自评）：＿＿＿＿＿＿＿＿％。 　　任务达成度（教师评价）：＿＿＿＿＿＿＿＿％。 　　备注：

20.1 创建主入口台阶

Revit 中没有专用的"台阶"命令，可以采用创建在位族、外部构件族、楼板边缘甚至楼梯等方式创建各种台阶模型。本任务讲述用"楼板：楼板边"命令创建台阶的方法。

在项目浏览器中双击"楼层平面"项下的"F1"，打开"F1"平面视图。首先绘制北侧主入口处的室外楼板。单击"建筑"选项卡→"构建"面板→"楼板"工具，激活"绘制"面板，单击"直线"工具绘制如图 20-1 所示楼板的轮廓。在"属性"选项板类型选择器中选择类型为"常规-450 mm"。单击"完成"命令。

下面添加楼板两侧台阶：打开三维视图，单击"建筑"选项卡→"构建"面板→"楼板"的下拉列表中"楼板：楼板边"工具，在"属性"选项板的类型选择器中选择"楼板边缘-台阶"类型。将光标移动到楼板一侧凹进部位的水平上边缘，边线高亮显示时单击光标放置楼板边缘。单击边时，Revit 会将其作为一个连续的楼板边。如果楼板边的线段在角部相遇，它们会相互拼接。单击"楼板：楼板边"工具生成台阶。主入口台阶尺寸见图 20-1。

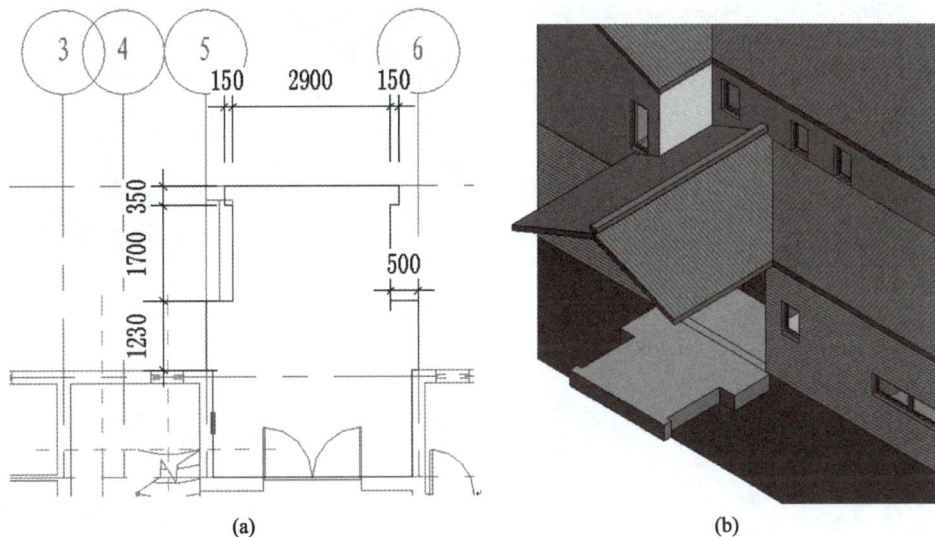

(a)

(b)

图 20-1 主入口台阶尺寸

20.2 创建地下一层台阶

采用同样方法，单击"楼板：楼板边"工具给地下一层南侧入口处添加台阶，即在"属性"选项板类型选择器中选择"地下一层台阶"，拾取楼板的上边缘单击放置台阶，在窗户下建立挡板墙进行轮廓编辑。

台阶侧面挡板前部高 160 mm、后部高 400 mm、顶部长 580 mm、底部长

880 mm，台阶前部每级均高 100 mm、后部高 200 mm、顶部长 600 mm、底部长 900 mm。地下一层台阶效果见图 20-2。

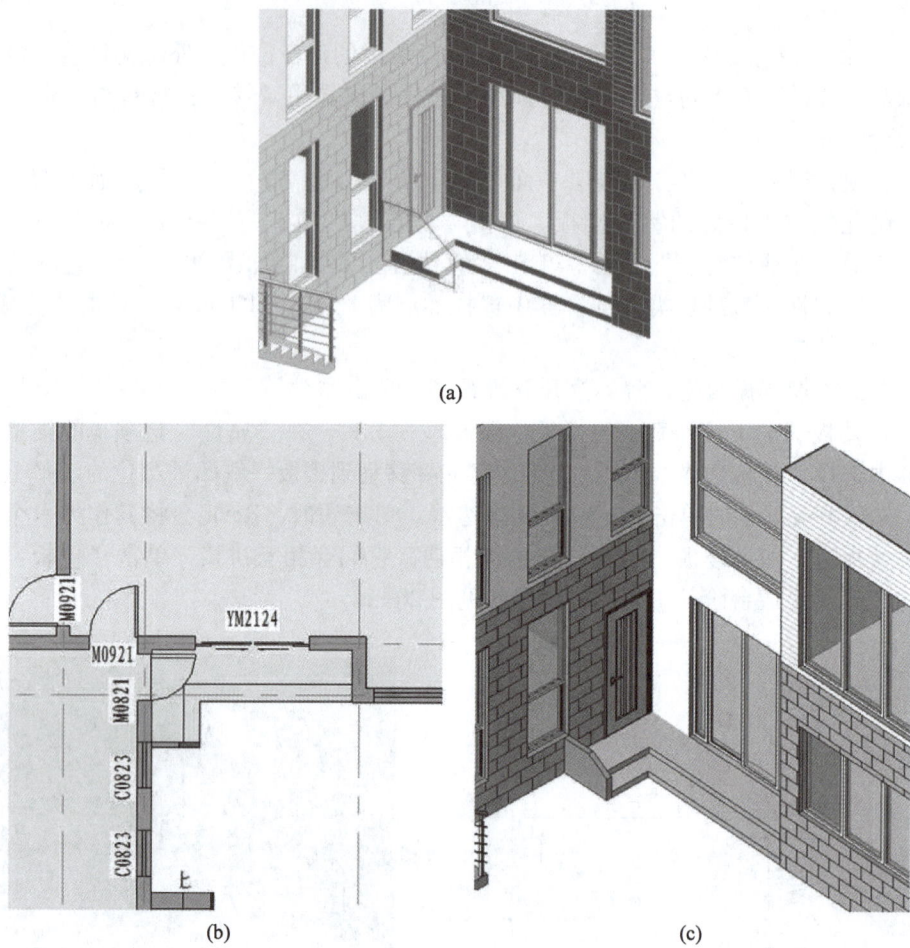

(a)

(b)

(c)

图 20-2　地下一层台阶效果

任务 21 绘制柱

工作任务卡（任务 21）

一、任务描述
掌握"柱"命令。分别完成地下一层、首层平面结构柱及二层平面建筑柱的绘制。

二、重点掌握
绘制柱时，需区别"高度"和"深度"。

三、学习笔记

四、课后评价
任务达成度（自评）：＿＿＿＿＿＿＿＿＿＿＿＿%。 任务达成度（教师评价）：＿＿＿＿＿＿＿＿＿＿＿＿%。 备注：

21.1 创建地下一层平面结构柱

下面主要讲述如何创建和编辑建筑柱，结构柱，以及梁、梁系统，结构支架等，使我们了解建筑柱和结构柱的应用方法和区别。根据项目需要，某些时候我们需要创建结构梁系统和结构支架，例如对楼层净高产生影响的大梁等。大多数时候可以在剖面上通过二维填充命令来绘制梁剖面。

在项目浏览器中双击"楼层平面"项下的"−1F−1"，打开"−1F−1"平面视图。

单击"建筑"选项卡→"构建"面板→"柱"的下拉列表，选择"结构柱"工具，在"属性"选项板类型选择器中选择柱类型"钢筋混凝土 250×450 mm"，选择高度，在结构柱的中心点相对于 2 轴 600 mm、A 轴 1100 mm 的位置单击放置结构柱（可先放置结构柱，然后编辑临时尺寸并调整其位置）。

打开三维视图，选择刚绘制的结构柱，在选项栏中单击"附着"命令，再单击拾取一层楼，将柱的顶部附着到楼板下面，如图 21-1 所示。

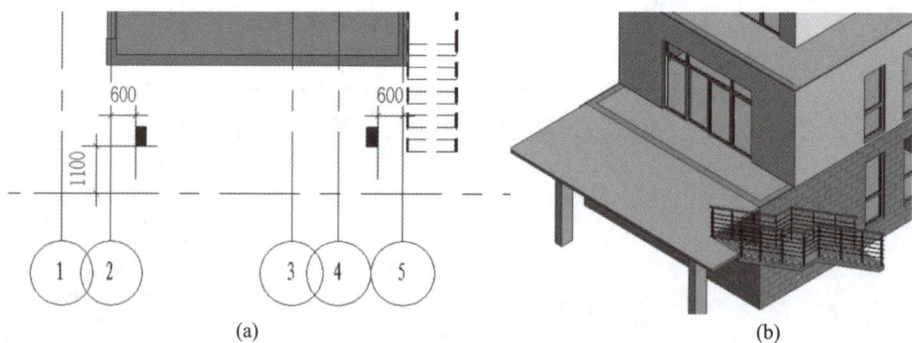

图 21-1 地下一层结构柱的定位

21.2 创建首层平面结构柱

接 21.1 的练习，在项目浏览器中双击"楼层平面"下的"F1"，打开一层平面视图，创建一层平面结构柱。

单击"建筑"选项卡→"构建"面板→"柱"的下拉列表，选择"结构柱"工具，在"属性"选项板类型选择器中选择柱类型"钢筋混凝土 350×350 mm"，在主入口上方单击放置两个结构柱。从左下向右上的方向框选刚绘制的结构柱，在"属性"选项板上设置参数"底部标高"为"0F"，"顶部标高"为"F1"，"顶部偏移"为"2800.0"，如图 21-2 所示。

单击"建筑"选项卡→"构建"面板→"柱"的下拉列表，选择"建筑柱"工具，在"属性"选项板类型选择器中选择柱类型"矩形柱 250×250 mm"，设置"底部偏移"为"2800.0"，单击"确定"按钮。这时"矩形柱 250×250 mm"底部正好在"钢筋混凝土 350×350 mm"结构柱的顶部位置。

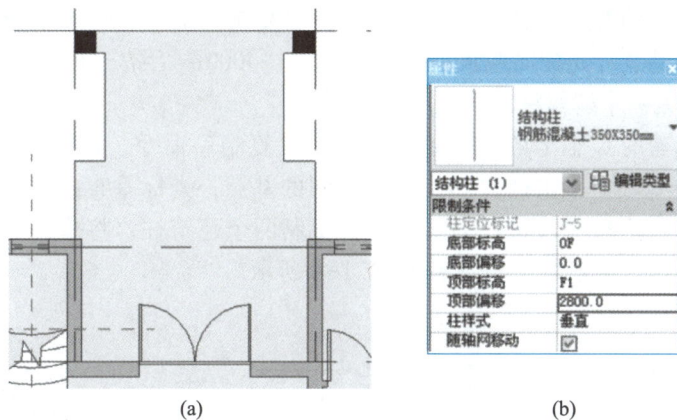

(a)　　　　　　　　　　　　　(b)

图 21-2　首层结构柱的参数

单击捕捉两个结构柱的中心位置，在结构柱上方放置两个建筑柱。

打开三维视图，选择两个矩形柱，在选项栏单击"附着"命令，"附着对正"选项选择"最大相交"，再单击拾取上面的屋顶，将矩形柱附着于屋顶下面，完成主入口结构柱。创建首层结构柱的效果如图 21-3 所示。

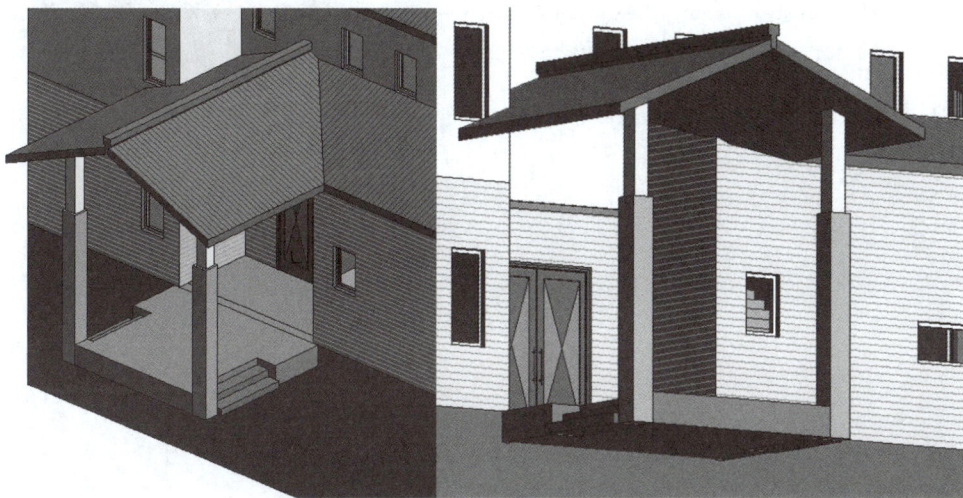

图 21-3　创建首层结构柱的效果

21.3　创建二层平面建筑柱

在项目浏览器中打开"F2"，打开二层平面视图，创建二层平面建筑柱。

单击"建筑"选项卡→"构建"面板→"柱"的下拉列表，选择"建筑柱"工具，在"属性"选项板类型选择器中选择柱类型"矩形柱 300×200 mm"。移动光标捕捉 B 轴与 4 轴的交点，单击并放置建筑柱。移动光标捕捉 C 轴与 5 轴的交点，先单击"空格键"调整柱的方向，再单击鼠标左键放置建筑柱。结果如图 21-4 所示右下角的两个建筑柱。

　　选择刚创建的 B 轴上的柱，单击工具栏"复制"命令，在 4 轴上单击捕捉一点作为复制的基点，光标向左水平移动，输入"4000"后按"Enter"键，在左侧4000 mm 处复制一个建筑柱。

　　选择刚创建的 C 轴上的柱，单击工具栏"复制"命令，选项栏勾选"多个"连续复制，在 C 轴上单击捕捉一点作为复制的基点，光标垂直向上移动，连续两次输入"1800"后按"Enter"键，在右侧复制两个建筑柱，将垂直方向三个柱附着到屋顶。创建二层建筑柱的效果如图 21-4 所示。

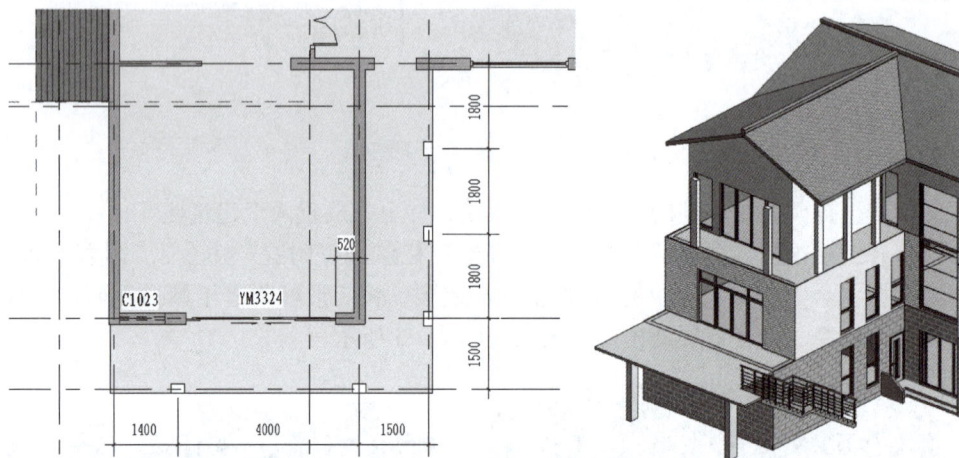

图 21-4　创建二层建筑柱的效果

任务 22　绘制二层的雨篷

工作任务卡（任务 22）

一、任务描述
使用"玻璃斜窗"命令，完成二层雨篷玻璃的绘制；使用内建体量的方式，完成二层雨篷工字钢梁的绘制。

二、重点掌握
"放样"命令、"拉伸"命令。

三、学习笔记

四、课后评价
任务达成度（自评）：＿＿＿＿＿＿＿％。 任务达成度（教师评价）：＿＿＿＿＿＿＿％。 备注：

22.1   创建二层雨篷玻璃

二层南侧雨篷的创建分为顶部玻璃和工字钢梁两部分，顶部玻璃可以用"迹线屋顶"下的"玻璃斜窗"命令快速创建。

在项目浏览器中双击"楼层平面"项下的"F2"，打开"F2"平面视图。绘制雨篷玻璃：单击"建筑"→"构建"面板→"屋顶"→"迹线屋顶"工具，激活"绘制"面板选择"线"工具，在"属性"选项板取消勾选"定义屋顶坡度"复选框，绘制平屋顶轮廓线。在"属性"选项板上选择"系统族：玻璃斜窗"类型，设置"自标高的底部偏移"为"2600.0"。单击"完成"命令，将柱附着到玻璃斜窗，保存文件。创建二层南侧雨篷玻璃的效果如图 22-1 所示。

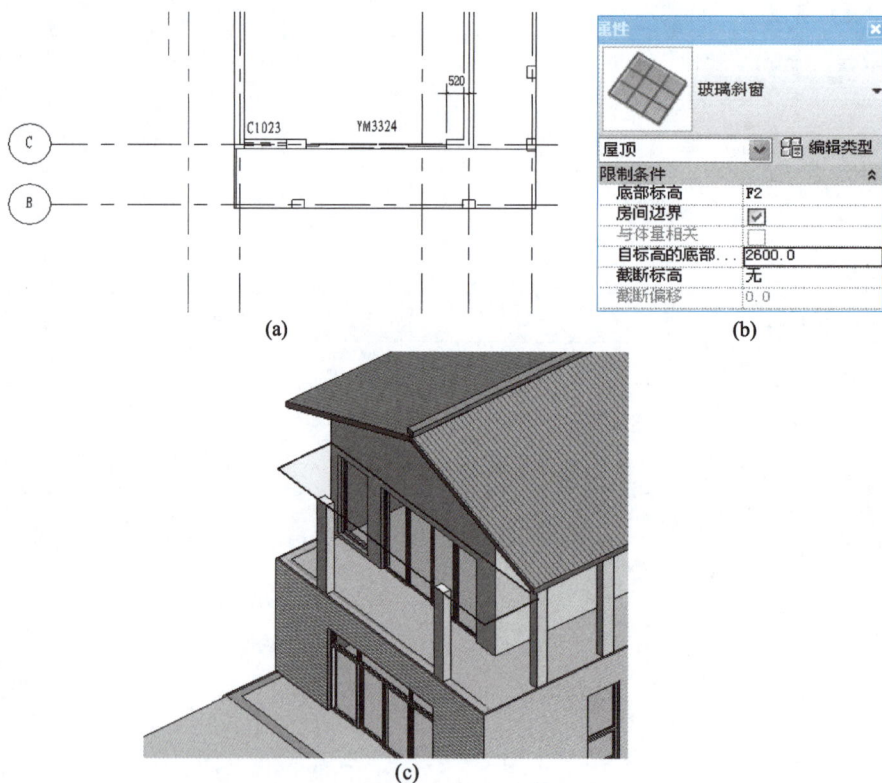

图 22-1   创建二层雨篷玻璃的效果

22.2   创建二层雨篷工字钢梁

二层南侧雨篷玻璃下面的支撑工字钢梁，可以使用在位族方式手工创建。在位族是在当前项目的关联环境内创建的族，该族仅存在于此项目中，而不能载入其他项目。通过创建在位族，可在项目中为项目或构件创建唯一的构件，该构件用于参照几何图形。在项目浏览器中双击"楼层平面"项下的"F2"，打开"F2"

平面视图。

　　单击"建筑"选项卡→"构建"面板→"构件"→"内建模型"工具，在弹出的"族类别和族参数"对话框中选择适当的族类别（案例中为了能把柱附着，新建族类别为"屋顶"或"楼板"），命名为"玻璃斜窗-工字钢"，进入族编辑器模式。

　　单击"创建"选项卡→"形状"面板→"放样"命令，单击"修改|放样"选项卡→"放样"面板→"绘制路径"命令，绘制放样路径，单击"完成"命令，如图22-2所示。

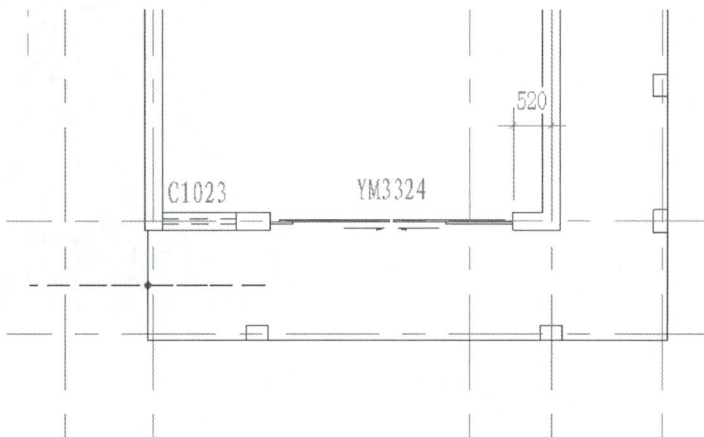

图 22-2　二层雨篷工字钢梁放样路径

　　单击"修改|放样"选项卡→"放样"面板→"选择轮廓"→"编辑轮廓"命令，弹出"转到视图"对话框，选择"立面：南"，单击"打开视图"按钮，切换至南立面，如图22-3所示。

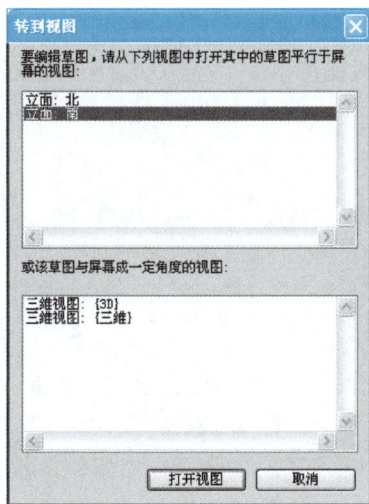

(a)

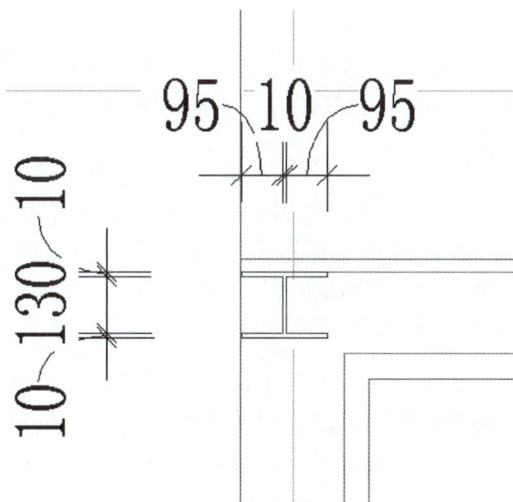

(b)

图 22-3　二层雨篷工字钢梁放样轮廓

激活"绘制"面板，单击"直线"工具，在玻璃屋顶下方，绘制路径的开始端，并绘制工字钢轮廓。绘制完成后单击"完成"按钮。在"属性"选项板中，设置"材质"为"金属-钢"。单击"完成放样"命令，放样创建二层雨篷工字钢梁，效果如图22-4所示。

(a)   (b)

图22-4   二层雨篷工字钢梁效果

接下来要创建中间的工字钢梁。单击"建筑"选项卡中"构建"面板，选择"构件"旁的黑色小三角，单击"内建模型"工具，在弹出的"族类别和族参数"对话框中选择"屋顶"或"楼板"的类型（为了后期更好地连接），单击"确定"按钮，将模型命名为"中部工字钢梁"。

然后使用"拉伸"命令创建中间的工字钢。首先单击"创建"选项卡→"形状"面板→"拉伸"命令，单击"建筑"选项卡→"工作平面"面板→"设置"命令，在弹出的"工作平面"对话框中选择"拾取一个平面"单选按钮，然后在"F2"平面视图中单击拾取B轴，在弹出的"转到视图"对话框中选择"立面：南"，单击"打开视图"按钮切换至南立面视图。

> **注意**
>
> Revit中的每个视图都有相关的工作平面。在某些视图（如楼层平面、三维视图、图纸视图）中，工作平面是自动定义的。而在其他视图（如立面和剖面视图）中，必须自定义工作平面。工作平面必须用于某些绘制操作（如创建拉伸屋顶）和在视图中启用某些命令，如在三维视图中启用旋转和镜像。

在南立面视图中激活"绘制"面板，单击"直线"命令，在二层柱上绘制工字钢的轮廓。单击"完成拉伸"命令，创建一根工字钢，如图22-5所示。

在南立面视图中选择拉伸的工字钢，通过工具栏"复制"命令向右复制3根，间距为1333.33。框选这四根工字钢，打开"属性"选项板，设置"材质"为"金属-钢"。单击"完成"命令，完成二层南侧雨篷玻璃下面的支撑工字钢梁。选择雨篷下方的柱，单击"附着"命令将之附着于工字钢梁下面。二层雨篷工字钢梁的效果如图 22-6 所示。

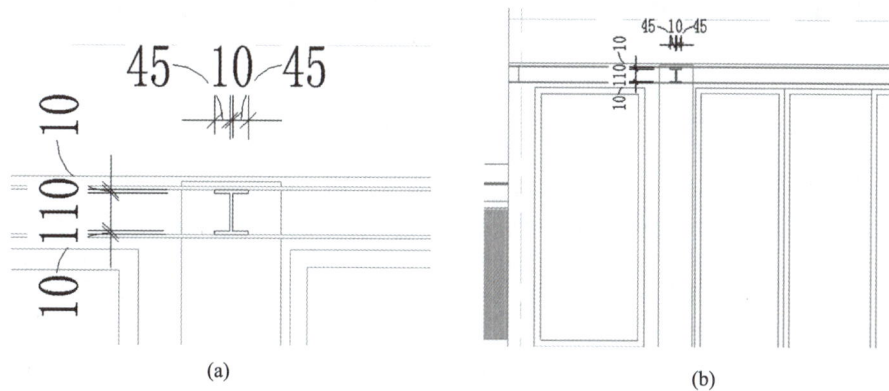

(a)　　　　　　　　　　　　　　　(b)

图 22-5　二层雨篷工字钢梁拉伸参数

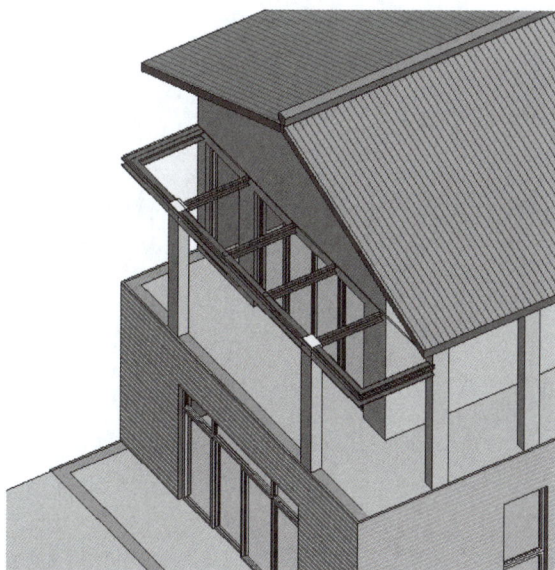

图 22-6　二层雨篷工字钢梁效果

任务 23　绘制地下一层的雨篷

工作任务卡（任务 23）

一、任务描述
综合使用多项命令，完成地下一层东侧雨篷墙体、玻璃斜窗、雨篷支撑钢结构的绘制。

二、重点掌握
读懂图纸，熟练使用多项命令。

三、学习笔记

四、课后评价
任务达成度（自评）：＿＿＿＿＿＿＿＿＿＿＿％。 任务达成度（教师评价）：＿＿＿＿＿＿＿＿＿＿＿％。 备注：

地下一层雨篷的顶部玻璃同样用屋顶的"玻璃斜窗"创建，底部支撑比较简单，用墙体即可实现。在项目浏览器中双击"楼层平面"项下的"-1F-1"，打开地下一层平面视图。

绘制挡土墙：单击"建筑"选项卡→"构建"面板→"墙"工具，在"属性"选项板类型选择器中选择墙类型为"挡土墙"。在"属性"选项板中设置参数"底部限制条件"为"1F-1"，"顶部约束"为"F1"。在别墅右侧绘制4面挡土墙。地下一层雨篷墙体的定位如图23-1所示。

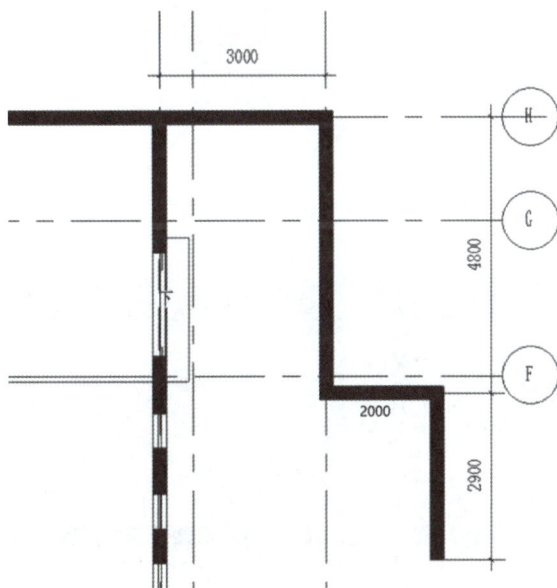

图23-1　地下一层雨篷墙体的定位

绘制雨篷顶部玻璃：单击"建筑"选项卡→"构建"面板→"屋顶"下的"迹线屋顶"工具，进入绘制草图模式。在"属性"选项板取消勾选"定义屋顶坡度"复选框，绘制屋顶轮廓线。在"属性"选项板上，从类型选择器中将"族"设置为"系统族：玻璃斜窗"类型，"底部标高"设置为"F1"，"自标高的底部偏移"为"550.0"。单击"完成"命令，创建地下一层雨篷顶部玻璃尺寸及效果如图23-2所示。

在项目浏览器中双击"楼层平面"项下的"F1"，打开"F1"平面视图。

下面用墙来创建玻璃底部支撑。单击"建筑"选项卡→"构建"面板→"墙"工具，在"属性"选项板类型选择器中选择墙类型为"支撑构件"。

在"类型属性"对话框中单击参数"结构"后面的"编辑"按钮，打开"编辑部件"对话框，如图23-3所示。

在"属性"选项板设置参数"底部限制条件"为"F1"，"顶部约束"为"未连接"，"无连接高度"为"550.0"。激活"绘制"面板，单击"直线"命令，在"属性"选项板中"定位线"选择"墙中心线"，绘制一面墙，长度为3000 mm。完成墙体，如图23-4所示。

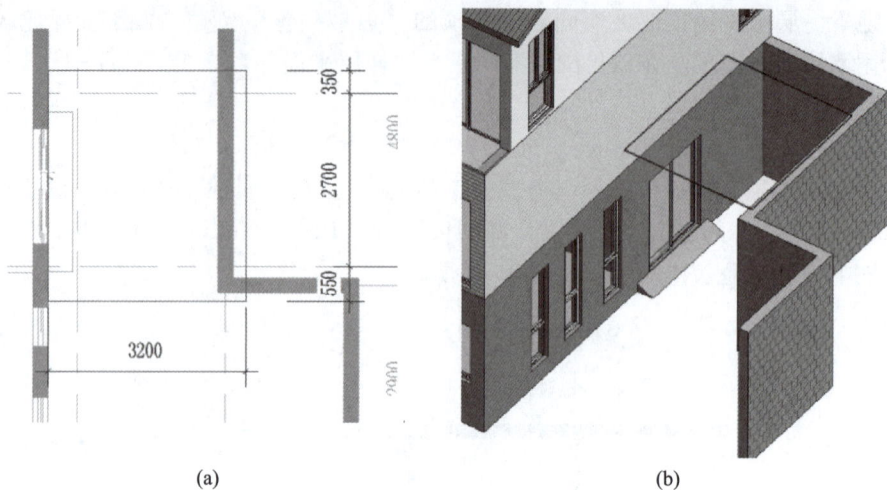

(a)　　　　　　　　　　　　　　　　(b)

图 23-2　地下一层雨篷顶部玻璃尺寸及效果

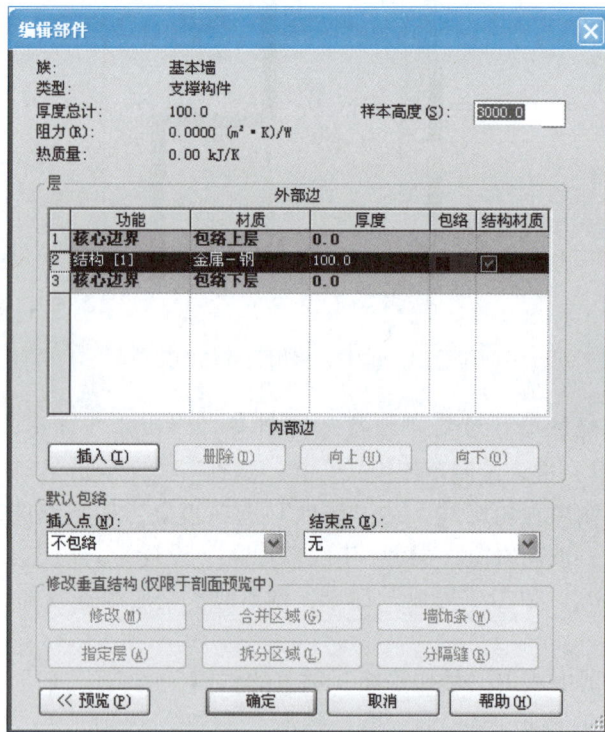

图 23-3　地下一层雨篷支撑材质

编辑墙轮廓：切换至南立面视图，选择刚创建的名称为"支撑构件"的墙，单击"编辑轮廓"命令，修改墙体轮廓，单击"完成"命令后创建了 L 形墙体。地下一层雨篷支撑形状如图 23-5 所示。

打开"F1"楼层平面视图，设置视图范围参数，选择刚编辑完成的"支撑构件"墙体，单击工具栏"阵列"命令，设置选项栏，如图 23-6 所示。

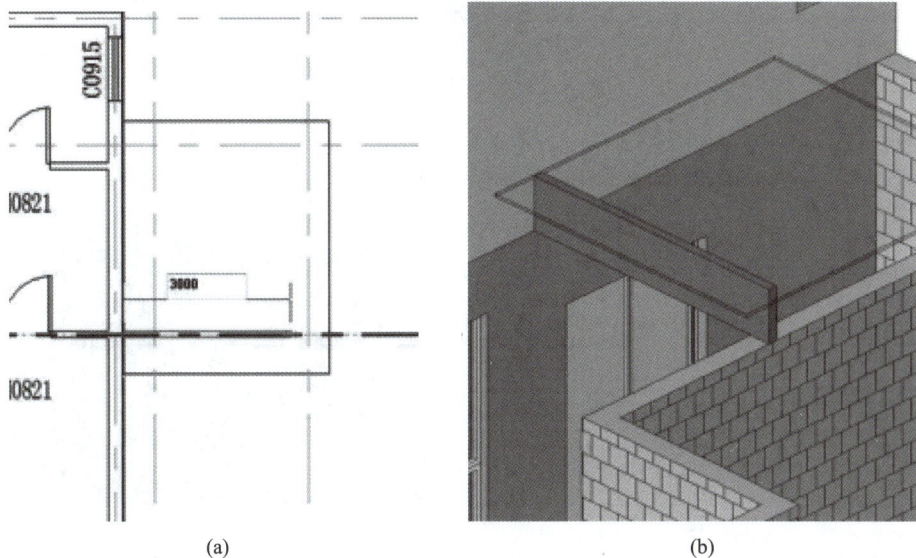

(a)　　　　　　　　　　　　　　　　(b)

图 23-4　地下一层雨篷支撑高度

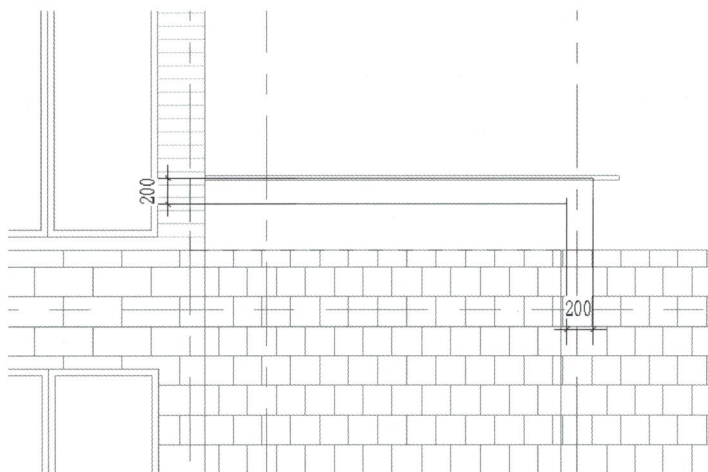

图 23-5　地下一层雨篷支撑形状

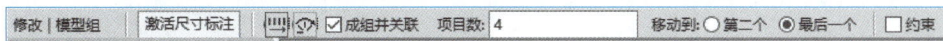

图 23-6　设置选项栏

　　移动光标，单击捕捉下面墙体所在轴线上一点作为阵列起点（图 23-7 中下面圆点位置），再垂直移动光标，单击捕捉上面轴线上一点为阵列终点（图 23-7 中上面圆点位置）。

注意

　　线性阵列"移动到"两个选项区别（图 23-6）：

　　指定第一个图元和第二个图元之间的间距（使用"移动到:第二个"单选按钮），所有后续图元将使用相同的间距。指定第一个图元和最后一个图元之间的间距（使用"移动到:最后一个"单选按钮），所有剩余的图元将在它们之间以相等间隔分布。

至此完成了地下一层雨篷的创建，保存文件。

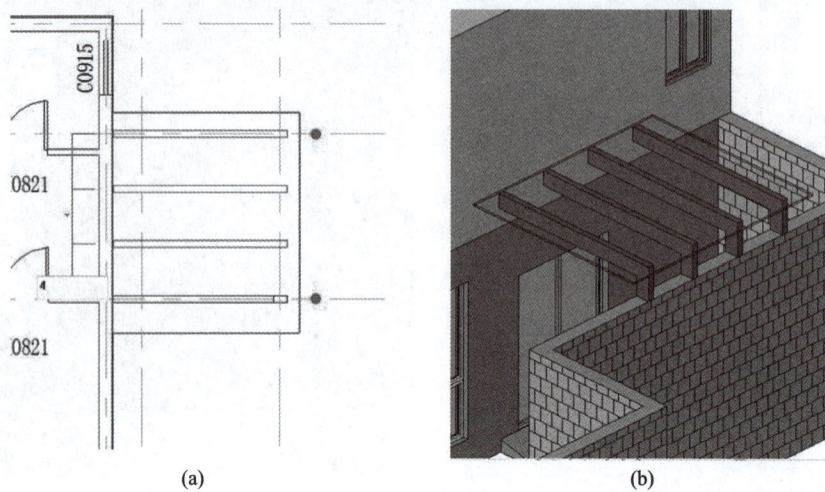

(a)

(b)

图 23-7　地下一层雨篷支撑效果

任务 24 绘制地形表面和建筑地坪

工作任务卡（任务 24）

一、任务描述
使用"地形表面"命令，完成总体地形表面和建筑地坪的绘制。

二、重点掌握
参照平面的使用。

三、学习笔记

四、课后评价
任务达成度（自评）：＿＿＿＿＿＿＿＿％。 任务达成度（教师评价）：＿＿＿＿＿＿＿＿％。 备注：

通过本任务的学习，我们将了解场地的相关设置与地形表面、建筑地坪的创建与编辑的基本方法和应用技巧。

24.1　创建地形表面

地形表面是建筑场地地形或地块地形的图形表示。默认情况下，楼层平面视图不显示地形表面，可以在三维视图或在专用的"场地"视图中创建。

单击项目浏览器→"楼层平面"→"场地"，进入场地平面视图。

为了便于捕捉，在场地平面视图中根据绘制地形的需要，绘制 6 个参照平面。

单击"建筑"选项卡→"工作平面"面板→"参照平面"命令，将光标移动到图中 1 号轴线左侧，单击垂直方向上、下两点绘制一个垂直参照平面。

选择刚绘制的参照平面，出现蓝色临时尺寸，单击蓝色尺寸文字，输入 10000，按"Enter"键确认，使参照平面到 1 号轴线之间距离为 10 m（如临时尺寸右侧尺寸界线不在 1 号轴线上，可以拖拽尺寸界线上蓝色控制柄到轴线上松开鼠标左键，调整尺寸参考位置）。

采用同样方法，在 8 号、A 号轴线外侧 10 m、H 轴上方 240 mm、D 轴下方 1100 mm 位置绘制其余 5 个参照平面，如图 24-1 所示。

微课

地形表面的创建与编辑

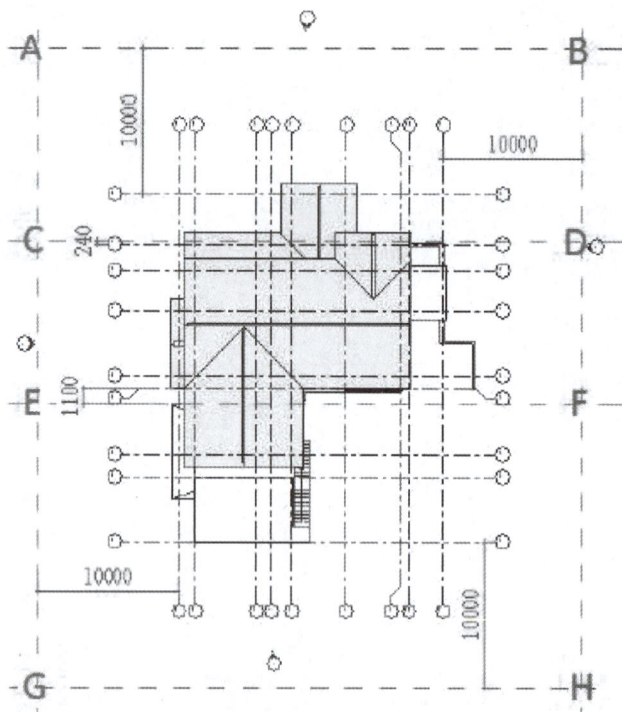

图 24-1　地形表面尺寸

下面将捕捉 6 个参照平面的 8 个交点 A~H，通过创建地形高程点来设计地形表面。

单击"体量和场地"选项卡→"场地建模"面板→"地形表面"命令，光标回到绘图区域，Revit 将进入草图模式。

　　单击"放置点"命令，选项栏显示高程选项，将光标移至高程数值"0.0"上双击，即可设置新值，输入"-450"按 Enter 键完成高程数值的设置。

　　将光标移动至绘图区域，依次单击图 24-1 中 A、B、C、D 点，即放置了 4 个高程为"-450"的点，并形成了以该四点为端点、高程为"-450"的一个地形平面。

　　再次将光标移至选项栏，双击"高程"值"-450"，设置新值为"-3500"，按"Enter"键。光标回到绘图区域，依次单击 E、F、G、H 点，放置 4 个高程为"-3500"的点。

　　单击建成的场地"属性"选项板，"材质"设置为"按类别"单击"按类别"后的矩形浏览按钮，如图 24-2 所示。此时打开了图 24-3 所示材质浏览器，选择"场地-草"材质，单击"确定"按钮，关闭所有对话框。此时给地形表面添加了草地材质。

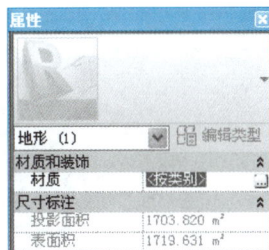

图 24-2　材质设置框

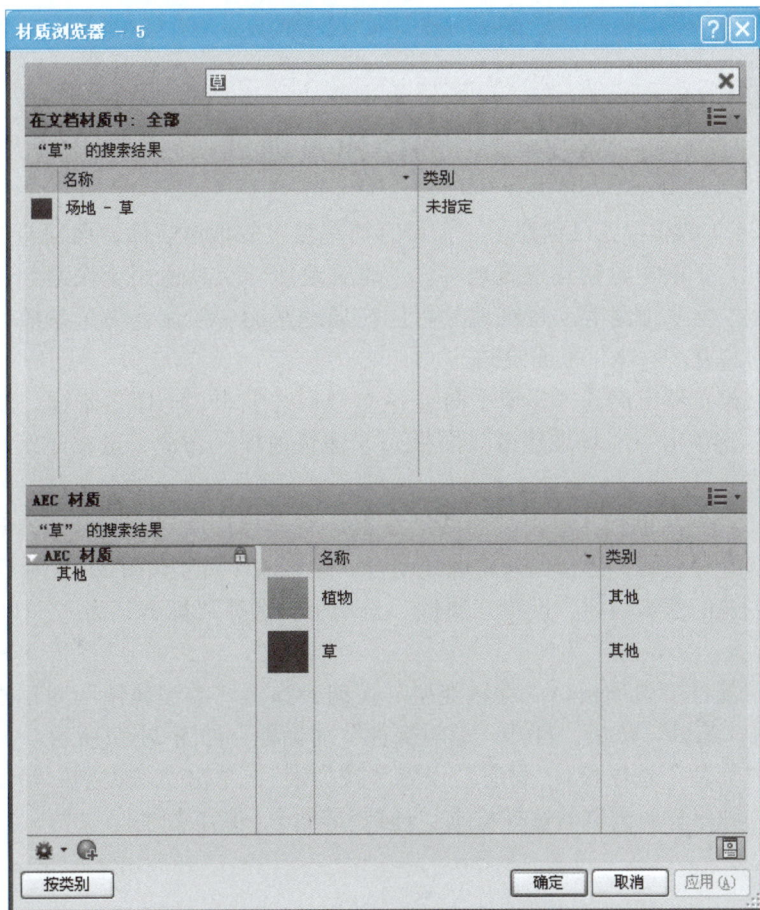

图 24-3　设置为草地

单击"完成表面"命令，即创建了地形表面。保存文件。地形表面完成后的效果如图24-4所示。

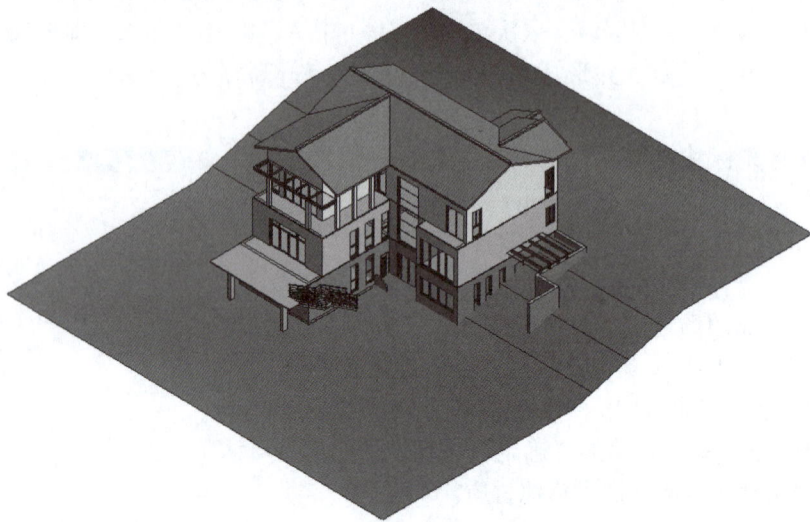

图24-4　地形表面完成后的效果

24.2　创建建筑地坪

通过24.1的学习，已创建了一个带有简单坡度的地形表面，而建筑的首层地面是水平的，下面学习创建建筑地坪。"建筑地坪"工具适用于快速创建水平地面、停车场、水平道路等。建筑地坪可以在场地平面中绘制，为了参照地下一层外墙，也可以在"-1F"平面绘制。

在项目浏览器中展开"楼层平面"→"-1F"，打开"-1F"平面，单击"体量和场地"选项卡→"场地建模"面板→"建筑地坪"命令，进入建筑地坪的草图绘制模式。

激活"绘制"面板，单击"直线"工具，将光标移动到绘图区域，开始顺时针绘制建筑地坪轮廓，必须保证轮廓线闭合，建筑地坪尺寸如图24-5所示。

选中创建的建筑地坪，设置"属性"选项板，选择"标高"为"-1F-1"，如图24-6所示。

单击"属性"选项板→"编辑类型"按钮，弹出"类型属性"对话框，单击"结构"的"编辑"按钮，打开"编辑部件"对话框，如图24-7所示。

单击"属性"选项板，"材质"设置"按类别"，单击"按类别"后面的矩形浏览按钮，弹出材质浏览器选择材质"场地-碎石"，保存文件。

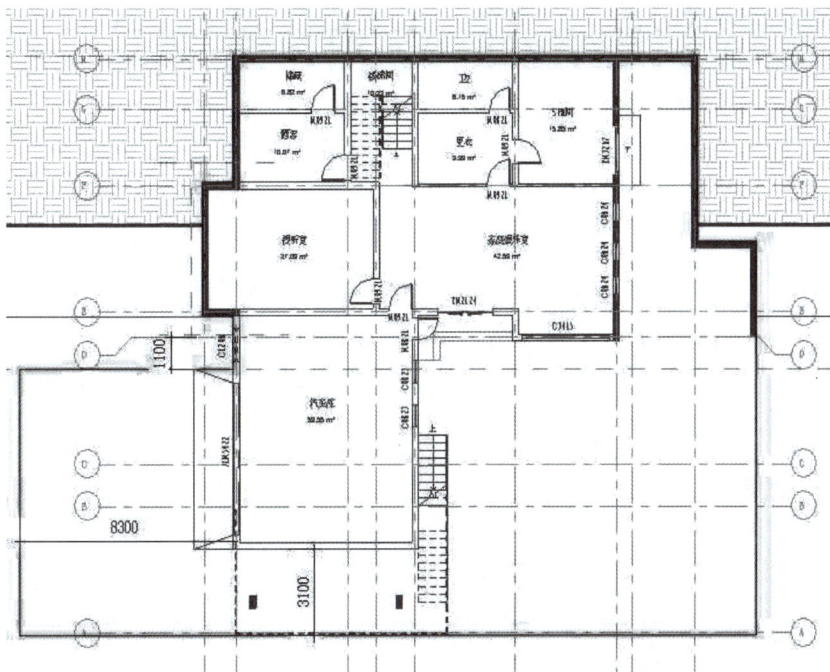

图 24-5　建筑地坪尺寸

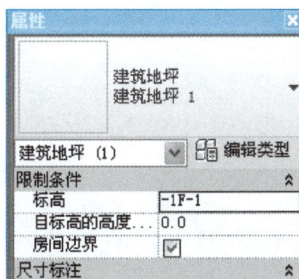

图 24-6　建筑地坪标高

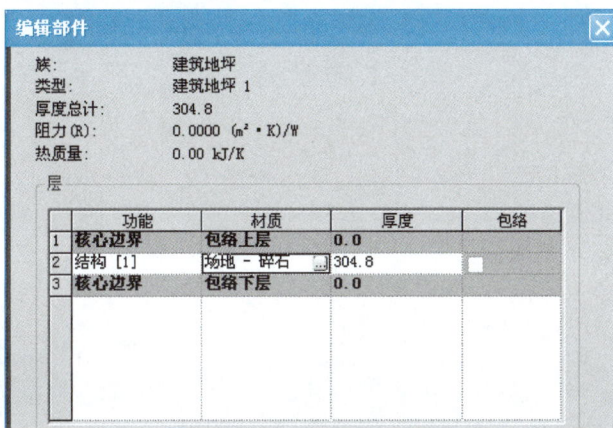

图 24-7　建筑地坪材质

任务 25　绘制道路和场地构件

一、任务描述
正确使用"子面域"命令，完成道路的绘制。合理摆放各类场地构件。

二、重点掌握
正确绘制子面域边界。

三、学习笔记

四、课后评价
任务达成度（自评）：＿＿＿＿＿＿＿＿％。 任务达成度（教师评价）：＿＿＿＿＿＿＿＿％。 备注：

25.1　绘 制 道 路

前面创建了建筑地坪，下面将使用"子面域"工具在地形表面上绘制道路。

"子面域"工具是在现有地形表面中绘制的区域。例如，可以使用子面域在地形表面绘制道路或绘制停车场区域。

子面域工具和建筑地坪不同，"建筑地坪"工具会创建出单独的水平表面，并剪切地形，而创建子面域不会生成单独的地平面，而是在地形表面上圈定了某块可以定义不同属性集（例如材质）的表面区域。

在项目浏览器中单击"楼层平面"→"场地"，进入场地平面视图，单击"体量和场地"选项卡→"修改场地"面板→"子面域"命令，进入草图绘制模式。

激活"绘制"面板，单击"直线"工具，顺时针绘制子面域轮廓。道路尺寸如图 25-1 所示。

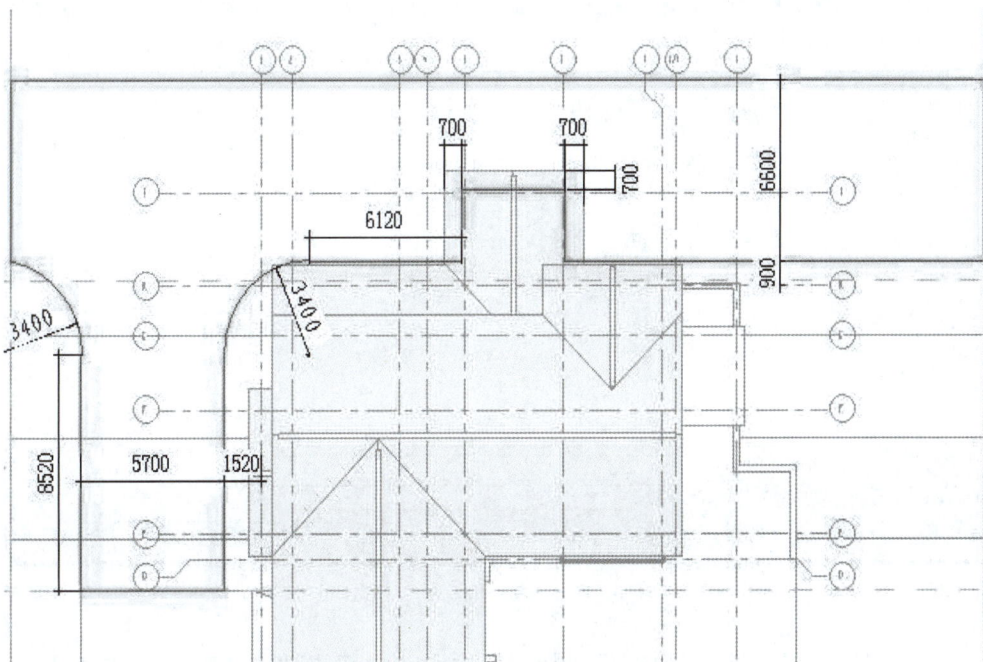

图 25-1　道路尺寸

绘制弧线时，激活"绘制"面板，单击"起点-终点-半径弧"工具，勾选选项栏"半径"，将半径值设置为 3400。绘制完弧线后，在选项栏单击"直线"工具，切换回直线继续绘制。

单击图元的"属性"选项板，设置"材质"为"按类别"，单击"按类别"后的矩形图标，打开材质浏览器，在左侧材质中选择"场地-柏油路"。

单击"完成"命令，至此完成了子面域道路的绘制，保存文件。

25.2　添加场地构件

创建了地形表面和道路，再配上生动的花草、树木、车等场地构件，就可以使整个场景更加丰富。场地构件的绘制同样在默认的场地视图中完成。

接 25.1 的练习，在项目浏览器中展开"楼层平面"项下的"场地"，进入场地平面视图。

单击"体量和场地"选项卡→"场地建模"面板→"场地构件"命令，在类型选择器中选择需要的构件。也可如图 25-2 所示，单击"插入"选项卡→"模式"面板→"载入族"命令，打开"载入族"对话框，如图 25-3 所示。

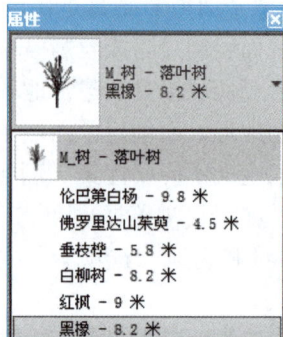

图 25-2　选择场地构件

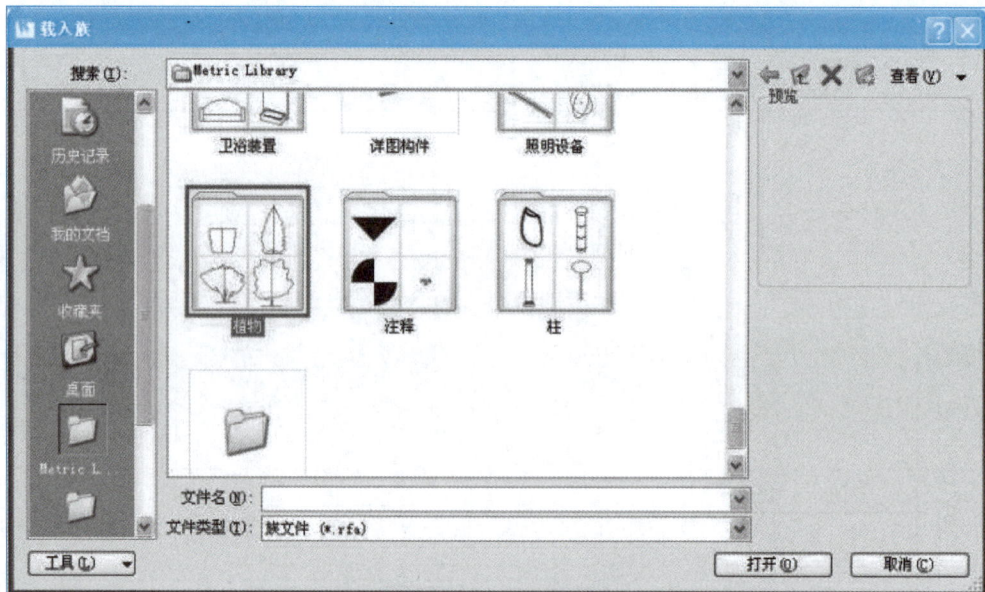

图 25-3　插入场地构件族

在"载入族"对话框中选择"植物"文件夹，双击"乔木"文件夹，选择"白杨.rfa"文件，单击"打开"按钮将之载入项目中。

在场地平面图中根据需要在道路及别墅周围添加场地构件树。

在"载入族"对话框中打开"环境"文件夹，载入"M_RPC甲虫.rfa"文件，并将之放置在场地中。场地构件添加完成后的效果如图 25-4 所示。

至此，完成了场地构件的添加。

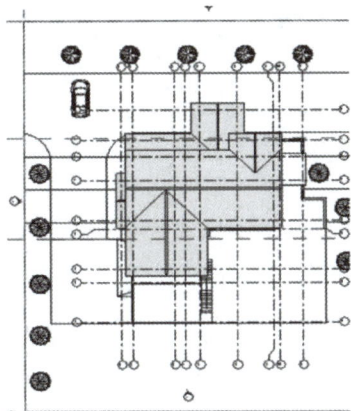

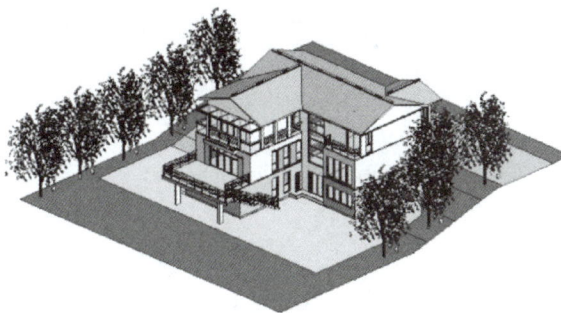

图 25-4　场地构件添加完成后的效果

BIM 模型应用

■ **知识目标**

(1) 创建房间标记和颜色方案的方法。
(2) 创建明细表的方法。
(3) 注释、布图与打印的流程。
(4) 创建漫游动画。

■ **能力目标**

能根据模型特点进行项目应用。

■ **素质目标**

(1) 具有较强的口头与书面表达能力、人际沟通能力。
(2) 具备优良的职业道德修养，能遵守职业道德规范。

任务 26   房间和面积报告

工作任务卡（任务 26）

一、任务描述

掌握房间和房间标记、面积和面积方案、颜色方案的设置。完成地下一层房间标记、面积方案、颜色方案的设置。

二、重点掌握

选择美观颜色，达到优美的视觉观感。

三、学习笔记

四、课后评价

任务达成度（自评）：＿＿＿＿＿＿＿％。

任务达成度（教师评价）：＿＿＿＿＿＿＿％。

备注：

房间是基于图元（例如墙、楼板、屋顶和天花板）对建筑模型中的空间进行细分的部分。只可在平面视图中放置房间。

26.1 房间标记和颜色方案

26.1.1 创建房间和房间标记

（1）打开平面视图。

（2）单击"建筑"选项卡 →"房间和面积"面板 →"房间"工具。

（3）要想随房间显示房间标记，单击"修改｜放置房间"选项卡→"标记"面板→"在放置时进行标记"命令，见图26-1。

要在放置房间时忽略房间标记，则关闭此选项。

图 26-1 房间命令

（4）在选项栏上执行下列操作（图26-2）：

上限：指定将从其测量房间上边界的标高。

例如，如果要向标高1楼层平面添加一个房间，并希望该房间从标高1扩展到标高2或标高2上方的某个点，则可将"上限"指定为"标高2"。

偏移：房间上边界距该标高的距离。输入正值表示向"上限"标高上方偏移，输入负值表示向其下方偏移。指明所需的房间标记方向。

引线：要使房间标记带有引线，则选择它。

房间：选择"新建"创建新房间，或从列表中选择一个现有房间。

微课

房间标记

图 26-2 设置房间命令

（5）要查看房间边界图元，则单击"修改｜放置房间"选项卡 →"房间"面板→"高亮显示边界"命令。

（6）在绘图区域中单击以放置房间，见图26-3。

注意

Revit 不会将房间置于宽度小于1英尺或306 mm 的空间中，根据具体情况进行房间分割，见图26-4。

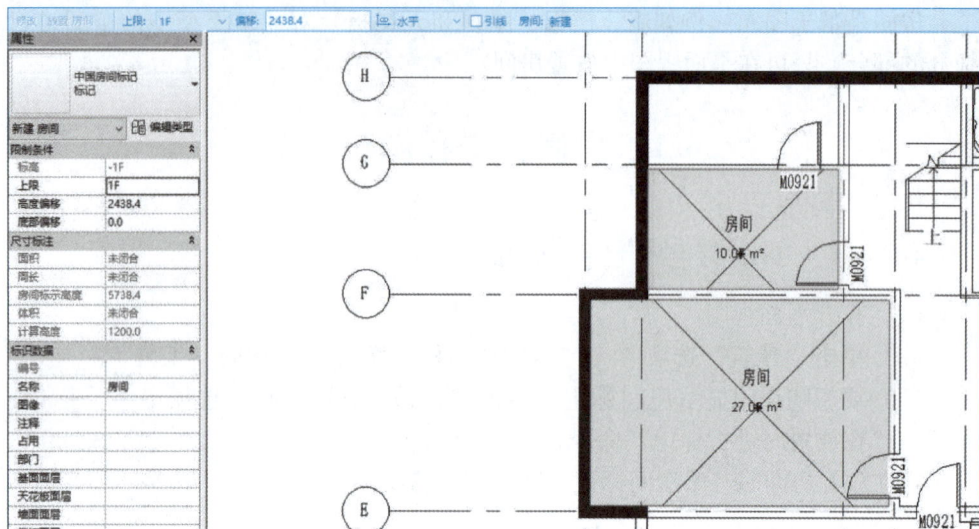

图 26-3　放置房间

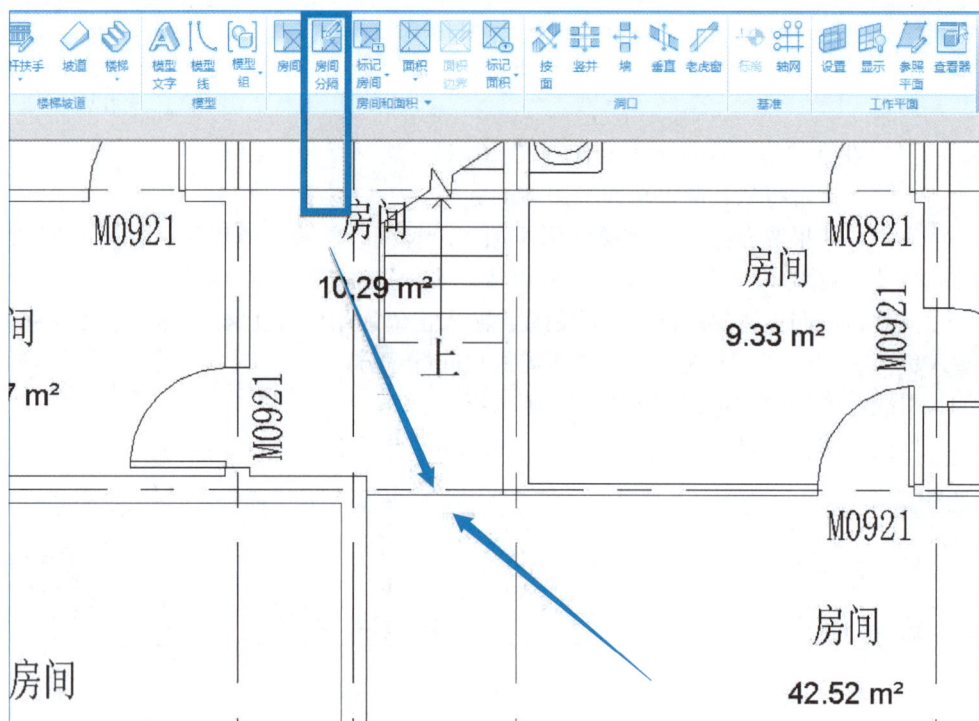

图 26-4　房间分隔

（7）修改命名该房间。选中房间并在"属性"选项板修改房间编号及名称，见图 26-5。

如果将房间放置在边界图元形成的范围之内，该房间会充满该范围；也可以将房间放置到自由空间或未完全闭合的空间，稍后在此房间的周围绘制房间边界图元。添加边界图元时，房间会充满边界。

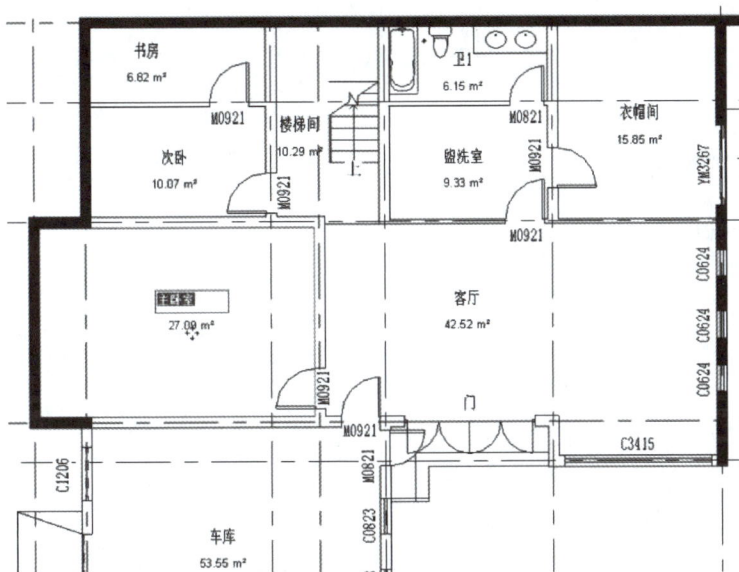

图 26-5　重命名房间

26.1.2　创建房间颜色方案

用户可以根据特定值或值范围，将颜色方案应用于楼层平面视图和剖面视图。可以向每个视图应用不同颜色方案。

使用颜色方案可以将颜色和填充样式应用到以下对象中：房间、面积、空间和分区、管道和风管。

> **注意**
>
> 要使用颜色方案，必须先在项目中定义房间或面积。若要为 Revit MEP 图元使用颜色方案，还必须在项目中定义空间、分区、管道或风管。

单击"建筑"选项卡→"房间和面积"面板下拉列表→▨（颜色方案），见图 26-6。

图 26-6　颜色方案命令

弹出"编辑""颜色方案"对话框，"方案类别"选择"房间"，复制颜色方案 1，并将之命名为"房间颜色按名称"，见图 26-7。

在"编辑颜色方案"对话框中，方案"标题"改为"按名称"，"颜色"选择"名称"，完成房间颜色方案编辑，单击"确定"按钮，见图 26-8。

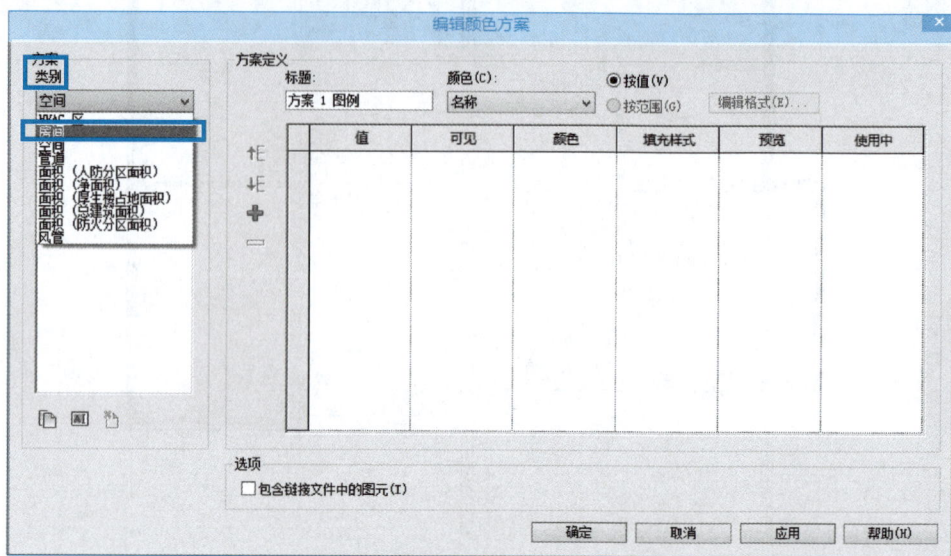

(a)

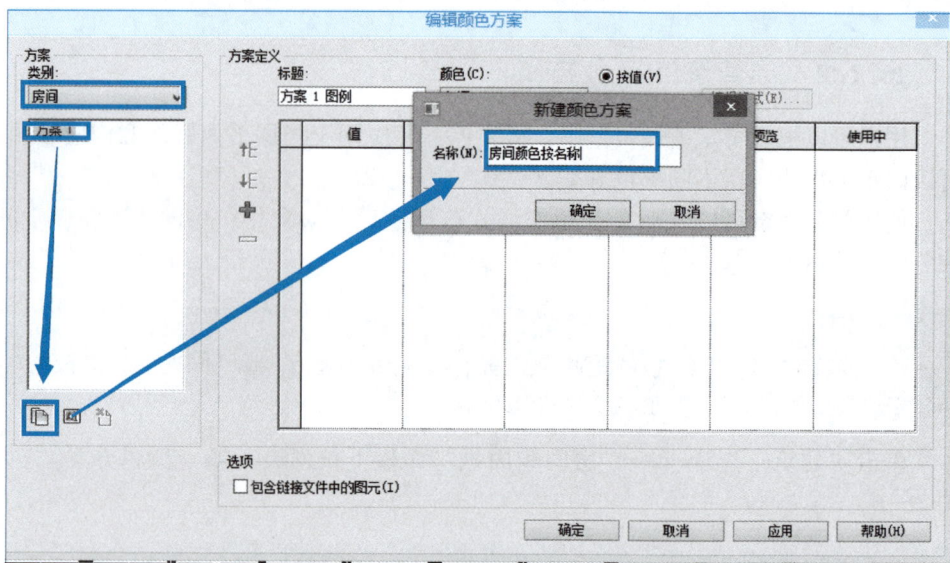

(b)

图 26-7　复制颜色方案

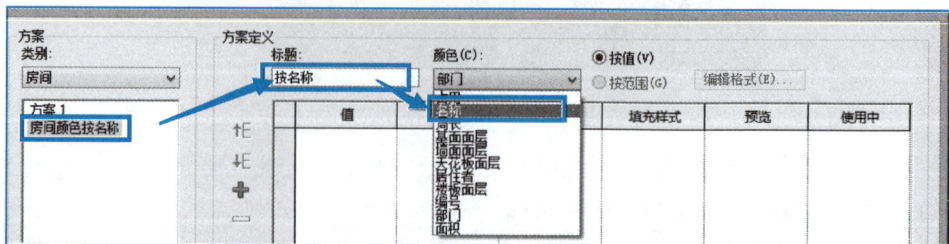

(a)

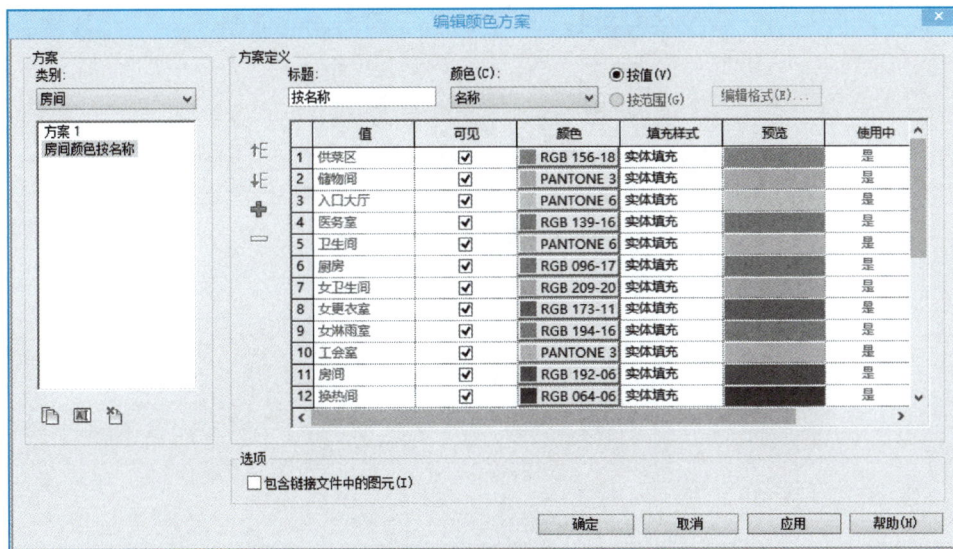

(b)

图 26-8　编辑颜色方案

26.2　面积和面积方案

面积是对建筑模型中的空间进行再分割形成的，其范围通常比各个房间范围大。

面积不一定以模型图元为边界。可以绘制面积边界，也可以拾取模型图元作为边界。

26.2.1　创建面积平面

单击"建筑"选项卡→"房间和面积"面板→"面积"下拉列表→"面积平面"工具，见图 26-9。

面积标记

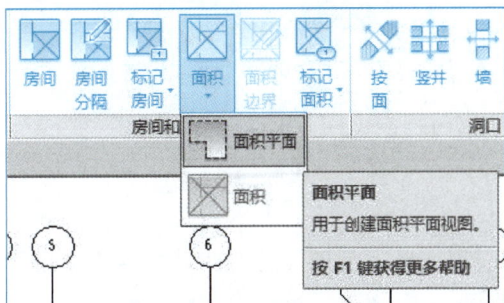

图 26-9　"面积平面"工具

弹出"新建面积平面"对话框，选择面积方案作为"类型"。为面积平面视图选择楼层，见图 26-10。

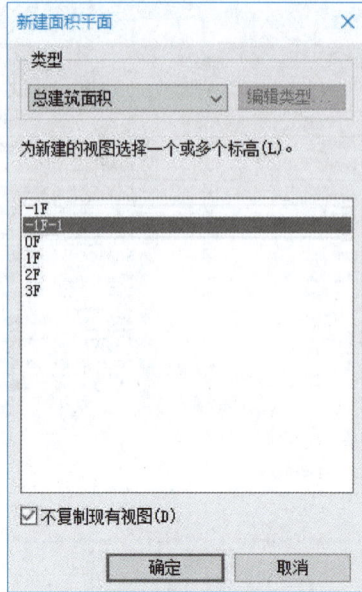

图 26-10   新建面积平面

　　要创建唯一的面积平面视图，则选择"不复制现有视图"复选框。要创建现有面积平面视图的副本，可清除"不复制现有视图"复选框。单击"确定"按钮。

26.2.2   定义面积边界

　　（1）定义面积边界，类似于房间分割，将视图分割成一个个面积区域，打开一个面积平面视图。面积平面视图在项目浏览器中的"面积平面"下列出。

　　（2）单击"建筑"选项卡→"房间和面积"面板→"面积"下拉列表→"面积边界"命令，见图 26-11。

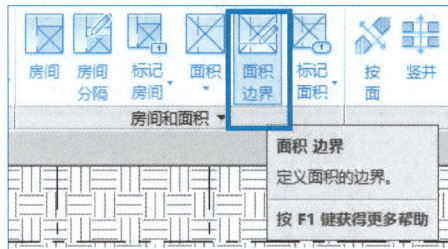

图 26-11   面积边界命令

　　（3）绘制或拾取面积边界（使用"拾取线"命令来应用面积规则）。

　　① 拾取面积边界。

　　a. 单击"修改|放置面积边界"选项卡→"绘制"面板→"拾取线"命令。

　　b. 如果不希望 Revit 应用面积规则，则在选项栏上清除"应用面积规则"，并指定偏移。

如果应用了面积规则，则面积标记的面积类型参数将会决定面积边界的位置。必须将面积标记放置在边界以内才能改变面积类型。

c. 选择边界的定义墙，见图 26-12。

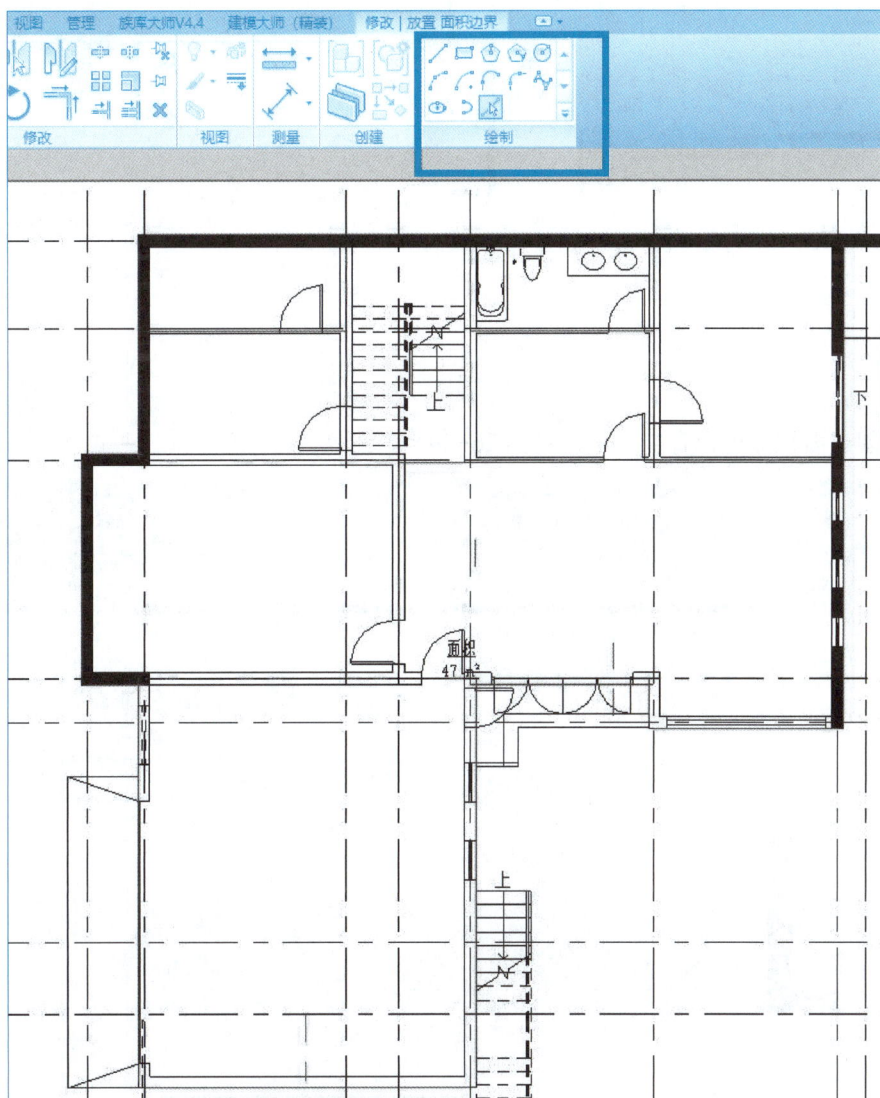

图 26-12　选择边界的定义墙

② 绘制面积边界。

a. 单击"修改|放置面积边界"选项卡→"绘制"面板，然后选择一个绘制工具。

b. 使用绘制工具完成边界的绘制。

26.2.3　创建面积

面积边界定义完成之后，进行面积的创建，面积的创建与房间的创建一样，见图 26-13。

(a)

(b)

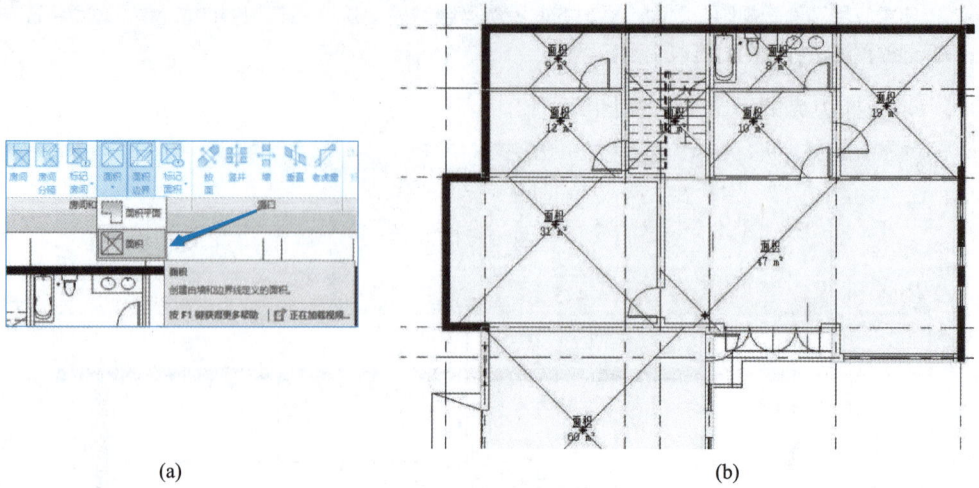

图 26-13　创建面积

创建面积标记，直接放置，见图 26-14。

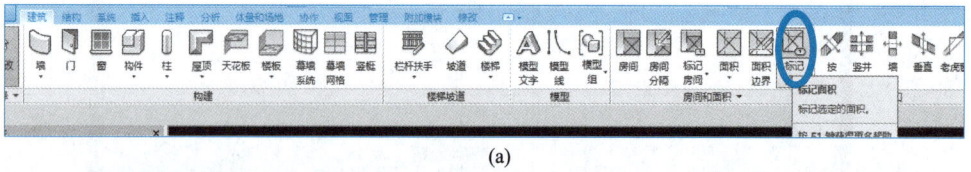

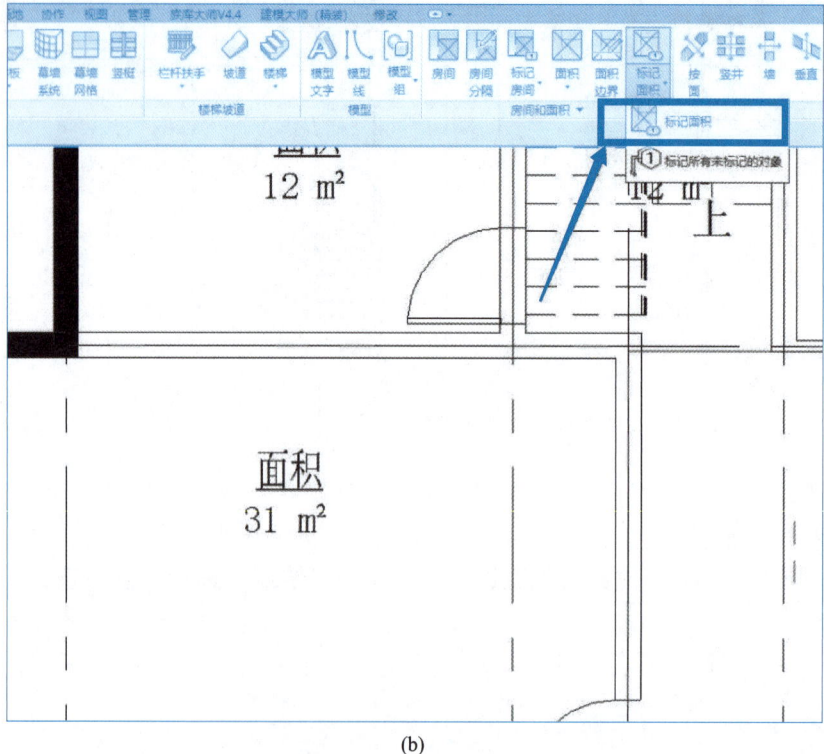

(a)

(b)

图 26-14　标记面积

26.2.4 创建面积颜色方案

创建面积颜色方案的方法与创建房间颜色方案相同，打开"编辑颜色方案"对话框，方案类别选择"面积（净面积）"，见图26-15。

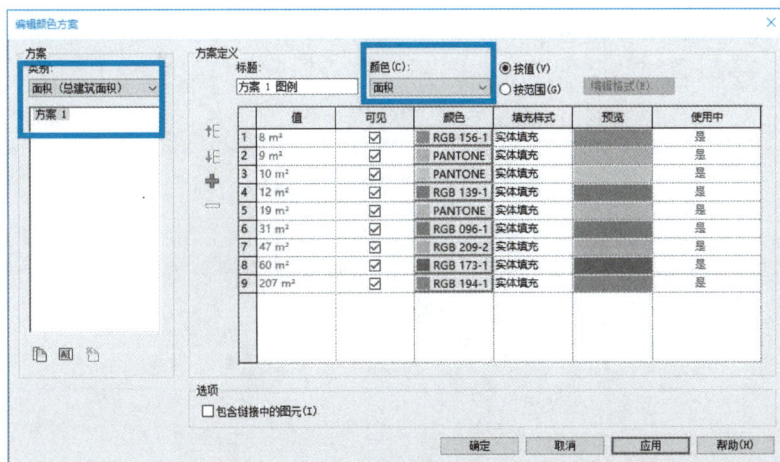

图26-15 创建面积颜色方案

26.3 放置颜色方案

26.3.1 放置房间颜色方案

（1）转到平面视图，在"注释"选项卡里选择"颜色填充"面板下的"颜色填充图例"命令，在视图空白区域放置图例，见图26-16。

(a)

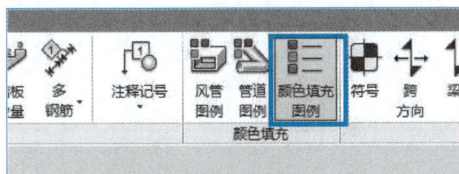

(b)

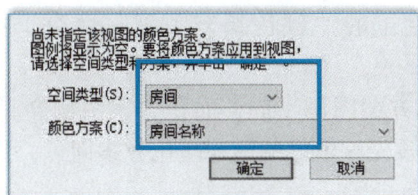

(c)

图26-16 颜色填充图例

（2）放置好的图例是没有定义颜色方案的，选中图例，在"修改｜颜色填充图例"上下文选项卡"方案"面板上出现"编辑方案"命令，见图26-17。

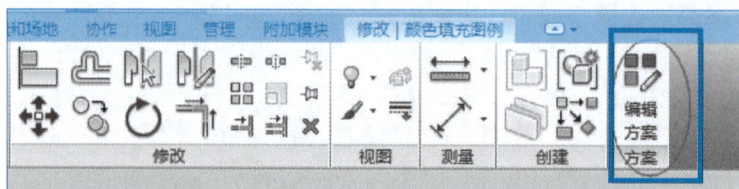

图26-17   单击颜色方案命令

弹出"编辑颜色方案"对话框，选择事先编辑好的颜色方案，单击"应用"→"确定"按钮，完成房间颜色方案的设置，见图26-18。

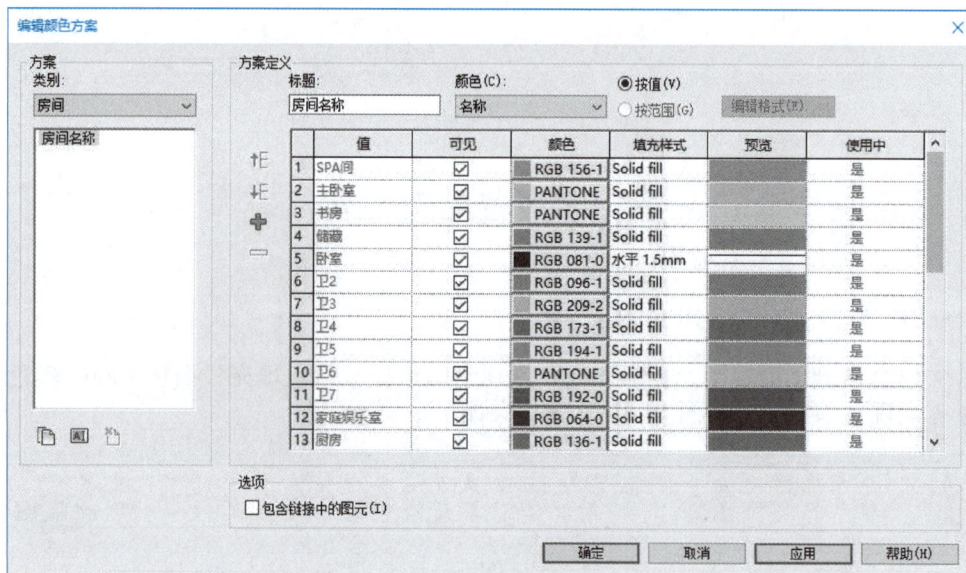

图26-18   设置颜色方案

26.3.2　放置面积颜色方案

（1）转到面积平面视图"面积平面（净面积）F1"，在"注释"选项卡里选择"颜色填充"面板下的"颜色填充图例"命令，在视图空白区域放置图例。

（2）与放置房间颜色方案图例不同，面积方案图例会直接弹出对话框，选择面积颜色方案，我们选择事先编辑好的面积颜色方案即可，见图26-19。

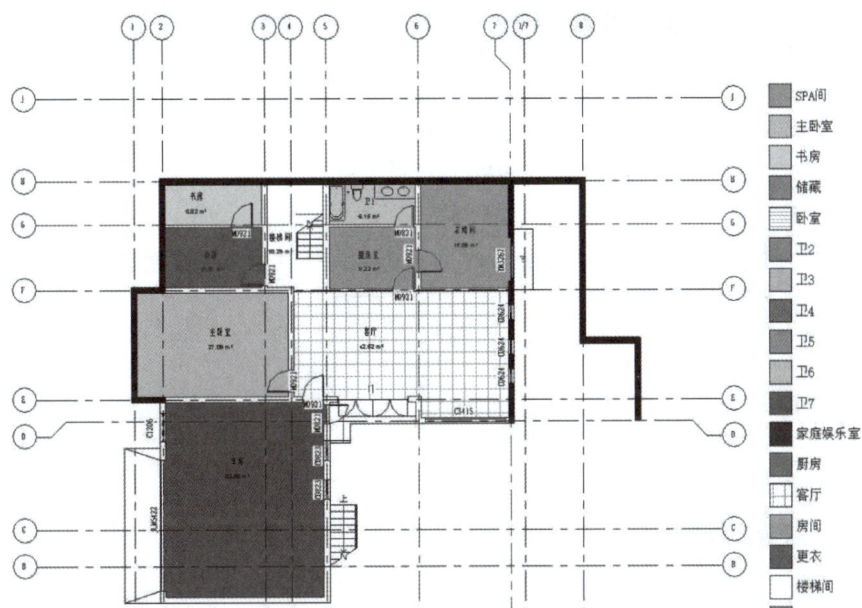

图 26-19　完成颜色方案

任务 27 明细表

工作任务卡（任务 27）

一、任务描述
掌握创建明细表的方法。选择相关统计项，完成窗明细表、门明细表的创建。合理编辑明细表。掌握明细表的导出方法。

二、重点掌握
明细表相关参数的编辑。

三、学习笔记

四、课后评价
任务达成度（自评）：＿＿＿＿＿＿＿＿%。 任务达成度（教师评价）：＿＿＿＿＿＿＿＿%。 备注：

明细表是 Revit 软件的重要组成部分。通过定制明细表，我们可以从创建的 Revit 模型（建筑信息模型）中获取项目应用中需要的各类项目信息，应用表格的形式直观地表达。此外，Revit 模型中所包含的项目信息还可以通过 ODBC 数据库，导出到其他数据库管理软件中。

27.1　创建实例和类型明细表

在 Revit 中生成建筑构件明细表时，可以将每一构件作为单独的行列出，创建实例明细表，也可以列出相同类型构件的总数，创建类型明细表。

27.1.1　创建实例明细表

单击"视图"选项卡→"创建"面板→"明细表"下拉列表中"明细表/数量"命令，弹出"新建明细表"对话框，选择要统计的构件类别，例如"窗"，设置明细表名称，选择明细表的构成单元选项，给明细表应用"阶段"，单击"确定"按钮，见图 27-1。

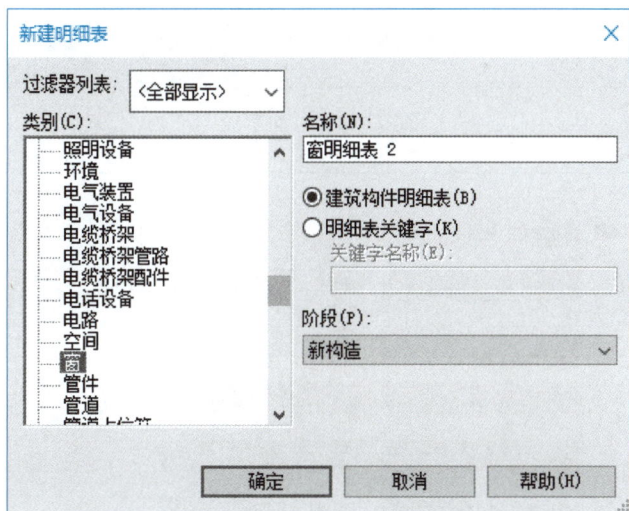

图 27-1　创建实例明细表

在"明细表属性"对话框中有 5 个选项卡。

"字段"选项卡：从"可用的字段"列表中选择要统计的字段，单击"添加"按钮将其移动到"明细表字段"列表中，单击"上移"或"下移"按钮调整字段顺序，见图 27-2。

"过滤器"选项卡：设置过滤器可以统计其中部分构件，不设置则统计全部构件，见图 27-3。

"排序/成组"选项卡：设置"排序方式"，选择"总计"和"逐项列举每个实例"，见图 27-4。

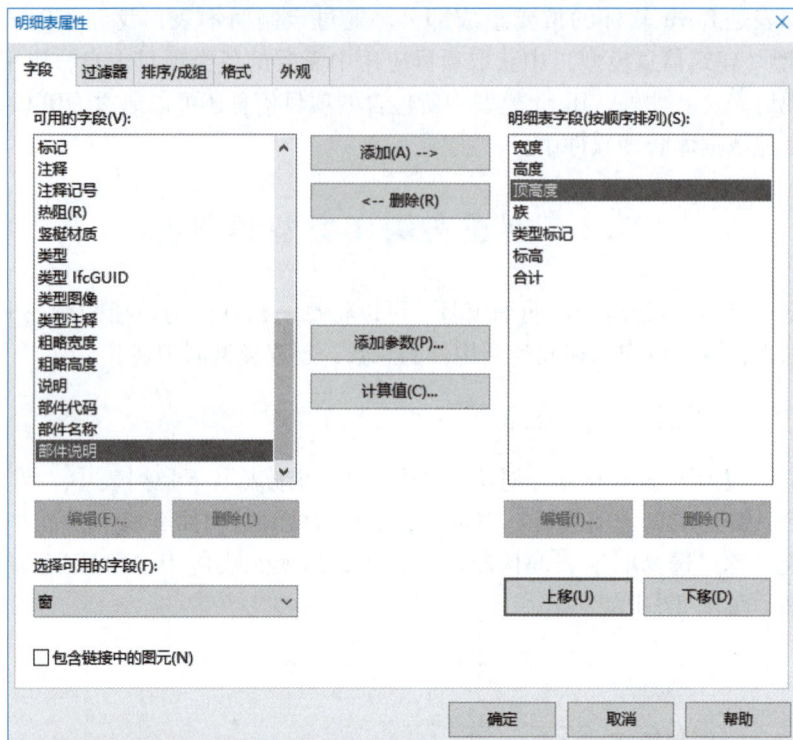

图 27-2   添加字段

图 27-3   设置过滤器

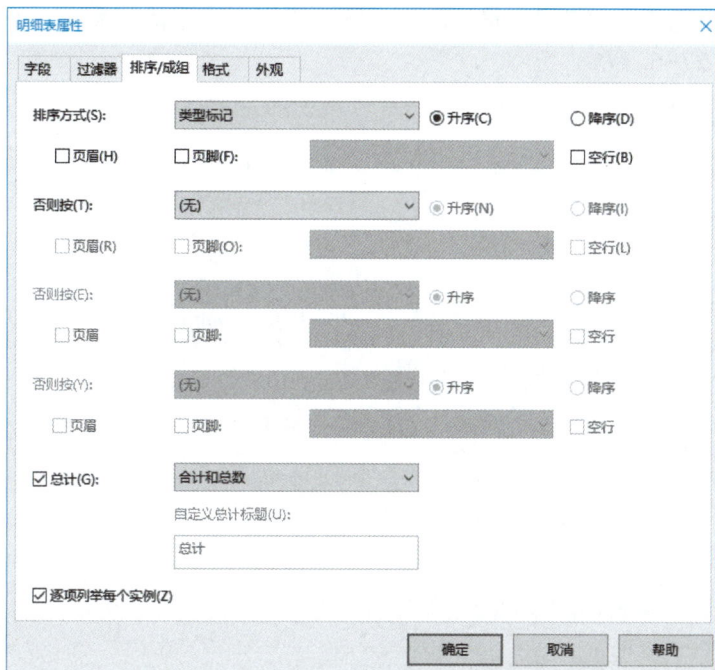

图 27-4　排序成组

"格式"选项卡：设置字段在表格中的标题名称（字段和标题名称可以不同，如"类型"可修改为窗编号）、方向、对齐方式，需要时勾选"计算总数"复选框，见图 27-5。

图 27-5　设置标题

"外观"选项卡：设置表格线宽、标题和正文文字字体与大小，单击"确定"按钮，见图27-6。

图27-6　设置外观

27.1.2　创建类型明细表

在实例明细表视图中使用鼠标右键单击，在弹出的快捷菜单中选择"视图属性"选项，在"明细表属性"对话框中"排序/成组"选项卡中取消"逐项列举每个实例"复选框，注意"排序方式"的选择，单击"确定"按钮，自动生成类型明细表。

27.1.3　创建关键字明细表

单击"视图"选项卡→"创建"面板→"明细表"→"明细表/数量"命令，弹出"新建明细表"对话框，选择要统计的构件类别，例如"房间"。设置明细表名称，选择"明细表关键字"单选按钮，输入"关键字名称"，单击"确定"按钮，见图27-7。

按上述步骤设置明细表的字段、排序/成组、格式、外观等属性。

在选项栏上，单击"行："旁边的"新建"命令向明细表中添加新行，创建新关键字，并填写每个关键字的相应信息。

将关键字应用到图元中：在图形视图中选择含有预定义关键字的图元，例如房间标记，单击"属性"选项板，在"实例属性"下面，查找关键字名称参数，

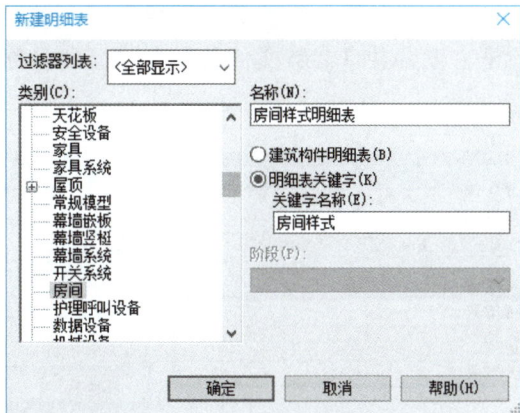

图 27-7　创建关键字明细表

例如"房间样式"，单击它并从下拉列表中选择样式名称。

将关键字应用到明细表：按上述步骤新建明细表，选择字段时添加关键字名称字段，如"房间样式"，设置表格属性。

27.2　生成统一格式部件代码和说明明细表

按上节所述步骤新建构件明细表，如墙明细表。选择字段时添加"部件代码"和"部件说明"字段，设置表格属性。

单击表中某行的"部件代码"，单击 A1010210 矩形按钮，选择需要的部件代码。

在明细表中单击，将出现一个"Revit"提示对话框，单击"确定"按钮将修改应用到所选类型的全部图元中，生成统一格式部件代码和说明明细表，见图 27-8。

图 27-8　生成说明明细表

27.3　创建共享参数明细表

使用共享参数可以将自定义参数添加到族构件中进行统计。

27.3.1　创建共享参数文件

单击"管理"选项卡→"项目设置"面板→"共享参数"命令，弹出"编辑共享参数"对话框，设置共享参数，见图 27-9。单击"创建"按钮，弹出"创建共享参数文件"对话框，设置共享参数文件的保存路径和名称，单击"保存"按钮，见图 27-10。

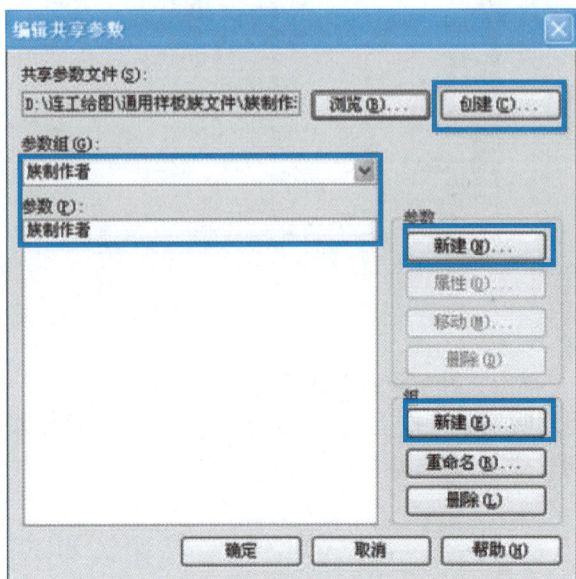

图 27-9　创建共享参数明细表

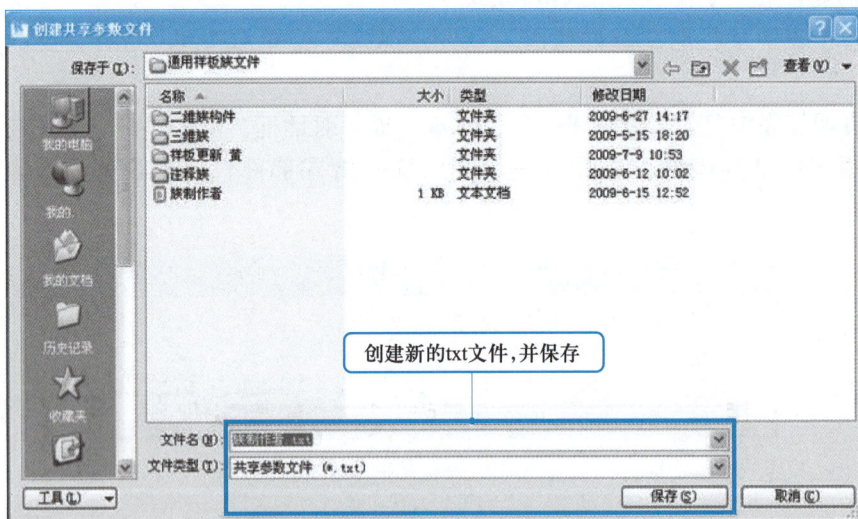

图 27-10　保存为 txt 文件

返回"编辑共享参数"对话框，单击"组"下面的"新建"按钮，输入组名创建参数组；单击"编辑共享参数"对话框"参数"下面的"新建"按钮，弹出"参数属性"对话框，设置参数名称、类型，给参数组添加参数。单击"确定"按钮创建共享参数文件，见图 27-11。

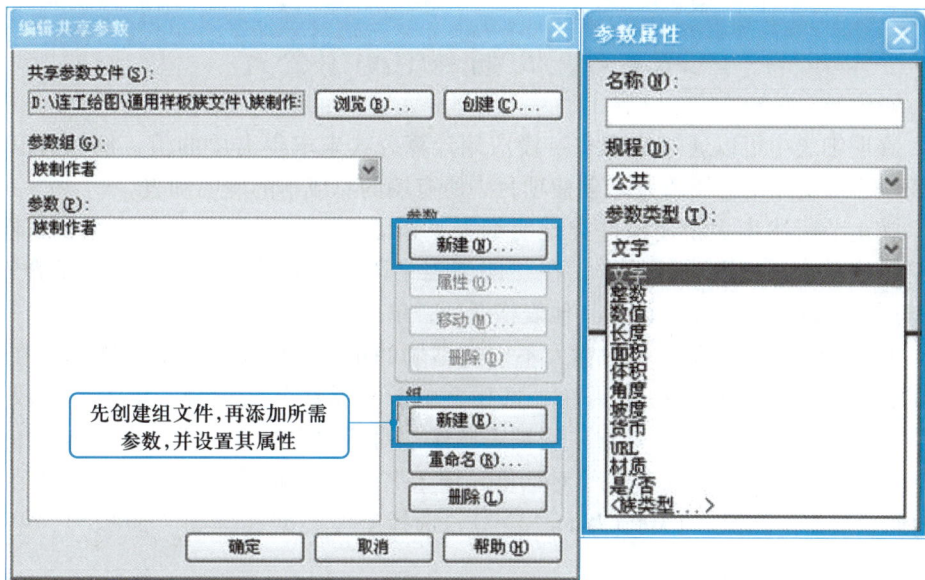

图 27-11 创建组参数

27.3.2 将共享参数添加到族中

新建族文件时，在"族类型"对话框里添加参数，打开"参数属性"对话框，选择"共享参数"，然后单击"选择"按钮即可为构件添加共享参数并设置其值，见图 27-12。

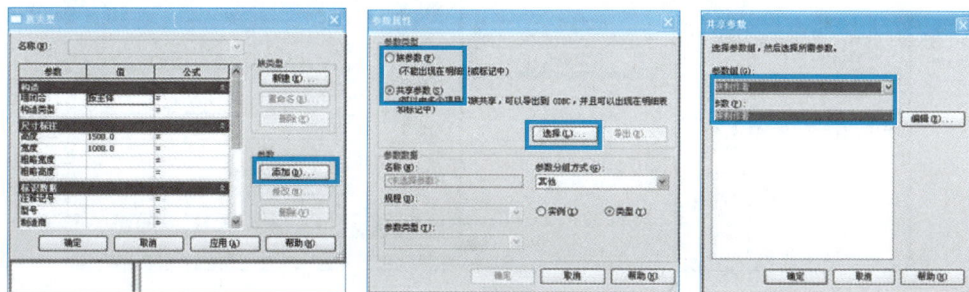

图 27-12 将共享参数添加到族里

27.3.3 创建多类别明细表

单击"视图"选项卡→"创建"面板→"明细表"下拉列表中"明细表/数量"命令，在"新建明细表"对话框的列表中选择"多类别"，单击"确定"按钮。

弹出"明细表属性"对话框，在"字段"选项卡中选择要统计的字段及共享参数字段，单击"添加"按钮将其移动到"明细表字段"列表中，也可单击"添加参数"按钮选择共享参数。

设置过滤器、排序/成组、格式、外观等属性，确定创建多类别明细表。

27.4　在明细表中使用公式

在明细表中可以通过给现有字段应用计算公式来求得需要的值，例如可以根据每一个墙类型的总平方毫米创建项目中所有墙的总成本的墙明细表。

按上节所述步骤新建构件类型明细表，如墙类型明细表，在"明细表属性"对话框中单击"字段"选项卡，在"明细表字段"中选择统计字段，包括合计、族与类型、成本、面积，设置其他表格属性，单击"确定"按钮。

在"成本"一列的表格中输入不同类型墙的单价。使用鼠标右键单击，在弹出的快捷菜单中选择"视图属性"选项，单击"属性"选项板，单击"字段参数"后的"编辑"按钮，打开"明细表属性"对话框中的"字段"选项卡。单击"计算值"按钮打开"计算值"对话框，输入名称（例如"总成本"）、计算公式（例如"成本 * 面积／（1000.0 mm^2）"），选择字段类型（例如"面积"），单击"确定"按钮。

明细表中会添加一列"总成本"，其值自动计算，见图27-13。

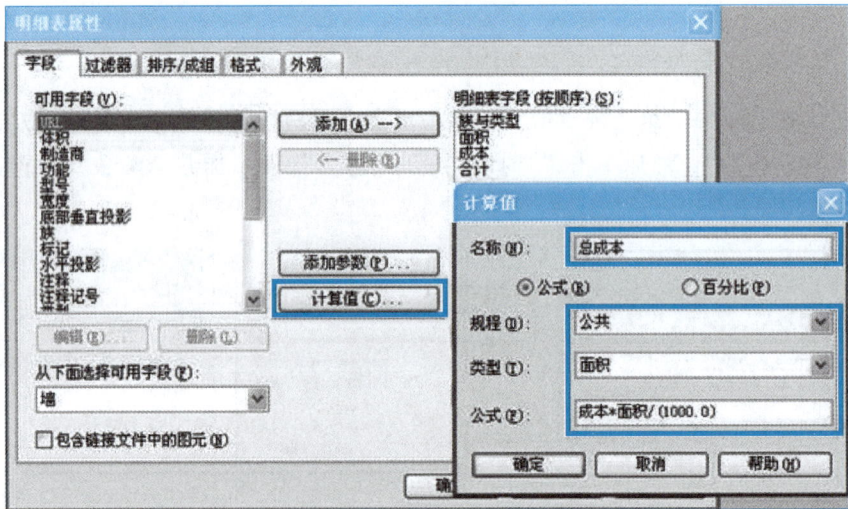

图27-13　设置自动计算明细表公式

提示："／（1000.0 mm^2）"是为了隐藏计算结果中的单位，否则计算结果中会含有"面积"字段的单位。

27.5　导出项目信息

打开要导出的明细表，单击应用程序按钮→"导出"→"报告"→"明细表"命令，弹出"导出"对话框，指定明细表的名称和路径，单击"保存"按钮将该文件保存为分隔符文本。

在"导出明细表"对话框中设置"明细表外观"和"输出选项"，单击"确定"按钮完成导出,见图27-14。

启动 Microsoft Excel 或其他电子表格程序,打开导出的明细表,即可做任意编辑修改。

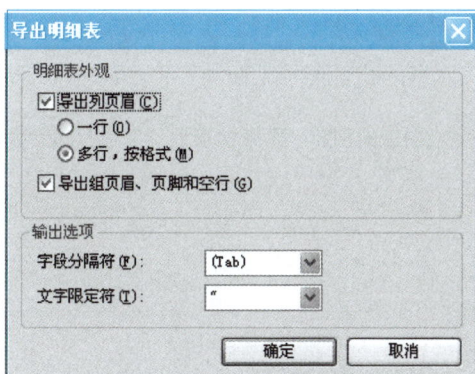

图 27-14 导出明细表

明细表的设置和导出

任务 28　注释、布图和打印

一、任务描述
完成图纸的尺寸标注。完成图纸的创建、图纸的摆放。完成打印参数的设置。

二、重点掌握
按照国家标准进行尺寸标注和图纸创建。

三、学习笔记

四、课后评价
任务达成度（自评）：＿＿＿＿＿＿＿＿%。 任务达成度（教师评价）：＿＿＿＿＿＿＿＿%。 备注：

28.1　添　加　注　释

28.1.1　添加尺寸标注并对齐标注

选择"注释"选项卡→"尺寸标注"面板→"对齐"命令，见图28-1。

图28-1　"对齐"命令

在"属性"选项板中选择"标注尺寸"类型，然后进行轴网对齐标注，单击需要标注的轴线，从左向右依次单击即可，见图28-2。

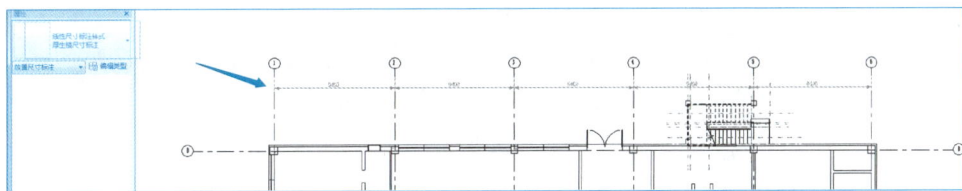

图28-2　轴网标注

尺寸标注

选择选项栏中的"参照墙面"命令，再单击需要注释的墙，见图28-3。

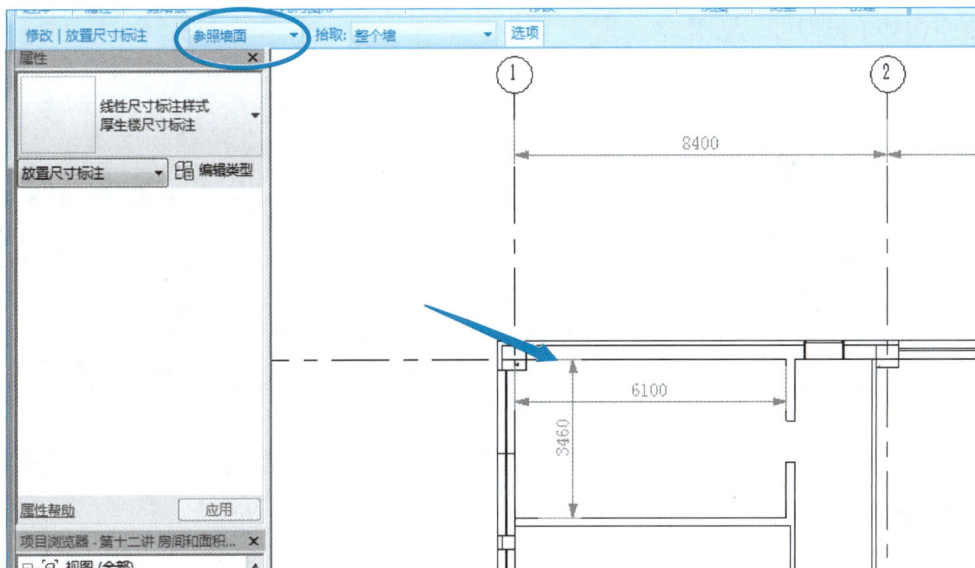

图28-3　墙面标注

1. "线性"标注

"线性"标注操作类似于"对齐"操作，选择对象时应配合"Tab"键。

2. "角度"标注

选中"角度"标注命令后，单击需标注的边线即可，见图28-4。

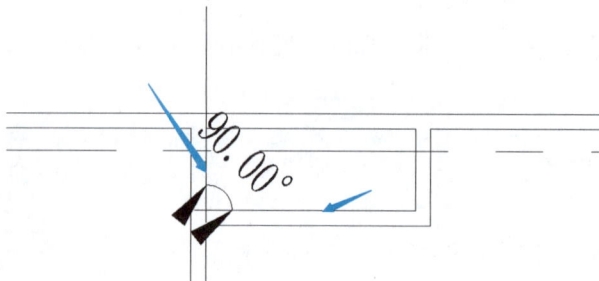

图28-4　"角度"标注

3. 半径标注

单击"注释"选项卡下"尺寸标注"面板，选择"径向"命令，见图28-5。

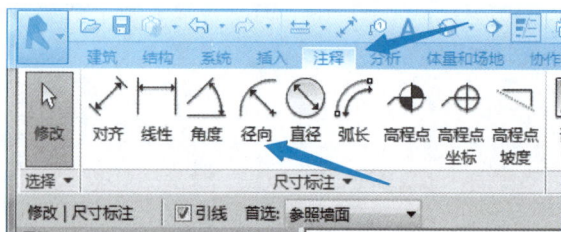

图28-5　"径向"标注

在"属性"选项板的类型选择器中选择实心箭头类别，再单击"曲线"工具，在空白处单击即可，见图28-6。

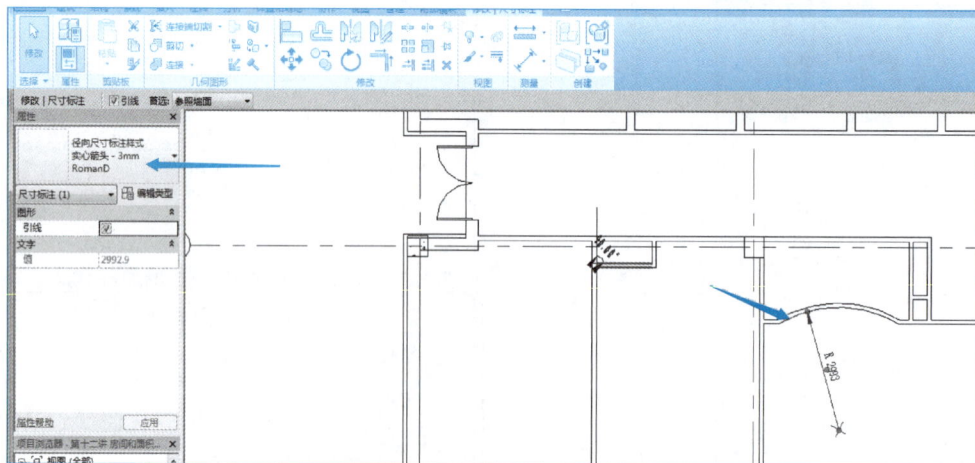

图28-6　半径标注

4. 弧长标注

单击"注释"选项卡下"尺寸标注"面板，选择"弧长"命令，进行弧长的标注，见图28-7。

图28-7 "弧长"标注命令

先单击中间的弧线，再点选两边直线，见图28-8。

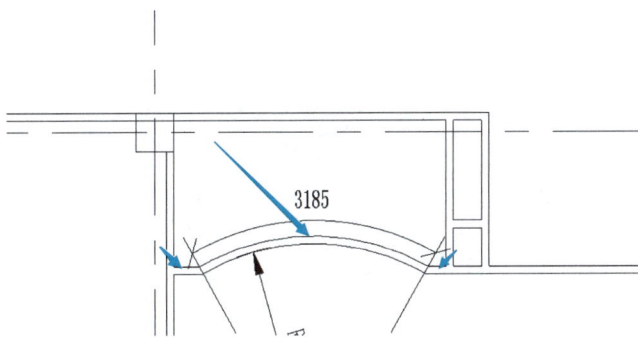

图28-8 弧长标注

28.1.2 添加高程点和坡度

（1）添加高程点，单击"注释"选项卡→"尺寸标注"面板→"高程点"命令，见图28-9。

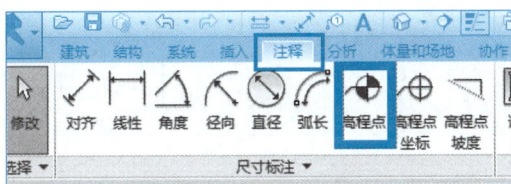

图28-9 添加高程点

（2）添加坡度，单击"注释"选项卡→"尺寸标注"面板→"高程点坡度"命令，见图28-10。

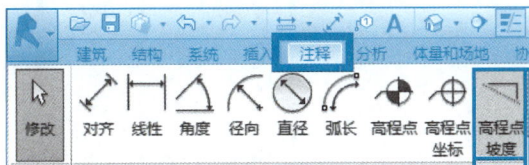

图28-10 添加坡度

28.1.3　添加门窗标记

添加门窗标记时，单击"注释"选项卡→"标记"面板→"按类别标记"命令，见图28-11。

图 28-11　添加门窗标记

28.1.4　添加材质标记

添加材质标记时，单击"注释"选项卡→"标记"面板→"材质标记"命令，见图28-12。

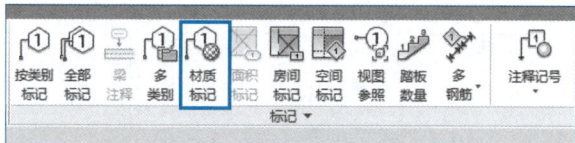

图 28-12　添加材质标记

28.2　图　纸　布　置

28.2.1　创建图纸视图

（1）创建图纸视图，指定标题栏。单击"视图"选项卡→"图纸组合"面板→"视图"命令，在弹出的"新建图纸"对话框中设置"选择标题栏"，见图28-13。

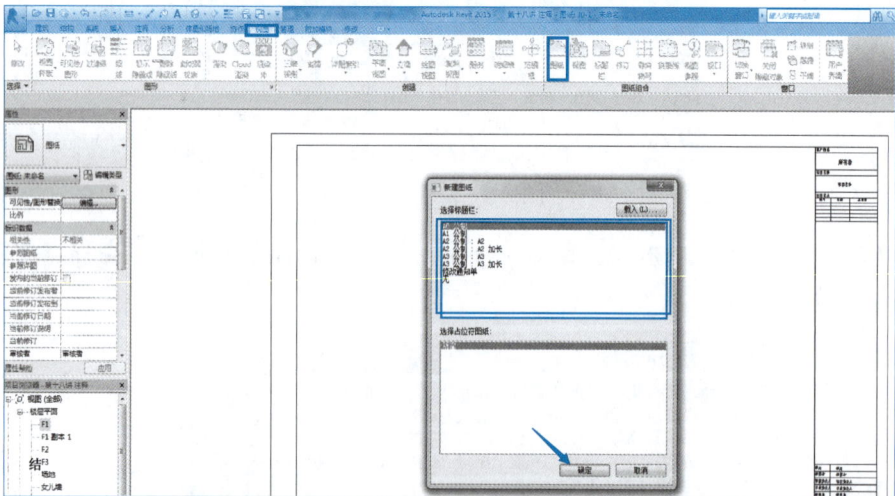

图 28-13　创建图纸

微课

布图

（2）将指定的视图布置在图纸视图中。转到图纸视图，将"F1"楼层平面视图从项目浏览器中拖入视图区域，见图28-14。

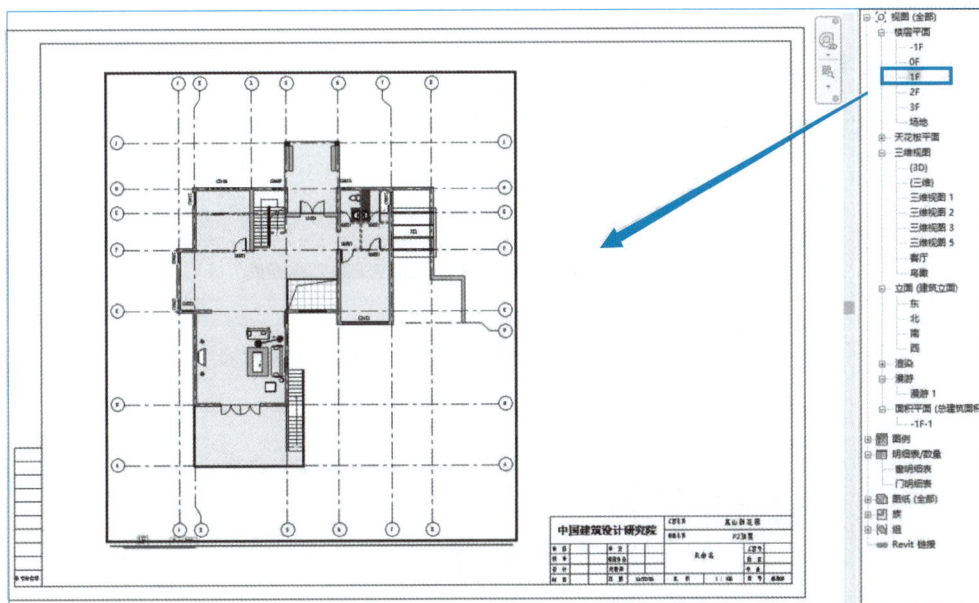

图28-14　拖入视图

28.2.2　设置项目信息

单击"管理"选项卡→"设置"面板→"项目信息"命令，在弹出的"项目属性"对话框中输入项目信息，见图28-15。

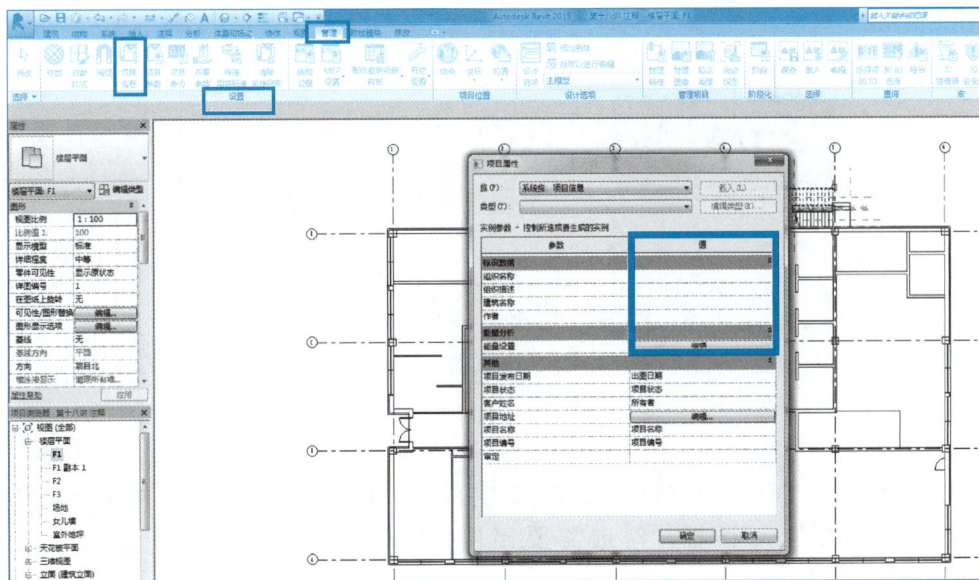

图28-15　输入项目信息

28.3　打　　印

28.3.1　设置打印范围

单击应用程序按钮，选择"打印"选项，见图28-16。

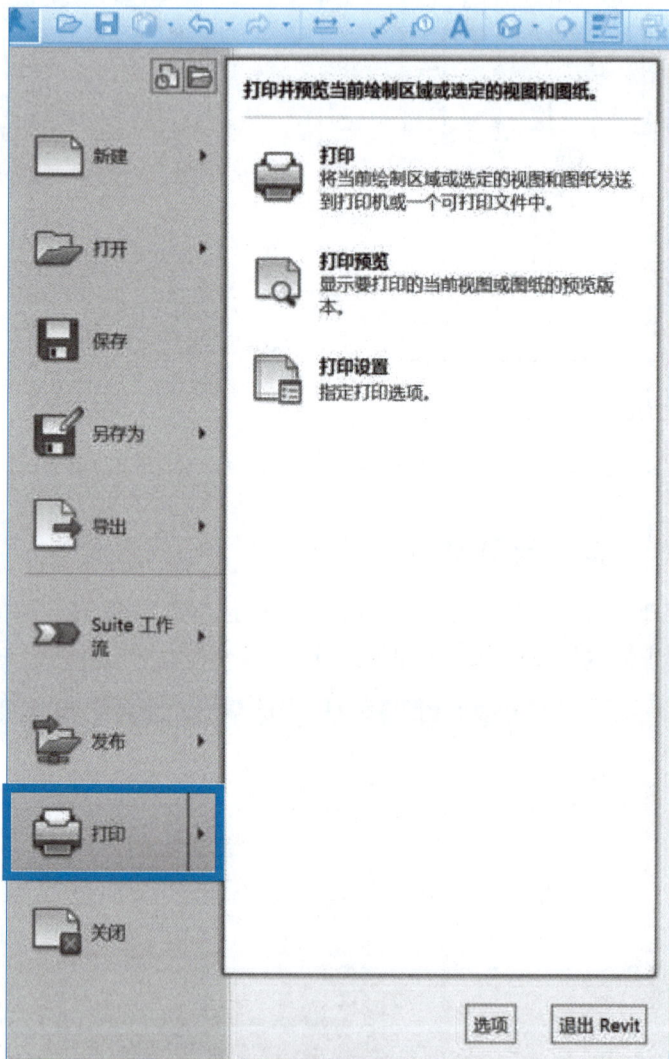

图28-16　"打印"命令

微课

打印和输出

在弹出的"打印"对话框中，选择"打印范围"。单击"选择"按钮，弹出"视图/图纸集"对话框，勾选需要出图的图纸，单击"确定"按钮，见图28-17。

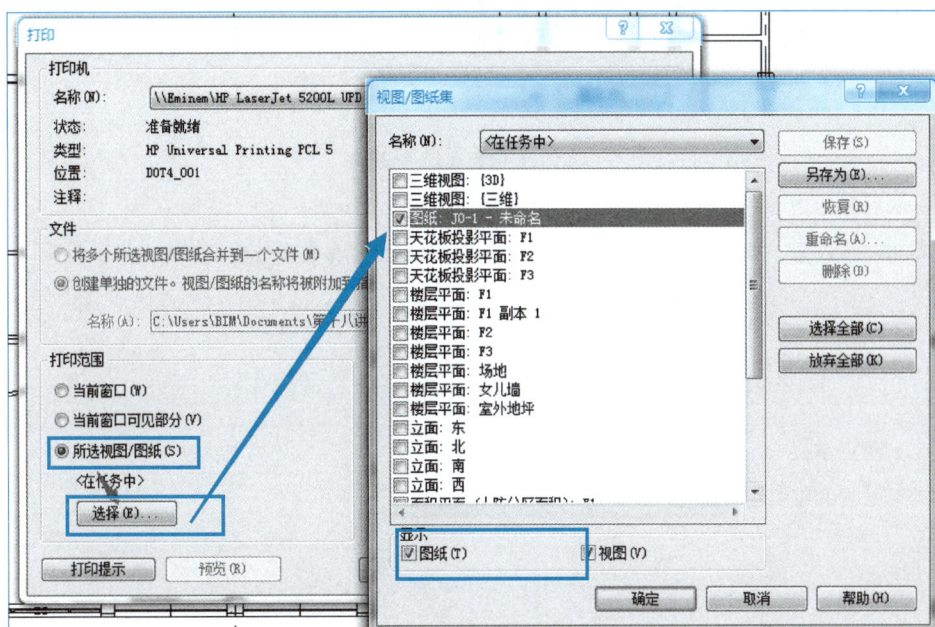

图 28-17　勾选打印图纸

28.3.2　设置打印参数

单击"应用程序按钮",选择"打印"选项,在"打印"对话框中单击"设置"按钮,弹出"打印设置"对话框,按需求可调整纸张尺寸、打印方向、页面定位方式、打印缩放等参数,在选项栏中可以进一步选择是否隐藏图纸边界,见图 28-18。

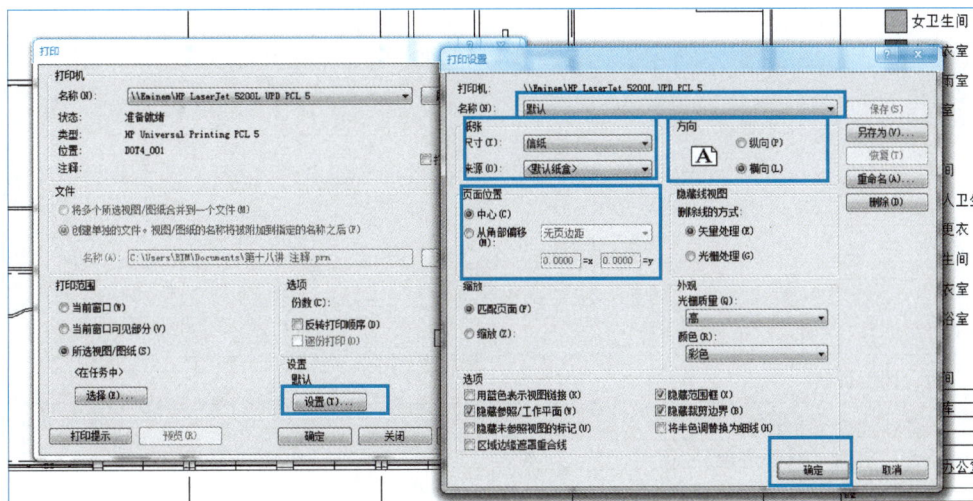

图 28-18　打印设置

任务 29 渲染和漫游

工作任务卡（任务 29）

一、任务描述
掌握材质设置，掌握贴花摆放，合理放置相机，合理设置参数进行渲染，输出漫游动画。

二、重点掌握
合理放置和编辑漫游路径。

三、学习笔记

四、课后评价
任务达成度（自评）：_____%。 任务达成度（教师评价）：_____%。 备注：

29.1 赋予材质渲染外观

进入三维视图，单击"属性"选项板，在类型选择器中选择"外墙饰面砖"墙体，单击"编辑类型"按钮，弹出"类型属性"对话框，单击结构的"编辑"按钮，进入"编辑部件"对话框。单击"结构［1］"的"材质"，其右侧会出现一个有三个点的方形按钮⋯，单击它，会弹出此结构的材质浏览器。在材质浏览器中可以进行材质的设置和编辑，见图29-1、图29-2。

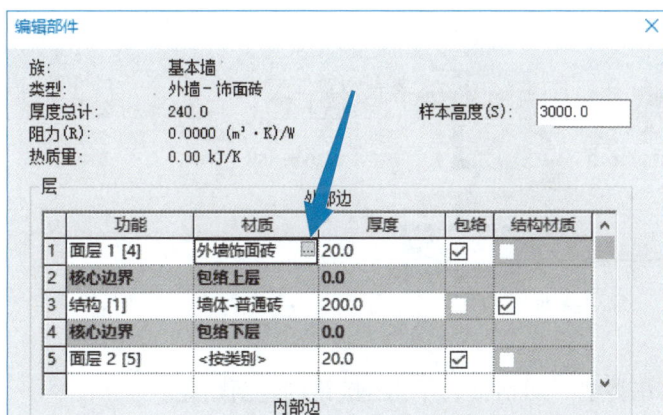

图 29-1 编辑结构

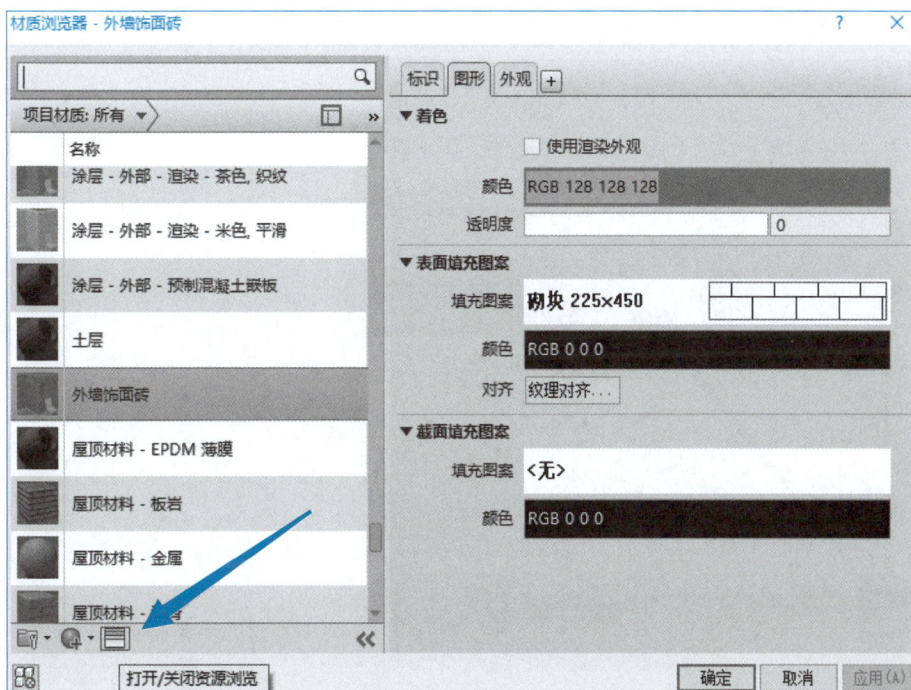

图 29-2 添加材质外观

29.2   贴   花

贴花类型包含以下任一图像类型：BMP、JPG、JPEG 和 PNG。

29.2.1   创建贴花类型

单击"插入"选项卡→"链接"面板→"贴花"下拉列表→"贴花类型"命令，见图 29-3。

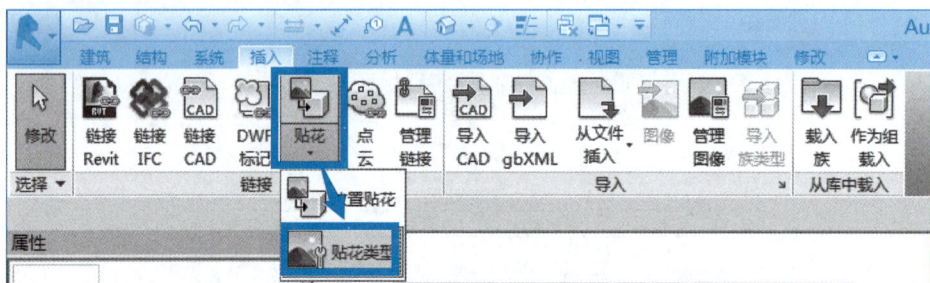

图 29-3   贴花命令

弹出"贴花类型"对话框，单击按钮创建新贴花。

在"新贴花"对话框中，为贴花输入一个名称，然后单击"确定"按钮。

在"贴花类型"对话框将显示新的贴花名称及属性，见图 29-4。

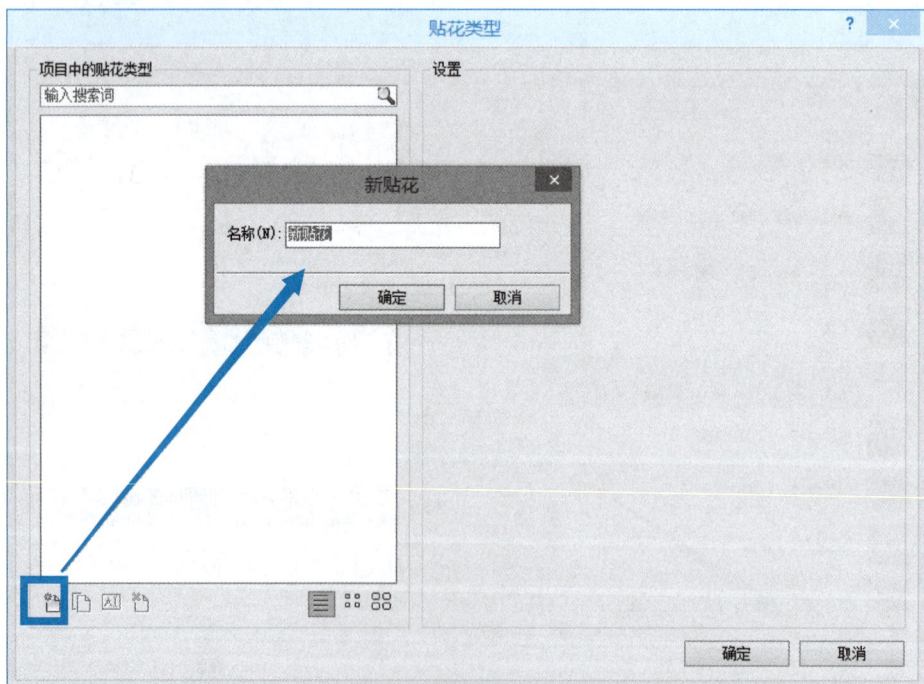

图 29-4   创建贴花类型

指定要使用的文件作为"图像文件"。

单击"浏览"按钮定位到该文件。Revit 支持下列类型的图像文件：BMP、JPG、JPEG 和 PNG。参见"渲染"选项。

指定贴花的其他属性。单击"确定"按钮，见图 29-5。

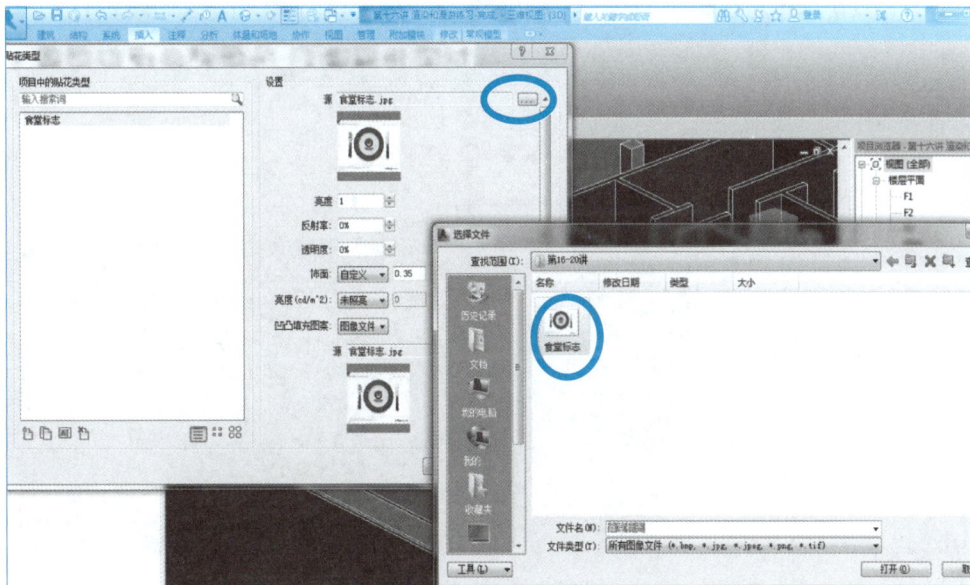

图 29-5　指定贴花属性

29.2.2　放置贴花

在二维视图或三维正交视图中放置贴花。

在 Revit 项目中，打开二维视图和三维正交视图。

该视图必须包含一个可以在其上放置贴花的平面或圆柱形表面。用户无法将贴花放置在三维透视视图中。

单击"插入"选项卡→"链接"面板→"贴花"下拉列表→"放置贴花"命令，见图 29-6。

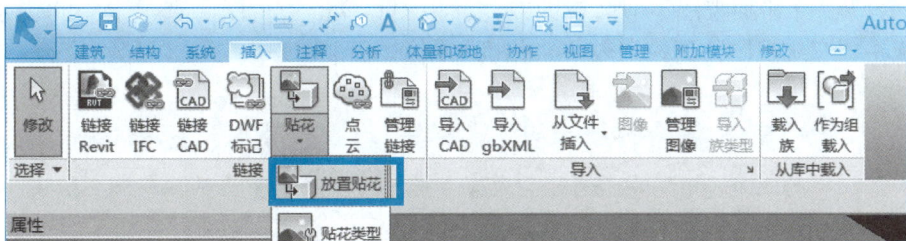

图 29-6　放置贴花

在"属性"选项板"类型选择器"中，选择要放置到视图中的贴花类型。

如果用户要修改贴花的物理尺寸，可在选项栏中输入"宽度"和"高度"值。

要保持这些尺寸标注之间的长宽比，则选择"固定宽高比"复选框。

在绘图区域中，单击要在其上放置贴花的水平表面（如墙面或屋顶面）或圆柱形表面。

贴图在所有未渲染的视图中显示为一个占位符，将光标移动到该贴图或选中该贴图时，它显示为矩形横截面。详细的贴花图像仅在已渲染图像中可见，见图29-7。

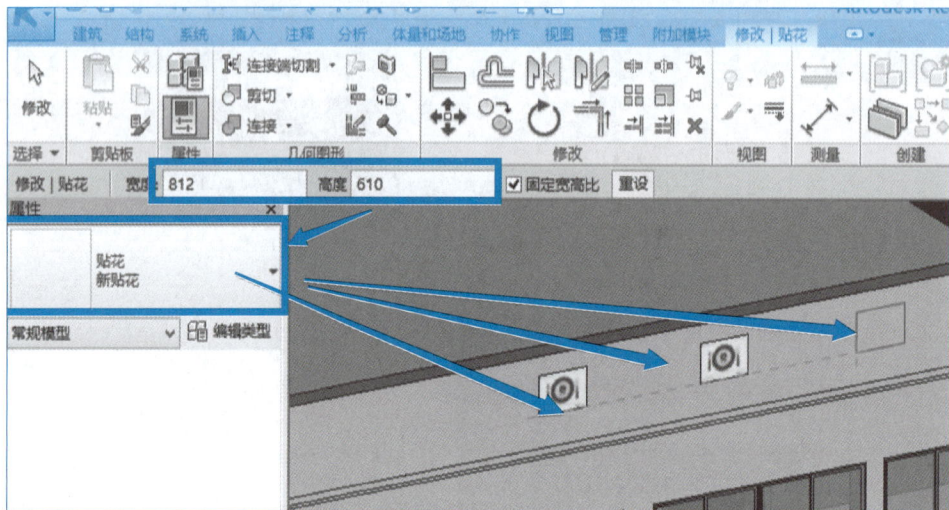

图 29-7　查看贴花

放置贴花之后，可以继续放置更多相同类型的贴花。要放置不同的贴花，应在"属性"选项板"类型选择器"中选择所需的贴花，然后在建筑模型上单击所需的位置。

要退出"贴花"工具，则按"Esc"键两次即可。

29.3　相　　机

29.3.1　相机的创建

打开一个平面视图、剖面视图或立面视图。单击"视图"选项卡→"创建"面板→"三维视图"下拉列表→"相机"命令，见图29-8。

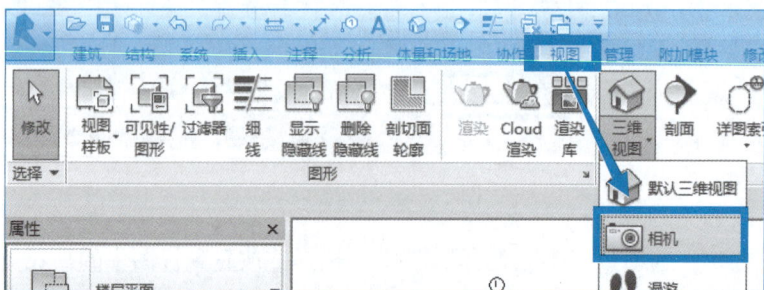

图 29-8　相机命令

在绘图区域中将光标拖拽到所需目标位置，然后单击即可放置相机，见图 29-9。

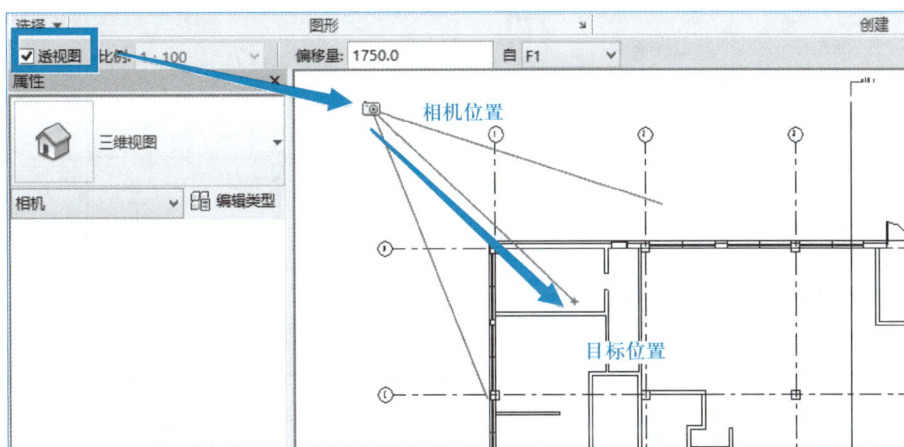

图 29-9 放置相机

注意

如果清除选项栏上的"透视图"复选框，则创建的视图会是正交三维视图，不是透视视图，见图 29-10。

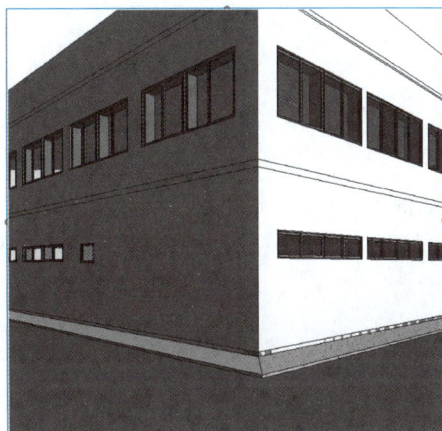

图 29-10 相机视图展示

29.3.2 修改相机设置

选中相机，在"属性"选项板里修改"视点高度""目标高度""远裁剪偏移"。

用户也可在绘图区域拖拽视点和目标点的水平位置，见图 29-11。

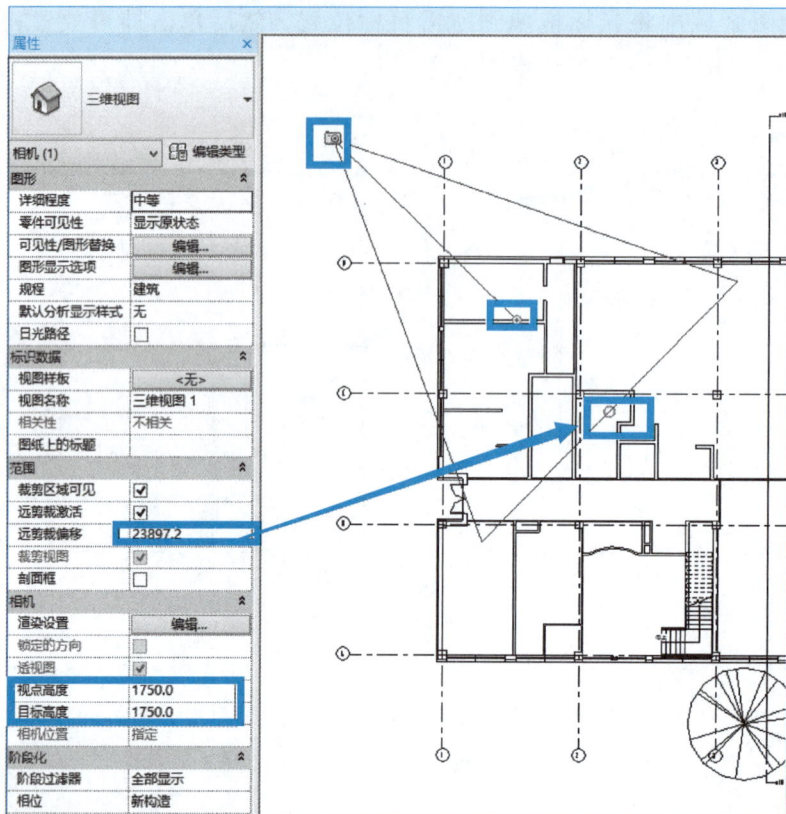

图 29-11　修改相机设置

29.4　渲　　染

创建建筑模型的三维视图，指定材质的渲染外观，并将材质应用到模型图元。将以下内容添加到建筑模型中：植物、人物、汽车和其他环境。然后贴花，定义渲染设置，见图 29-12。

图 29-12　渲染命令

渲染并保存、输出渲染图像，见图 29-13、图 29-14。

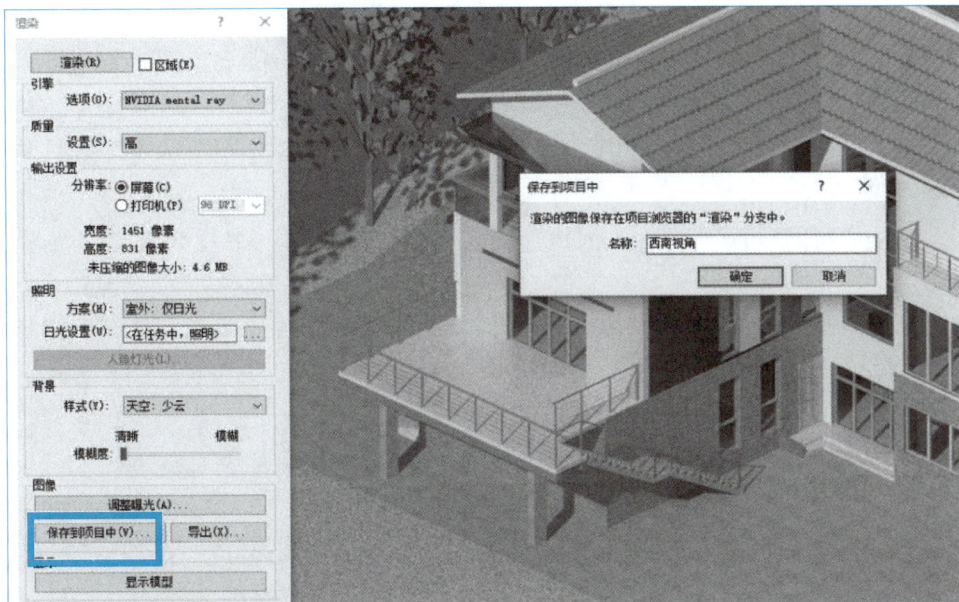

图 29-13 保存渲染图像

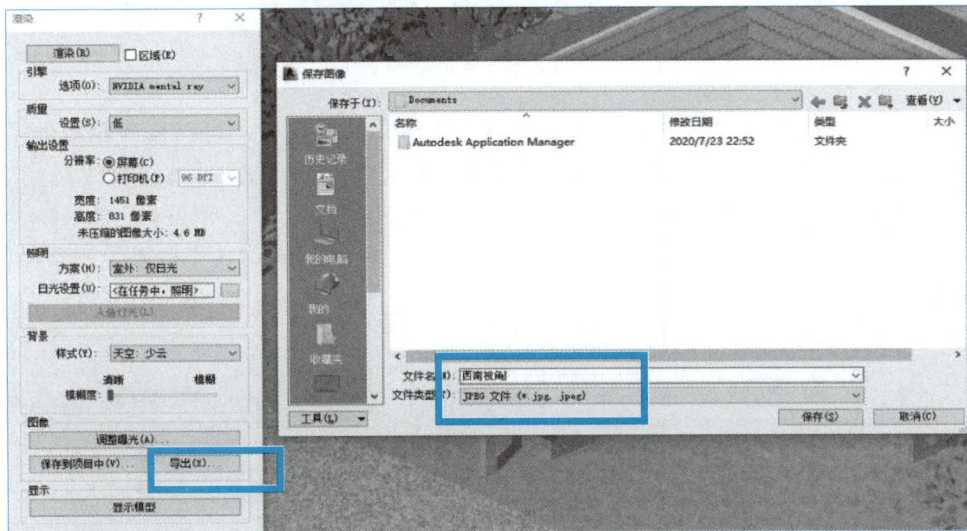

图 29-14 输出渲染图像

渲染

29.5 漫 游

漫游是指沿着定义的路径移动相机，此路径由帧和关键帧组成。

关键帧是指可在其中修改相机方向和位置的可修改帧。

默认情况下，漫游创建的是一系列透视图，但也可以创建正交三维视图。

29.5.1   创建漫游路径

打开要放置漫游路径的视图。

> **注意**
>
> 通常在平面视图创建漫游，也可以在其他视图（包括三维视图、立面视图及剖面视图）中创建漫游。

单击"视图"选项卡→"创建"面板→"三维视图"下拉列表→"漫游"命令。

如果需要，在选项栏上清除"透视图"选项，将漫游作为正交三维视图创建，见图29-15。

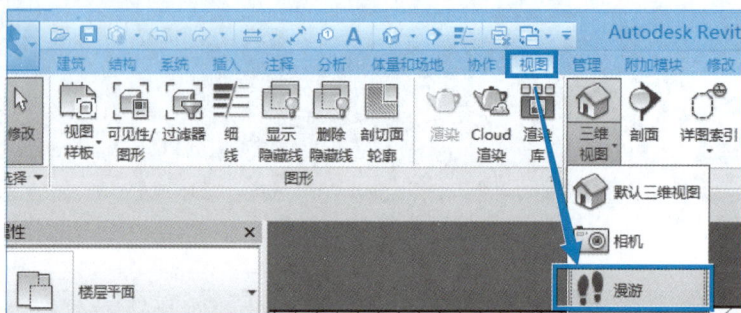

图 29-15   漫游命令

如果在平面视图中，通过设置相机与所选标高的偏移值，可以修改相机的高度。在选项栏"偏移量"文本框内输入高度，并从"自"下拉列表中选择标高。这样相机将显示为沿楼梯梯段上升。

将光标放置在视图中并单击以放置关键帧。沿所需方向移动光标以绘制路径，见图29-16。

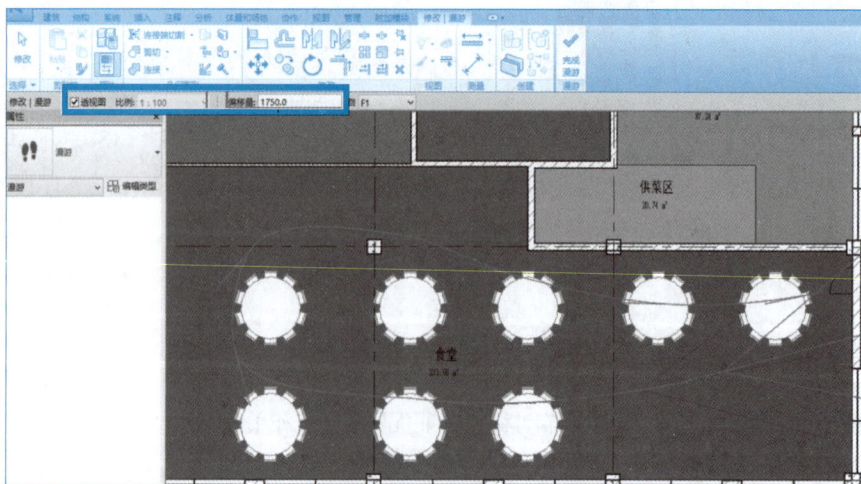

图 29-16   放置关键帧

要完成漫游路径，可以执行下列任一操作：① 单击"完成漫游"命令；② 双击结束路径创建；③ 按"Esc"键。

29.5.2　编辑漫游

1. 编辑漫游路径

（1）选择路径中编辑的控制点。

① 在项目浏览器中，在漫游视图名称上使用鼠标右键单击，然后在弹出的快捷菜单中选择"显示相机"选项。

② 若要移动整个漫游路径，可将该路径拖拽至所需的位置。也可以使用"移动"工具。

③ 若要编辑漫游路径，可单击"修改|相机"选项卡→"漫游"面板→"编辑漫游"命令。

用户可以选择要在路径中编辑的控制点，控制点会影响相机的位置和方向，见图 29-17。

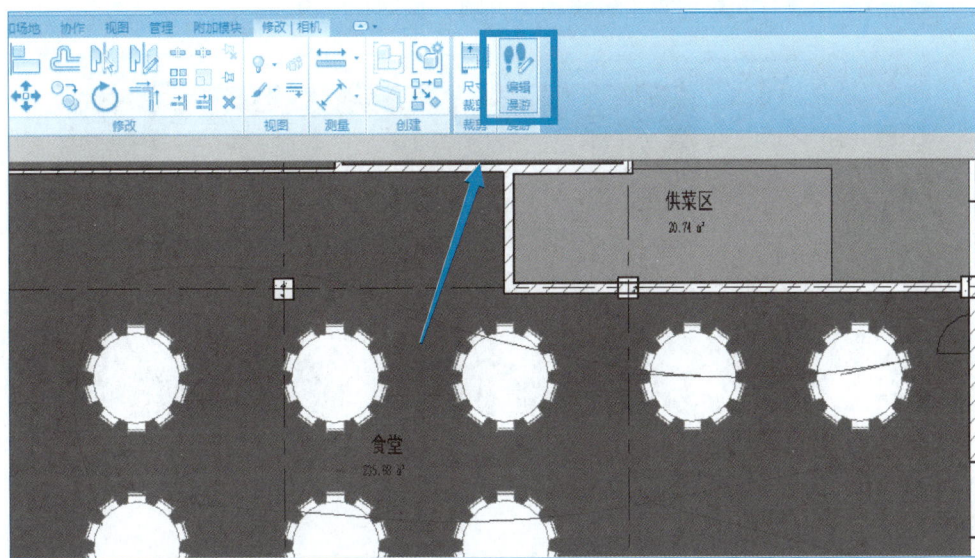

图 29-17　选择路径中编辑的控制点

（2）将相机拖拽到新帧。

① 在选项栏上选择"活动相机"作为"控制"。

② 沿路径将相机拖拽到所需的帧或关键帧。相机将捕捉关键帧。

③ 用户也可以在"帧"文本框中键入帧的编号。

④ 在相机处于活动状态且位于关键帧时，可以拖拽相机的目标点和远剪裁平面。如果相机不在关键帧处，则只能修改远裁剪平面。

（3）修改漫游路径。

① 在选项栏上选择"路径"作为"控制"。关键帧变为路径上的控制点。

② 将关键帧拖拽到所需位置。

注意

"帧"文本框中的值保持不变，见图29-18。

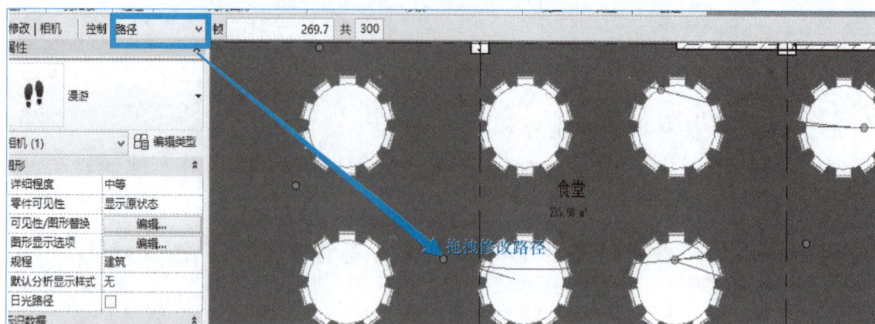

图29-18　修改漫游路径

（4）添加关键帧。

① 在选项栏上选择"添加关键帧"作为"控制"。

② 沿路径放置光标并单击以添加关键帧，见图29-19。

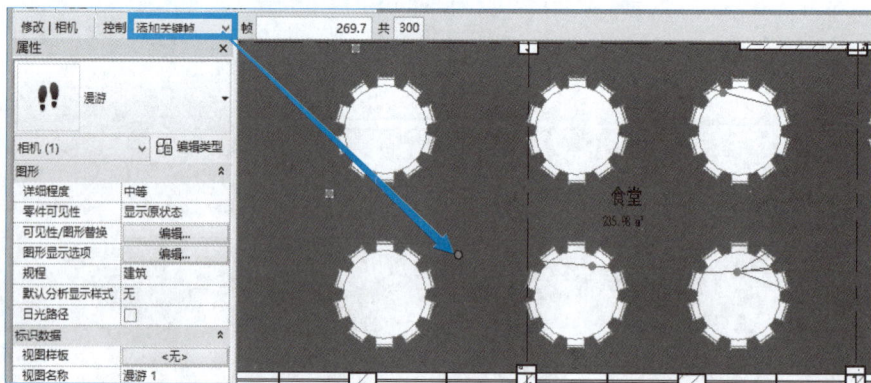

图29-19　添加关键帧

（5）删除关键帧。

① 在选项栏上选择"删除关键帧"作为"控制"。

② 将光标放置在路径的现有关键帧上，并单击以删除此关键帧，见图29-20。

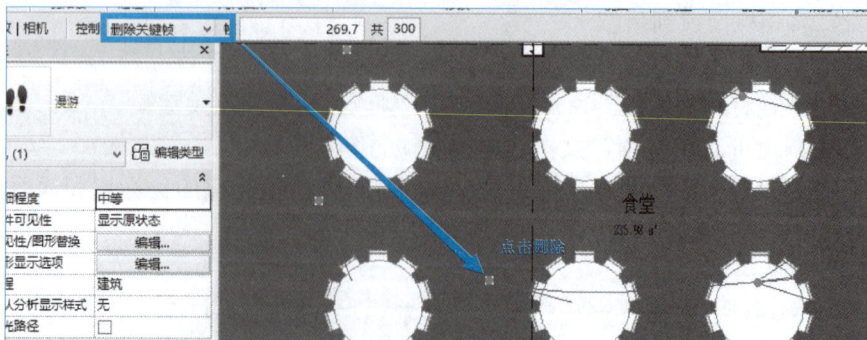

图29-20　删除关键帧

2. 编辑时显示漫游视图

在编辑漫游路径过程中，可能需要查看实际视图的修改效果。若要打开漫游视图，则单击"编辑漫游"选项卡→"漫游"面板→"打开漫游"命令，见图29-21。

图29-21 显示漫游视图

（1）编辑漫游。单击"修改 | 相机"选项卡→"漫游"面板→"编辑漫游"命令，见图29-22。

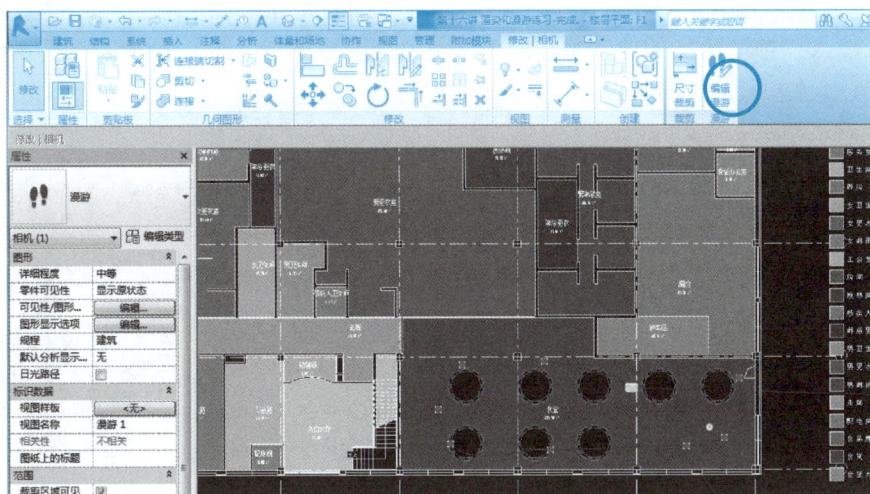

图29-22 "编辑漫游"命令

（2）在选项栏上单击"漫游帧编辑"命令。弹出的"漫游帧"对话框中具有五个显示帧属性的列，见图29-23。

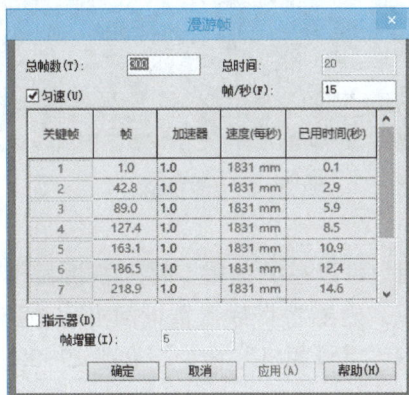

图29-23 查看帧属性

"关键帧"列显示了漫游路径中关键帧的总数。单击某个关键帧编号，可显示该关键帧在漫游路径中显示的位置。相机图标将显示在选定关键帧的位置上。

"帧"列显示了关键帧的帧。

"加速器"列显示了数字控制，可用于修改特定关键帧处漫游播放的速度。

"速度"列显示了相机沿路径移动通过每个关键帧的速度。

"已用时间"列显示了从第一个关键帧开始的已用时间。

（3）默认情况下，相机沿整个漫游路径的移动速度保持不变。通过增加/减少帧总数或者增加/减少每秒帧数，可以修改相机的移动速度。用户为两者中的任何一个输入所需的值。

（4）若要修改关键帧的快捷键值，可清除"匀速"复选框，并在"加速器"列中为所需关键帧输入值。"加速器"有效值介于0.1~10。

（5）沿路径分布的相机。为了帮助理解沿漫游路径的帧分布，可选择"指示器"。输入"帧增量"的值，将按照该增量值查看相机指示符，见图29-24。

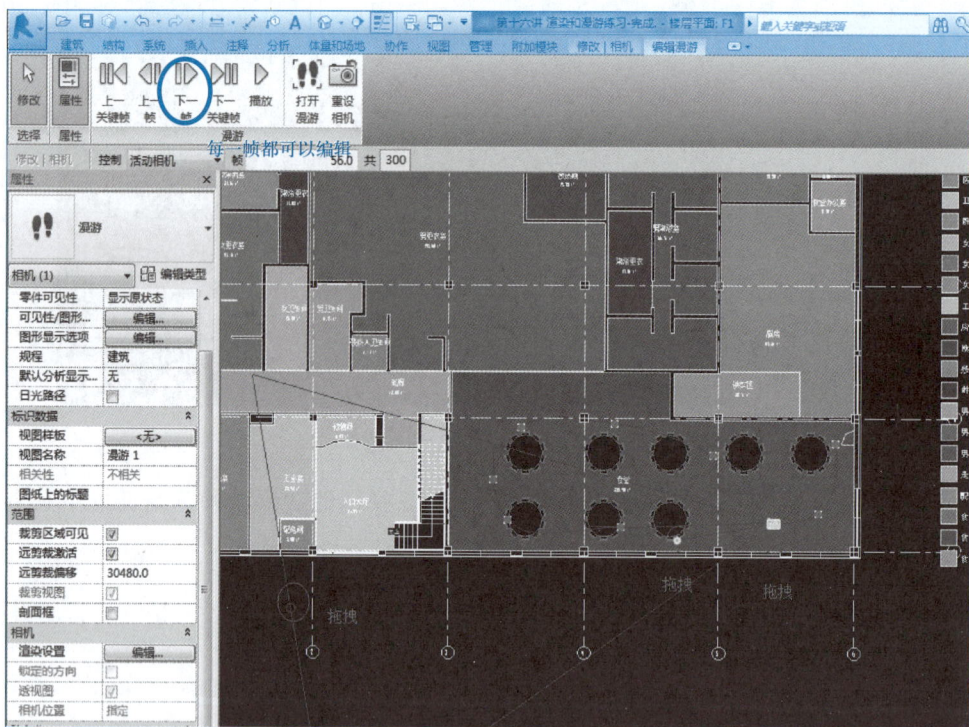

图29-24   编辑帧命令

（6）重设目标点。用户可以在关键帧上移动相机目标点的位置，例如，想要创建相机环顾两侧的效果，则要将目标点重设回沿着该路径，单击"编辑漫游"选项卡→"漫游"面板→"重设相机"命令，见图29-25。

图 29-25 重设相机设置

29.5.3 导出漫游动画

用户可以将漫游导出为 AVI 或图像文件。

将漫游导出为图像文件时,漫游的每个帧都会保存为单个文件。

(1)单击应用程序按钮→"导出"→"图像和动画"→"漫游"命令,打开"长度/格式"对话框,见图 29-26。

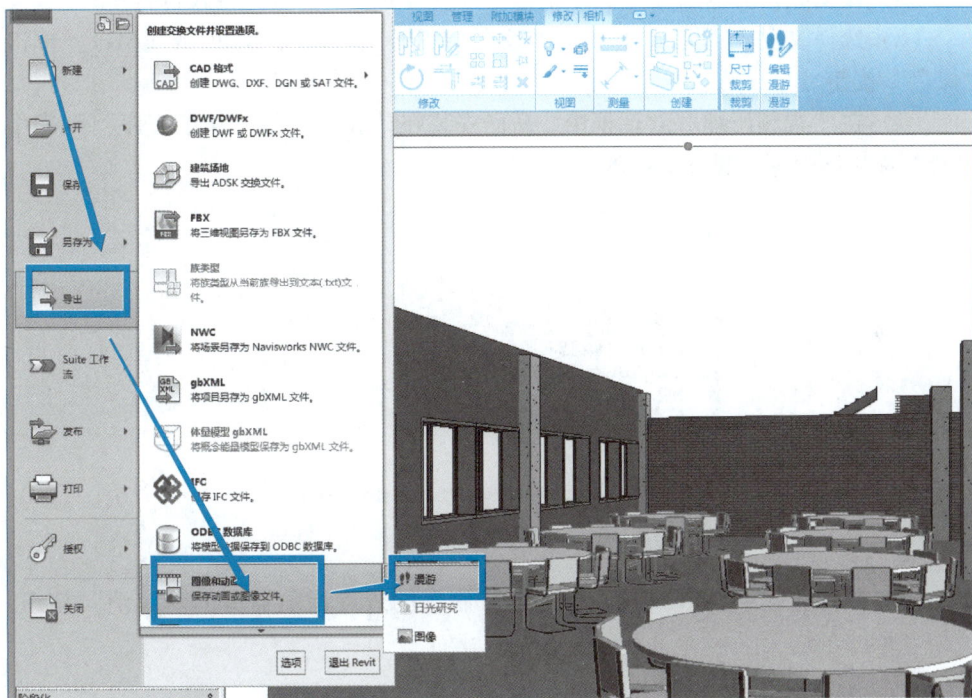

图 29-26 导出漫游命令

(2)在"长度/格式"对话框中"输出长度"下,设置以下选项(图 29-27):

全部帧:将所有帧包括在输出文件中。

帧范围:仅导出特定范围内的帧。对于此选项,可在输入框内输入"帧范围"的起点和终点。

帧/秒:在改变每秒的帧数时,总时间会自动更新。

(3)在"格式"下,将"视觉样式""尺寸标注"和"缩放"设置为需要的值,见图 29-28。

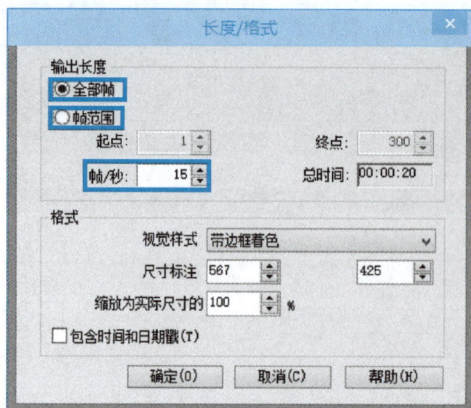

图 29-27　导出帧设置

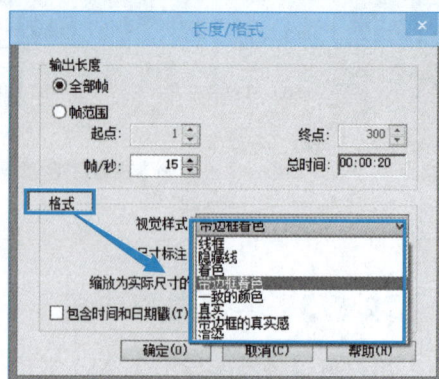

图 29-28　导出格式设置

（4）单击"确定"按钮。

（5）接受默认的输出文件名称和路径，或浏览至新位置并输入新名称。

（6）选择文件类型：AVI 或图像文件（JPEG、TIFF、BMP 或 PNG）。单击"保存"按钮。

（7）在"视频压缩"对话框中，从已安装在计算机上的"压缩程序"列表中选择视频压缩程序，见图 29-29。

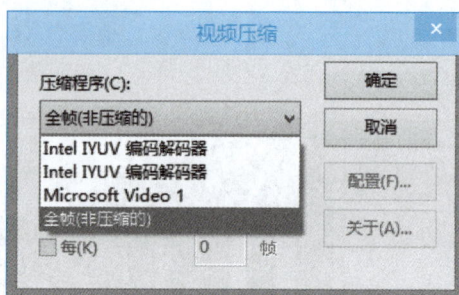

图 29-29　视频压缩参数

（8）要停止记录 AVI 文件，单击屏幕底部的进度指示器旁的"取消"按钮，或按"Esc"键。

BIM 技能提升

■ 知识目标

（1）创建结构模型需要准备的资料。

（2）结构楼层、标高、轴网、竖向承重构件、混凝土梁、混凝土板、墙体、独立基础的表示方法。

（3）结构内钢筋的绘制方法。

（4）族的定义。

（5）族的创建方法。

■ 能力目标

（1）可以根据建筑模型建立结构项目文件。

（2）能够进行结构楼层、标高、轴网、竖向承重构件、混凝土梁、混凝土板、墙体、独立基础的创建。

（3）能够在结构内绘制不同类型钢筋。

（4）了解结构绘制的要点。

（5）具有创建不同类型族文件的能力。

■ 素质目标

（1）具有良好的人际交往和团队协作能力。

（2）培养学生对建筑行业的热爱。

任务 30　结构建模

工作任务卡（任务 30）

一、任务描述

　　了解如何创建结构模型文件，结构楼层标高的绘制、轴网的绘制、竖向承重构件的绘制、混凝土梁的绘制、混凝土板的绘制、墙体的绘制、独立基础的绘制。能够使用 Revit（可通过网络自学 rex-extensions 速博插件的使用）完成结构内钢筋的绘制。

二、重点掌握

　　使用 Revit 完成结构内钢筋的绘制。

三、学习笔记

四、课后评价

　　任务达成度（自评）：＿＿＿＿＿＿％。

　　任务达成度（教师评价）：＿＿＿＿＿＿％。

　　备注：

本任务将以如下简单混凝土结构模型的构建为例，介绍通过 Revit 进行混凝土结构建模的基本流程。

30.1　创　建　文　件

单击应用程序按钮，选择"新建"→"项目"选项，弹出"新建项目"对话框，单击"浏览"按钮，弹出"选择样板"对话框，见图30-1。

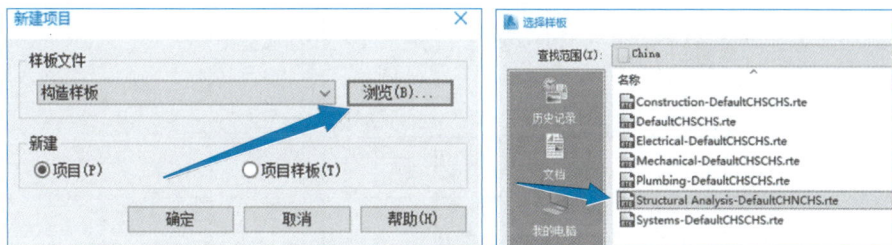

图 30-1　新建结构项目

选取合适的项目样板（＊.rte）用于创建项目，本例中选择针对中国定制的 Structural Analysis-Default CHNCHS.rte。

说明：

（1）项目样板包含创建项目（如建模、出图等）所需要的最基本的组件（如族、类型等）和设置（如显示、结构设置等），当然用户可以根据自身的需要增减组件和更改设置等。

（2）项目文件（＊.rvt）本身也可以作为一个样板，例如通过对相似项目的修改来构建新的项目等。

30.2　楼层标高的绘制

（1）在项目浏览器的立面视图下，选择一个立面，用鼠标双击该立面，则绘图区自动转移到相应立面下的视图中。通常，一般 Revit 默认立面视图有两个标高：标高1和标高2。

（2）修改某一标高的值，选择标高2，则标高2会被高亮显示（一般默认被选中的元素为蓝色），然后再单击选中的数值，将其中的值"3000"改为"3600"，则标高2就相应地被向上移动了600 mm。工程三维模型与虚拟现实表现同样也可以通过选择该标高，按住鼠标左键不动，上下移动来修改标高的位置。

（3）添加新的标高，在"建筑"选项卡中，单击"基准"面板下的"标高"命令，在绘图区域以水平的方式绘制标高线，系统会根据已有的标高名字对新的标高进行命名。通过双击标高名（例如"标高2"）可对所单击的标高重命名。这时轴网的轴号位置在新加的标高下面，单击一条轴线，则轴线两端会显示控制轴线长度的空心圆点，拖动该圆点可调整轴线号的位置和轴网的长度。

30.3　轴网的绘制

在项目浏览器中，展开"结构平面"，双击"标高2"，将当前的结构工作平面设置为"标高2"。参照建筑轴网绘制方法，绘制结构轴网，见图30-2。

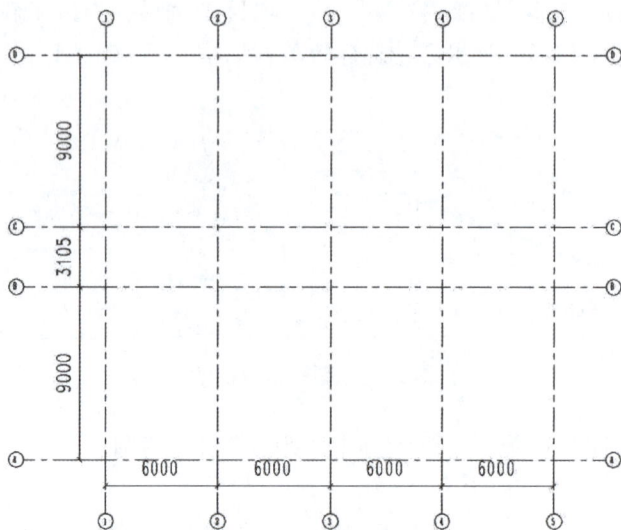

图30-2　绘制结构轴网

30.4　竖向承重构件的绘制

在轴线的交点处添加结构柱并将结构柱的高度定义为从标高1到标高3。

（1）将视图切换到标高2上，在"建筑"选项卡→"构建"面板→"柱"中单击"结构柱"命令，在"属性"选项板的类型选择器里选择450×600 mm的矩形柱。在"柱"命令对应的选项栏里，选择"深度/高度"，则表示柱子从当前标高处（标高2）向下/上添加，当然用户可以在标高1选项栏中选取"未连接"来自定义柱子向上或向下延伸的具体长度。单击轴线的交点，可将柱子布置在轴线交点处。

（2）还有一种方式是可以按轴线交点的方式布置柱子：在添加柱命令状态对应的选项栏里，设置柱向上/下的端部约束点，然后在此选项栏里单击"轴网交点"命令，在绘图区或从右下到左上方框选要添加柱子的轴网的交点，选中后在选项栏单击"完成"命令。

（3）修改柱子的定位参数。在绘图区中，选择想要修改的柱子（本例中从左上到右下框选添加的柱子），在"属性"选项板中将柱子的"顶部标高"设置为"标高3"，"底部标高"设置为"标高1"，见图30-3。

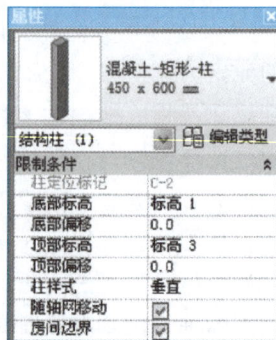

图30-3　绘制结构柱

30.5　混凝土梁的绘制

选择所有的柱，将柱下端的"基准偏移"调为−1000，这样，所有的柱将从标高1向下延伸1 m。

（1）将视图切换到标高1上，在"结构"选项卡→"结构"面板里单击"梁"命令，在"属性"选项板类型选择器里选择混凝土梁300×600 mm。在该命令状态对应的选项栏里可按梁的传力等级定义其为主梁及次梁等，可以选择梁的标签要不要显示、梁能不能在3D条件先被捕捉，以及能否首尾自动约束等。设置好梁的属性后，在绘图区域用鼠标左键单击一点，然后拖动一条线，释放鼠标左键，一条梁便告完成。类似于柱的添加方式，梁的添加也可以轴线的方式进行，在激活"添加梁"命令的条件下，在"梁"命令对应的选项栏里单击"轴网交点"命令，在绘图区域从右下到左上方框选要添加柱子的轴网的交点，选中后在选项栏单击"完成"命令，按"Esc"键退出当前操作。这样梁在标高1处便添加完成了。

（2）一般梁的添加是在当前的标高往下，梁的顶面与当前标高（标高1）齐平。如果要修改当前标高下梁的竖向定位，可先选择所要修改标高的梁，然后在"属性"选项卡里设置梁的起始端和终止端相对于本层标高的偏移，正值为向上，负值为向下。在Z方向（竖直）方向判据中可选择顶面、梁中或底面与当前偏移面对齐。本案例中选择所有梁的偏移均为200 mm（若梁的两端偏移量不同，则梁在立面上将显示为斜梁），顶面对齐（默认），见图30-4。

（3）按照同样方法，可添加标高2及标高3的梁，这时所有梁的设置均采用默认值。也可在立面下（如北立面），选择标高1处的梁，复制到标高2及标高3处。整体模型见图30-5。

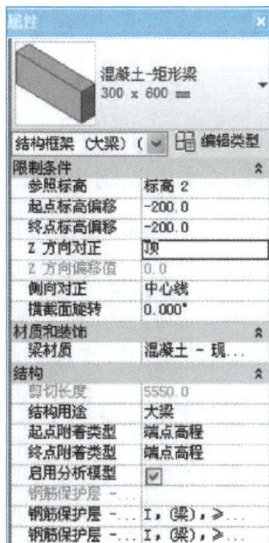

图30-4　绘制结构梁

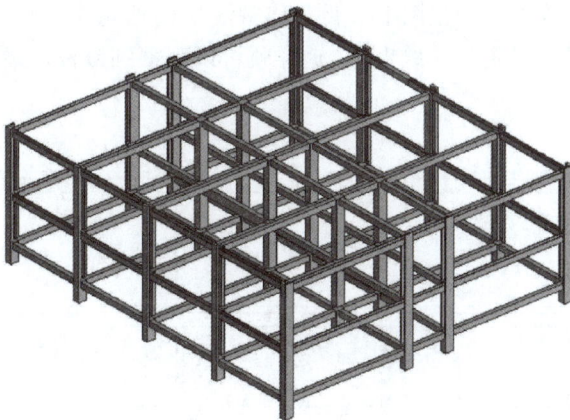

图30-5　结构梁效果展示

30.6　混凝土板的绘制

（1）将视图切换到标高3，在"结构"选项卡→"结构"面板里单击"楼板"命令，在该命令被激活的模式下，选择楼板属性，在弹出"属性"选项板里选择楼板的类型为现场浇注混凝土225 mm，见图30-6。

（2）在"楼板"命令被激活的模式下，单击选择边界线，画一个矩形楼板。在选项栏单击"完成绘图"命令，这样便完成了标高3处的楼板的添加。类似的可以添加标高2及标高1梁顶面处的楼板。同样，也可以在立面视图下，采用楼层间的楼板复制，以完成标高2及标高1梁顶面的楼板的添加。当楼板添加完成后，被当前楼板遮住的梁构件将以虚线的形式显示，见图30-7。

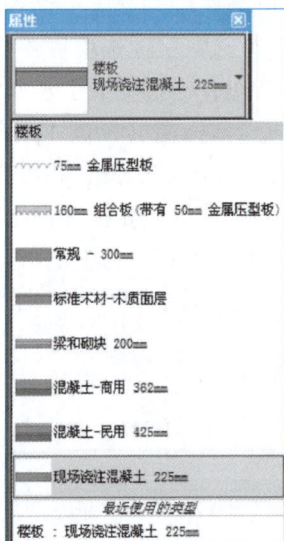

图 30-6　绘制结构楼板

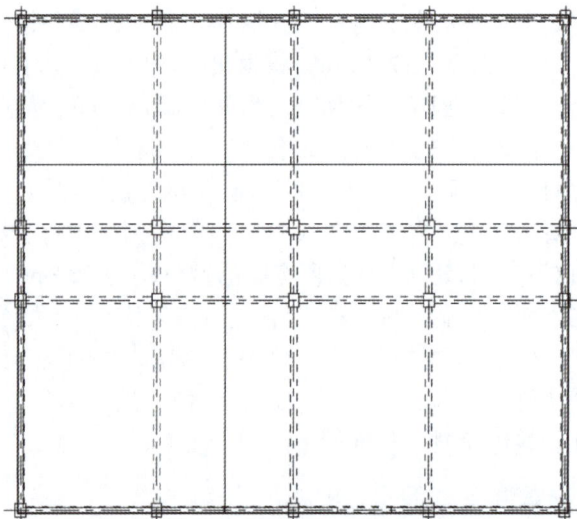

图 30-7　结构楼板效果展示

而在立面视图下（例如将视图切换到北立面），在视图控制栏里，将当前的视图模式设置为"线框"，这样就可以观察到楼板及梁柱相对位置关系，见图30-8。

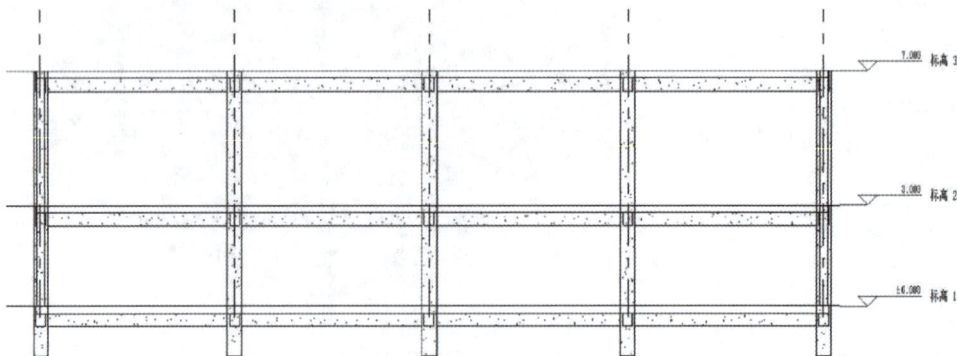

图 30-8　楼板和梁柱关系

30.7 墙体的绘制

将当前视图切换到平面视图（标高1），在选项栏里选择"墙"命令，在类型选项里，可选择墙的类型及厚度，在墙命令状态对应的选项栏上从左到右分别是当前标高、向上/向下添加、目标标高、墙的对齐方式（墙中线、内边对齐等）、墙是否首尾约束、墙的绘制方式（直线、方框、圆弧等）、墙相对于所选择对齐方式的偏移量、对于曲面墙其弯曲半径值等。

设置好选项栏内容后，如同梁的添加，在平面视图下，沿轴网划墙线以添加墙。本案例中将从标高1到标高3处按中线对齐方式在建筑四周添加225 mm混凝土墙。

墙放置方式设置为"深度""未连接"，高度设置为4000，"定位线"为"墙中心线"，无偏移量。

30.8 独立基础的绘制

（1）将视图切换到标高1，在选项栏中"模型"列表下单击"基础-独立基础"，如同柱子的加载一样，可以通过轴网加载的形式加载独立基础，见图30-9。

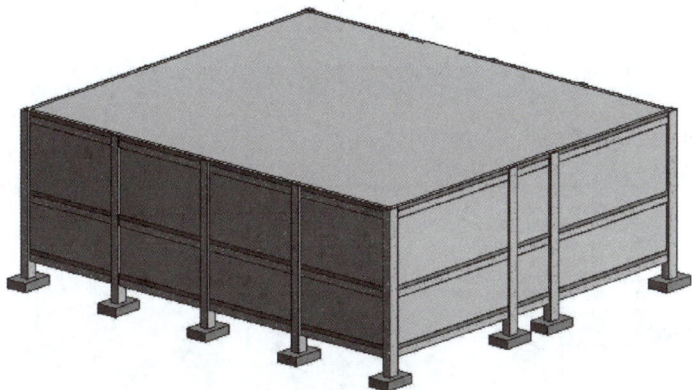

图 30-9 独立基础效果

（2）独立基础在加载时，Revit将自动识别柱子的底端并将独立基础置于柱子底端。

修改基础尺寸，设计师将根据上部结构的竖向导荷、基础沉降计算和冲切验算的结果，决定基础的大小。在任意视图下，选择要修改的基础，在"属性"选项板类型选择器里选择替代的基础类型。如果已有的类型尺寸没有满足设计要求的，则进入这些基础的类型中修改，见图30-10。

复制（新建）一个类型，并按尺寸要求对新建的类型进行重命名和尺寸调整。单击"确定"按钮后，这些基础的尺寸将被换成最新定义的类型的尺寸。

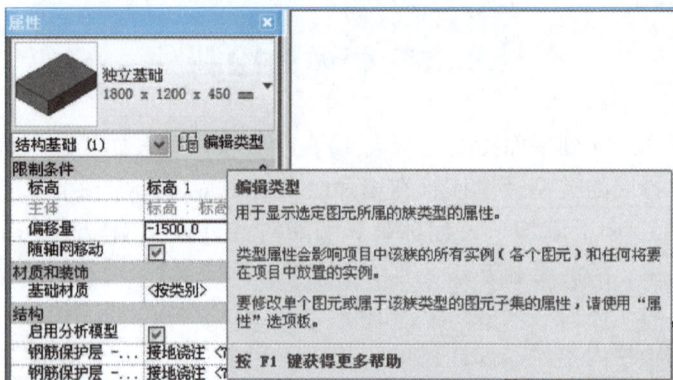

图 30-10　独立基础参数

30.9　结构内钢筋的绘制

Revit 支持对 3D 混凝土构件添加钢筋，下面将通过对项目中的梁板柱添加钢筋，带大家了解 Revit 的钢筋功能。

1. 混凝土保护层的设定

Revit 根据国标中的规定，已经根据混凝土构件的外在环境对混凝土的保护层厚度预先进行了定制，单击"结构"选项卡→"钢筋"面板→"保护层"，可进入"钢筋保护层设置"对话框，见图 30-11。

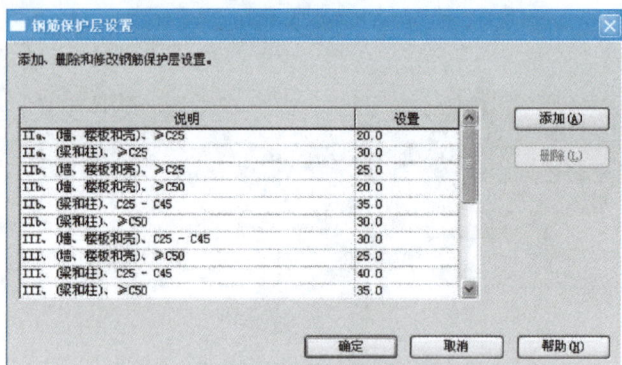

图 30-11　钢筋保护层设置

用户可单击"添加"按钮定制自己需要的钢筋保护层的类型，然后选中要改变保护层的混凝土构件，在图元"属性"选项板中可对选中的构件选择定制的钢筋保护层的厚度，见图 30-12。本案例中采用 Revit 默认定制的钢筋的保护层。

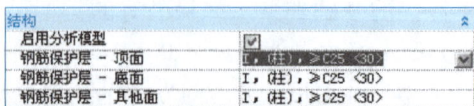

图 30-12　修改钢筋保护层

2. 剖切构件

将当前视图切换到标高1，在"视图"选项卡的"创建"面板中单击"剖面"命令，在绘图区剖切，见图30-13。

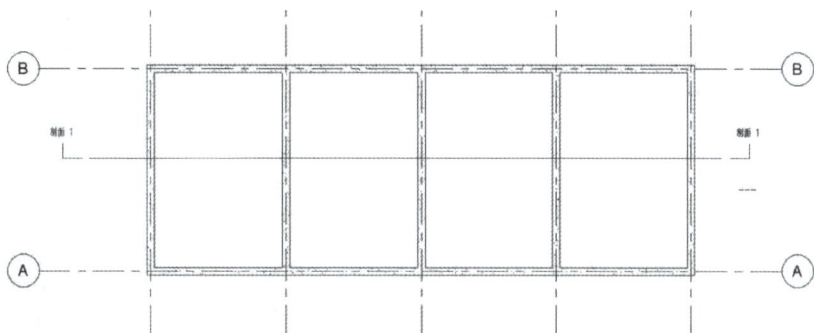

图30-13 剖切设置

双击剖切面，将当前视图切换到剖面一视图，选中表示剖面范围的边界线并拖动，可屏蔽掉不希望显示的构件。

3. 在剖面图中添加箍筋

在Revit中，钢筋为三维的实体，因此它们可以直接在各个视图中被引用和显示，也可以在剖面视图中添加钢筋。可以在"结构"选项卡中"钢筋"面板下选择"钢筋"命令，并在对应的命令选项栏中选择合适的选项，即可往对象中添加钢筋。

在剖面视图中选择混凝土梁，在选项栏中会显示对应于当前构件的操作选项，其中，是三种不同的钢筋加载方式。首先，选择"平行"方式可为该梁布置横向钢筋，此时在绘图区的右侧会弹出对应的钢筋形状浏览器，如图30-14（a）所示，钢筋的形状是Reivt针对中国施工案例定制的本土化的钢筋形状类型。这里选第33号形状 [图30-14（b）]，为当前构件添加箍筋（同时在视图控制栏中将

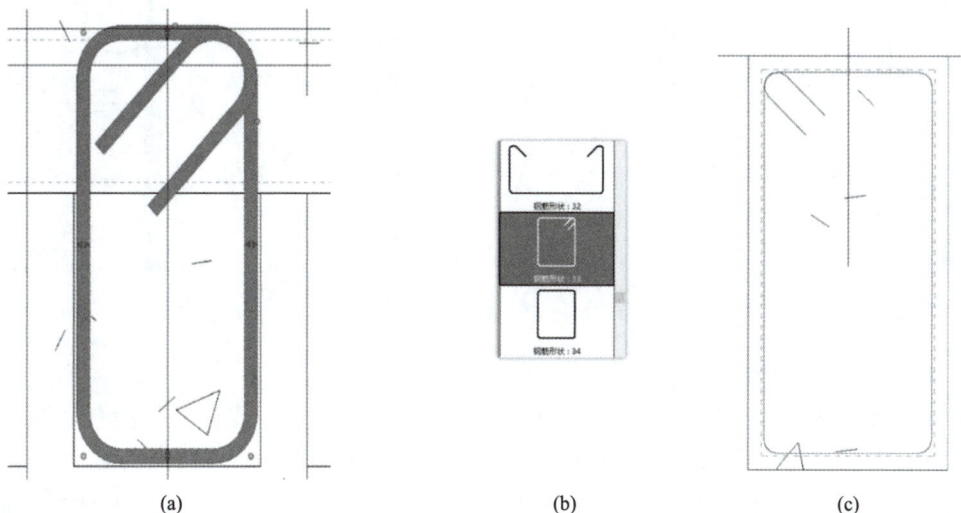

(a)　　　　　　　　　(b)　　　　　　　　　(c)

图30-14 添加钢筋过程

当前的显示精度选择为"精细")。如图 30-14（c）所示，图中绿色虚线表示为钢筋设置的混凝土保护层线，选择好钢筋形状后，将鼠标指针移动到梁截面上，钢筋会自动寻找混凝土层并充满该截面。

选中添加的箍筋，在对应的"属性"选项板的类型选择器中，将钢筋的类型设置为 IOR（R 代表圆钢，T 代表螺纹钢）

同时，在对应的选项栏中，可选择箍筋在这根梁的长度方向上的布置方式，这里按最大间距 150 mm 在梁的长度方向上布置箍筋，见图 30-15。

同样，选中该梁截面，如选择"垂直"方式可为该梁布置纵向钢筋，在"属性"选项的类型选择器中选择 10HRB335 的螺纹钢筋，在钢筋形状浏览器中选择 1 号形状（直钢筋），见图 30-16。

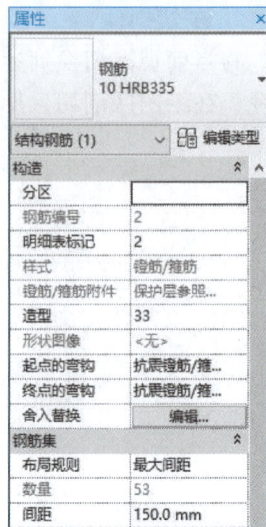

图 30-15 设置箍筋钢筋类型

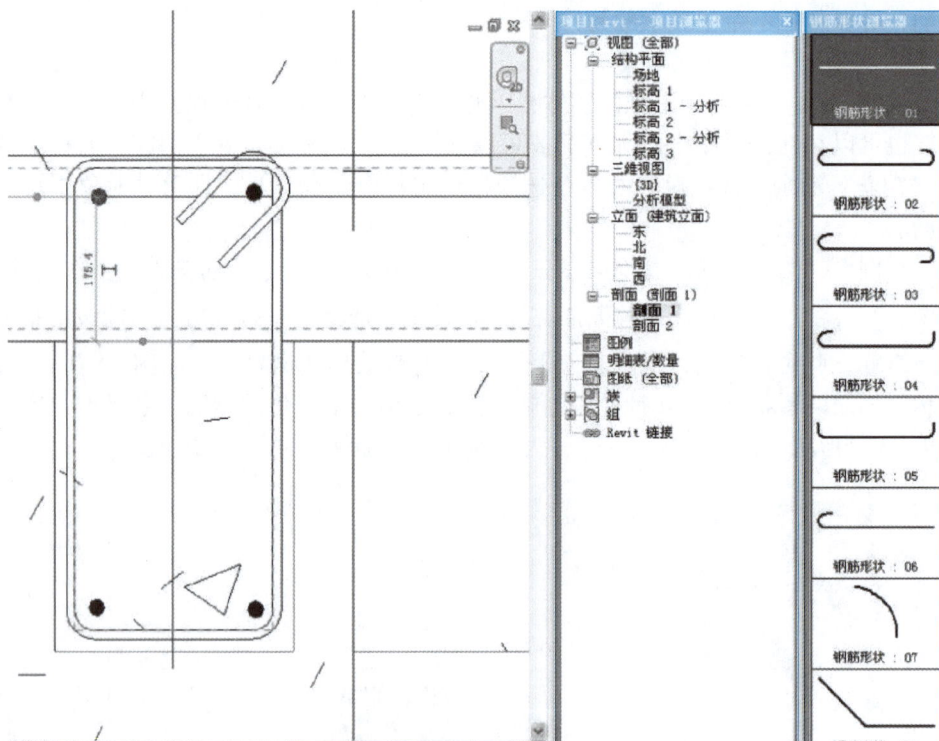

图 30-16 设置箍筋形状

4. 钢筋的显示

在剖面视图中，选择添加的所有钢筋，选择钢筋属性，在图元"属性"选项板中选择"图形"并编辑"视图可见性状态"（见图 30-17），在弹出的对话框中，为选中的钢筋在不同的视图条件下进行显示设置。所谓清晰的视图，即钢筋不被保护层及其他构件表面所遮挡。

图 30-17　设置钢筋可见性

将当前视图切换到 3D 视图，将视图控制栏中的显示模式设置为"线框"及"精细"模式，调整视图，观察刚才钢筋的添加情况，见图 30-18。

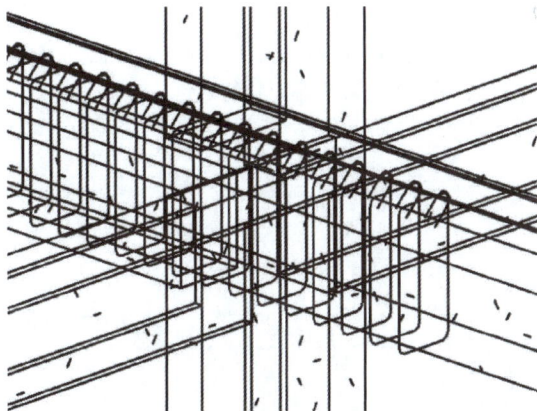

图 30-18　钢筋展示效果

任务 31　族的创建

工作任务卡（任务 31）

一、任务描述
了解族的基本知识，包括族的类型、作用、区别。掌握创建族的基本方法，包括拉伸、融合、放样、旋转、放样融合。掌握实心和空心形状的创建。

二、重点掌握
灵活地使用拉伸、融合、放样、旋转、放样融合命令创建族。

三、学习笔记

四、课后评价
任务达成度（自评）：＿＿＿＿＿＿％。 任务达成度（教师评价）：＿＿＿＿＿＿％。 备注：

31.1 族的基本知识

Revit 中有 3 种类型的族：系统族、可载入族和内建族。

在项目中创建的大多数图元都是系统族或可载入族。可以组合可载入族来创建嵌套和共享族。非标准图元或自定义图元是使用内建族创建的。

系统族是可以创建要在建筑现场装配的基本图元，例如墙、屋顶、楼板、风管、管道。能够影响项目环境且包含标高、轴网、图纸和视口类型的系统设置也是系统族。系统族是在 Revit 中预定义的。用户不能将其从外部文件中载入项目中，也不能将其保存到项目之外的位置。

可载入族是用于创建下列构件的族：

（1）安装在建筑内和建筑周围的建筑构件，例如窗、门、橱柜、装置、家具和植物。

（2）安装在建筑内和建筑周围的系统构件，例如锅炉、热水器、空气处理设备和卫浴装置。

（3）常规自定义的一些注释图元，例如符号和标题栏。

由于它们具有高度可自定义的特征，因此可载入族是用户在 Revit 中最经常创建和修改的族。与系统族不同，可载入族是在外部 RFA 文件中创建的，并可导入或载入项目中。对于包含许多类型的可载入族，可以创建和使用类型目录，以便仅载入项目所需的类型。

内建族是用户需要创建当前项目专有的独特构件时所创建的独特图元。可以创建内建几何图形，以便它可参照其他项目几何图形，使其在所参照的几何图形发生变化时进行相应大小调整和其他调整。创建内建图元时，Revit 将为该内建图元创建一个族，该族包含单个族类型。

创建内建图元涉及许多与创建可载入族相同的族编辑器工具。

族样板是创建族时，软件会提示用户选择一个与该族所要创建的图元类型相对应的族样板。该样板相当于一个构建块，其中包含在开始创建族时以及 Revit 在项目中放置族时所需的信息。尽管大多数族样板都是根据其所要创建的图元族的类型进行命名，但也有一些样板在族名称之后包含下列描述符之一：

（1）基于墙的样板。

（2）基于天花板的样板。

（3）基于楼板的样板。

（4）基于屋顶的样板。

（5）基于线的样板。

（6）基于面。

基于墙的样板、基于天花板的样板、基于楼板的样板和基于屋顶的样板被称为基于主体的样板。对于基于主体的族而言，只有存在主体类型的图元时，才能放置在项目中。

31.2　创　建　族

31.2.1　族文件的创建和编辑

族编辑器可以用于对现有族进行修改或创建新的族。打开族编辑器的方法取决于要执行的操作。我们可以使用族编辑器来创建和编辑可载入族以及内建图元。选项卡和面板因所要编辑的族类型而异。不能使用族编辑器来编辑系统族。

1. 通过项目编辑现有族

（1）在绘图区域中选择一个族实例，并单击"修改｜〈图元〉"选项卡→"模式"面板→圝"编辑族"命令。

（2）双击绘图区域中的族实例。

> **注意**
>
> "双击选项"中的族图元类型设置确定双击编辑行为，参见用户界面选项。

2. 在项目外部编辑可载入族

（1）单击应用程序按钮→"打开"→"族"命令。

（2）浏览包含族的文件，然后单击"打开"命令。

3. 使用样板文件创建可载入族

（1）单击应用程序按钮→"新建"→"族"命令。

（2）浏览样板文件，然后单击"打开"命令。

4. 创建内建族

（1）在功能区上，单击内建模型。

单击"建筑"选项卡→"构建"面板→"构件"下拉列表→"内建模型"命令。

单击"结构"选项卡→"模型"面板→"构件"下拉列表→"内建模型"命令。

单击"系统"选项卡→"模型"面板→"构件"下拉列表→"内建模型"命令。

（2）在"族类别和族参数"对话框中，选择相应的族类别，然后单击"确定"按钮。

（3）输入内建图元族的名称，然后单击"确定"按钮。

5. 编辑内建族

（1）在图形中选择内建族。

（2）单击"修改｜〈图元〉"选项卡→"模型"面板→编辑内建图元。

31.2.2　创建族形体的基本方法

创建族形体的方法与创建体量的方法一样，包含拉伸、融合、旋转、放样及放样融合五种基本方法，可以创建实心和空心形状，见图31-1。

1. 拉伸

（1）在族编辑器界面，单击"创建"选项卡→"形状"面板→"拉伸"命令。

（2）激活"绘制"面板，选择一种绘制方式，在绘图区域绘制想要创建的拉

图 31-1 创建族的五种方法

伸轮廓。

（3）在"属性"选项板里设置好拉伸的起点和终点。

（4）在"模式"面板单击 ✔ 按钮完成编辑模式，完成拉伸的创建，见图 31-2。

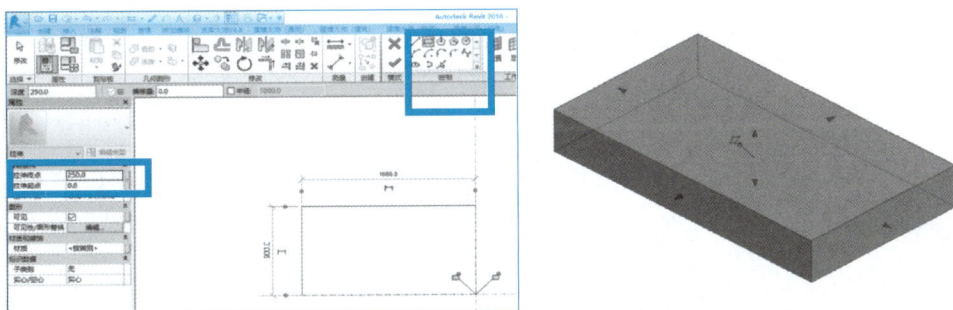

图 31-2 拉伸效果

2. 融合

（1）在族编辑器界面，单击"创建"选项卡→"形状"面板→"融合"命令。

（2）激活"绘制"面板，选择一种绘制方式，在绘图区域绘制想要创建的融合底部轮廓，见图 31-3。

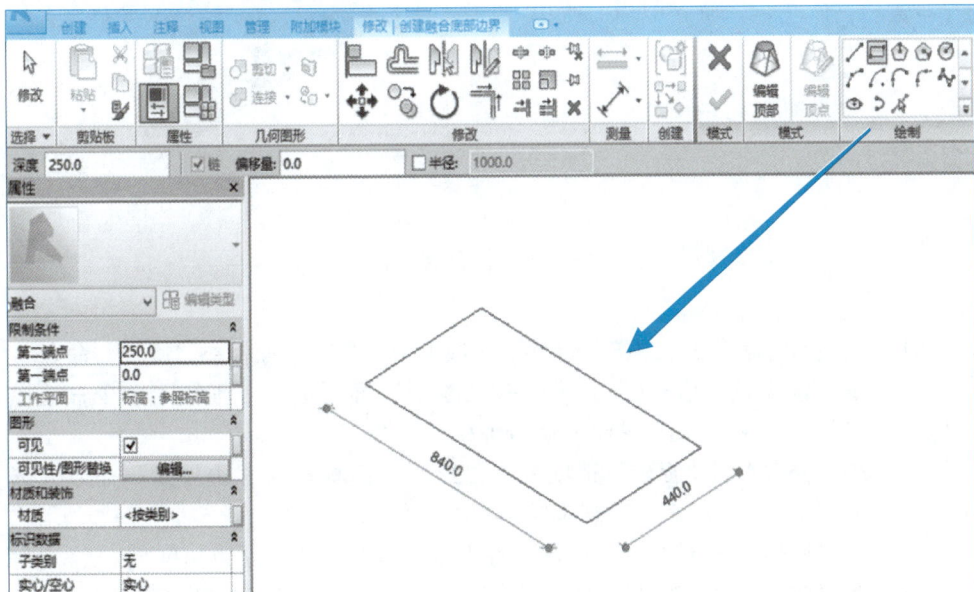

图 31-3 绘制融合底部

（3）绘制完底部轮廓后，在"模式"面板选择"编辑顶部"命令，进行融合顶部轮廓的创建，见图31-4。

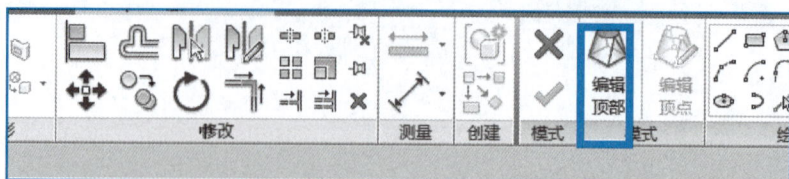

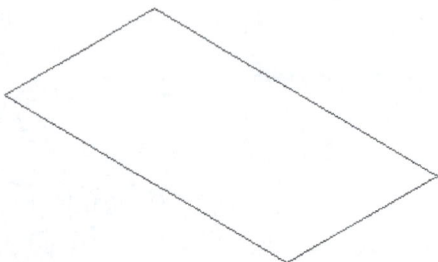

图31-4 绘制融合顶部

（4）在"属性"选项板里设置好融合的第一和第二端点高度。

（5）在"模式"面板单击✔按钮完成编辑模式，完成融合的创建，见图31-5。

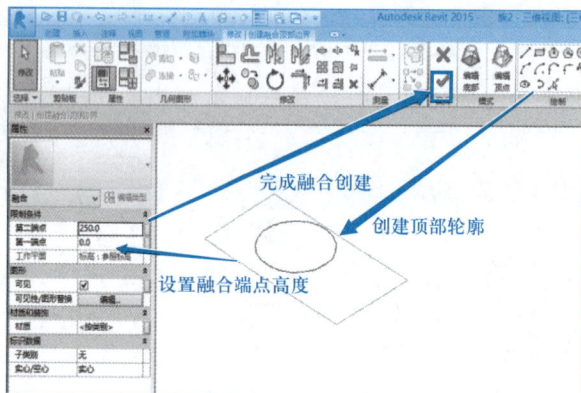

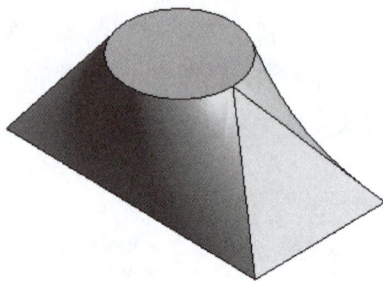

图31-5 融合效果

3. 旋转

（1）在族编辑器界面，单击"创建"选项卡→"形状"面板→"旋转"命令。

（2）在"修改｜创建旋转"选项卡→"绘制"面板选择"轴线"命令，选择"直线"绘制方式，在绘图区域绘制旋转轴线，见图31-6。

（3）在"修改｜创建旋转"选项卡→"绘制"面板选择"边界线"命令，选择一种绘制方式，在绘图区域绘制旋转轮廓的边界线。

（4）在"属性"选项板中设置旋转的"起始角度"和"结束角度"。

（5）在"修改｜创建旋转"的"模式"面板单击✔按钮完成编辑模式，完成旋转的创建，见图31-7。

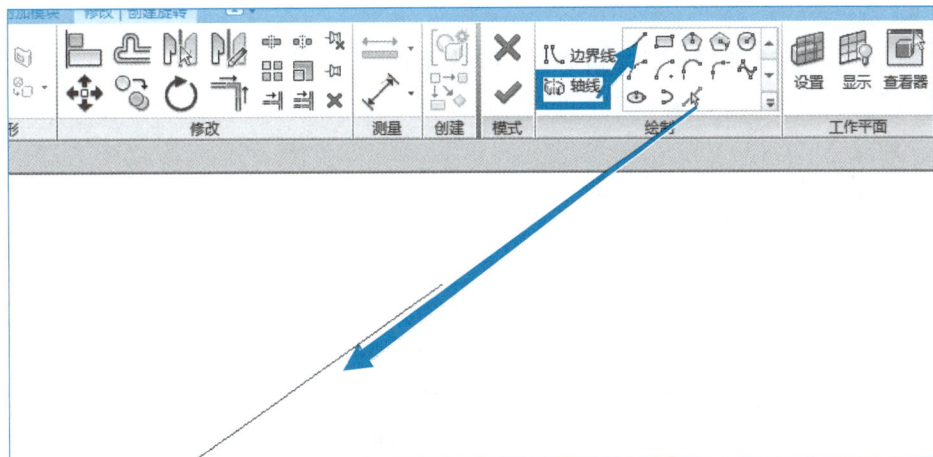

图 31-6 旋转命令

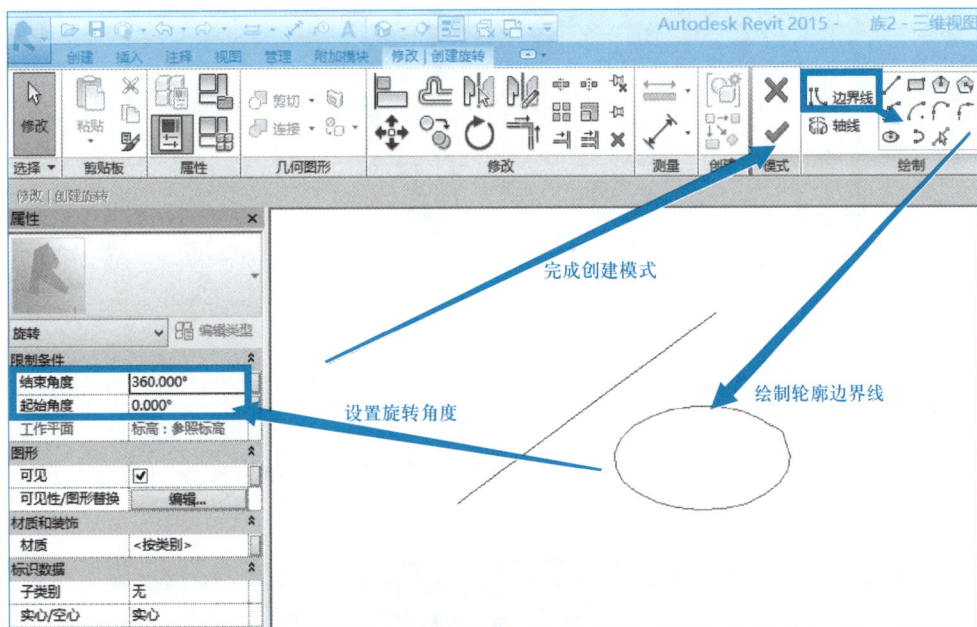

图 31-7 旋转效果

4. 放样

（1）在族编辑器界面，单击"创建"选项卡→"形状"面板→"放样"命令。

（2）在"修改｜放样"选项板"放样"面板选择"绘制路径"或"拾取路径"命令。

① 若采用"绘制路径"，则单击"修改｜放样>绘制路径"选项卡下"绘制"面板选择相应的绘制方式，在绘图区域绘制放样的路径线，单击"模式"面板中的✔按钮完成路径绘制草图模式。

② 若采用"拾取路径"，则拾取导入的线、图元轮廓线或绘制的模型线，单击"模式"面板中的✔按钮完成路径绘制草图模式，见图31-8。

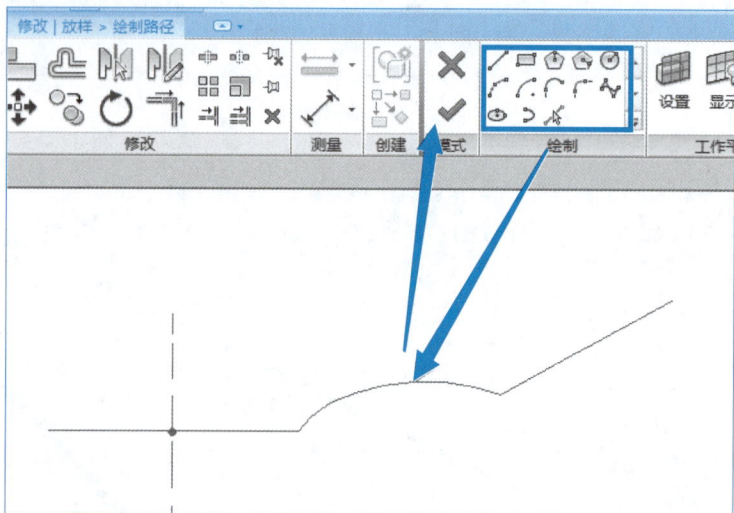

图31-8　放样路径

（3）在"修改｜放样"选项板→"放样"面板选择"编辑轮廓"命令，进入轮廓编辑草图模式，见图31-9。

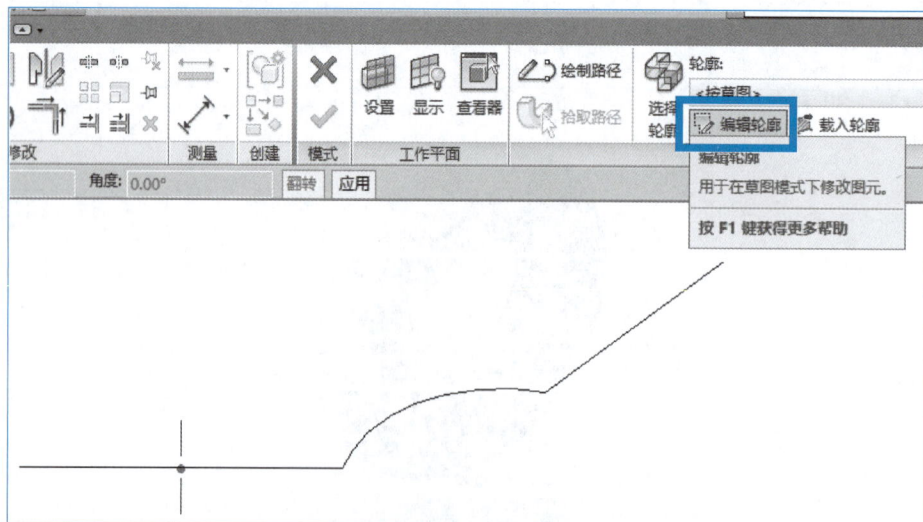

图31-9　放样轮廓

（4）在"修改│放样>编辑轮廓"选项卡"绘制"面板选择相应的绘制方式，在绘图区域绘制旋转轮廓的边界线，单击"模式"面板中的✔按钮完成轮廓编辑草图模式。

注意

绘制轮廓是所在的视图可以是三维视图，或打开查看器进行轮廓绘制，见图31-10。

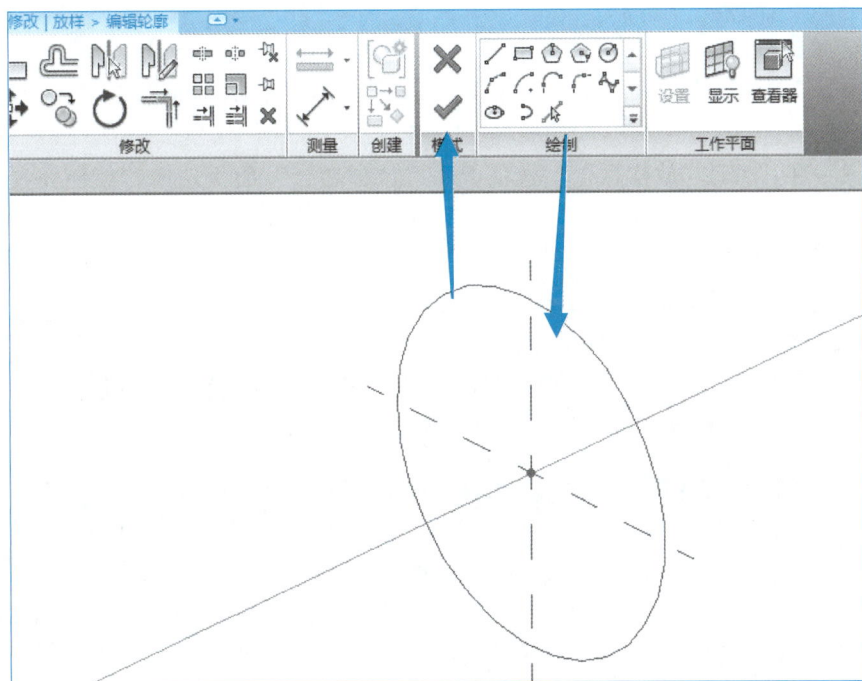

图31-10 查看放样轮廓

（5）在"修改│放样"选项卡"模式"面板单击✔按钮完成编辑模式，完成放样的创建，见图31-11、图31-12。

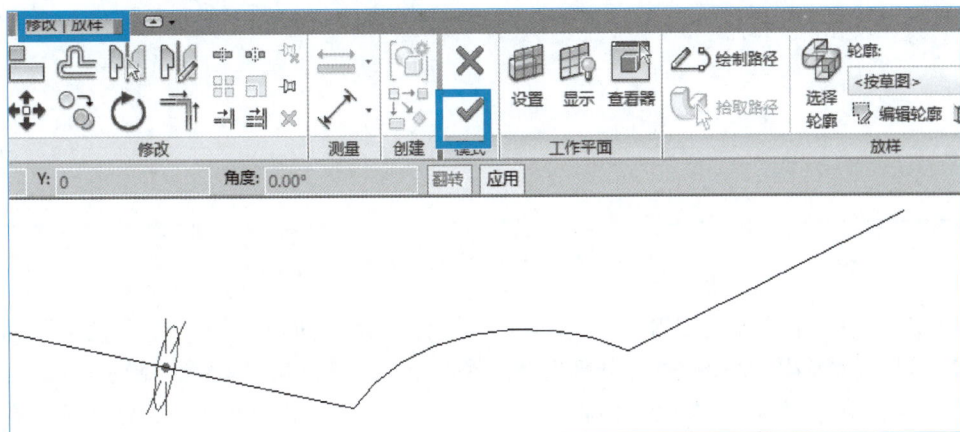

图31-11 单击对勾按钮完成放样

图 31-12　放样效果

5. 放样融合

（1）在族编辑器界面，单击"创建"选项卡→"形状"面板→"放样融合"命令。

（2）在"修改｜放样融合"选项卡→"放样融合"面板选择"绘制路径"或"拾取路径"命令。

① 若采用"绘制路径"，则单击"修改｜放样融合>绘制路径"选项卡"绘制"面板，选择相应的绘制方式，在绘图区域绘制放样的路径线，单击"模式"面板中的✔按钮完成路径绘制草图模式。

② 若采用"拾取路径"，则拾取导入的线、图元轮廓线或绘制的模型线，单击"模式"面板中的✔按钮完成路径绘制草图模式，见图 31-13。

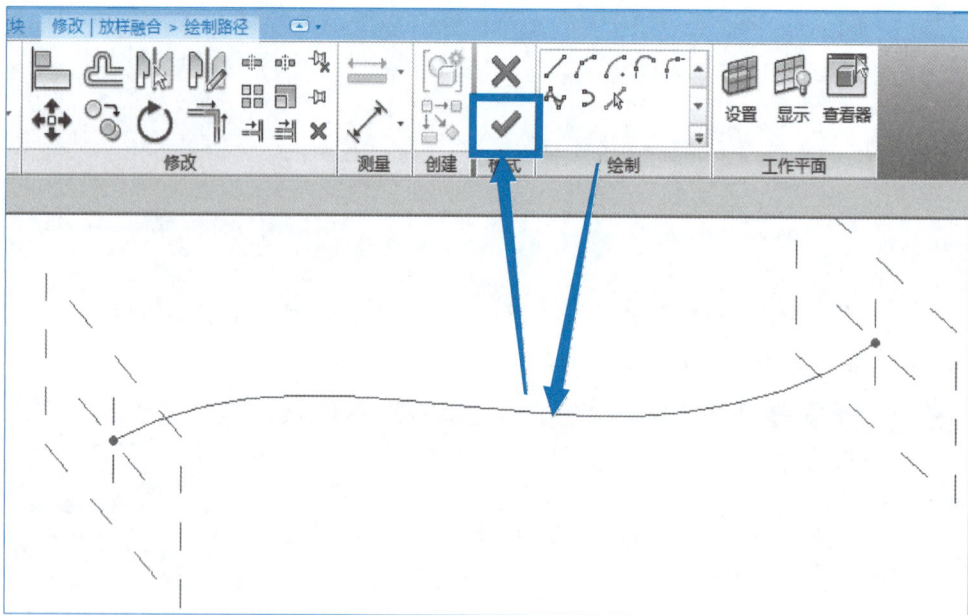

图 31-13　放样融合路径

（3）在"修改｜放样融合"选项卡"放样融合"面板选择"编辑轮廓"命令，进入轮廓编辑草图模式，分别选择选择两个轮廓进行轮廓编辑，见图 31-14。

（4）在"修改｜放样融合>编辑轮廓""绘制"面板选择相应的绘制方式，在绘图区域绘制旋转轮廓的边界线，在"模式"面板中单击✔按钮完成轮廓编辑草图模式。

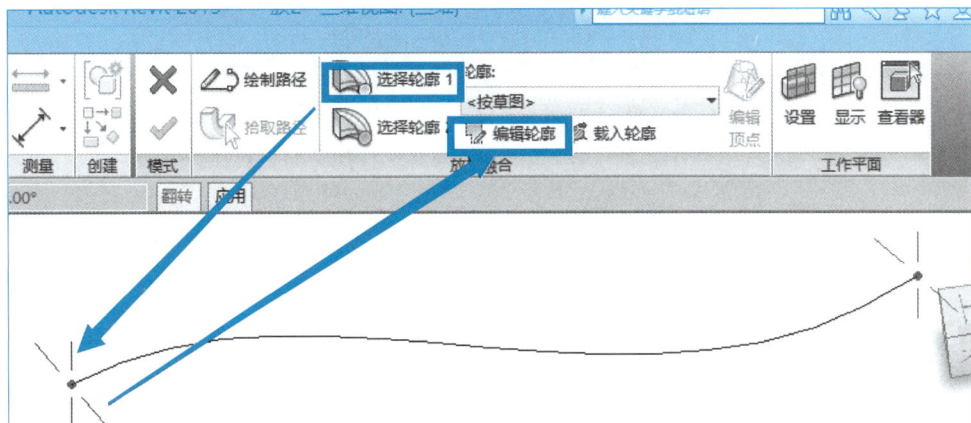

图 31-14　放样融合轮廓

注意

绘制轮廓时所在的视图可以是三维视图，或者打开查看器进行轮廓绘制，见图 31-15。

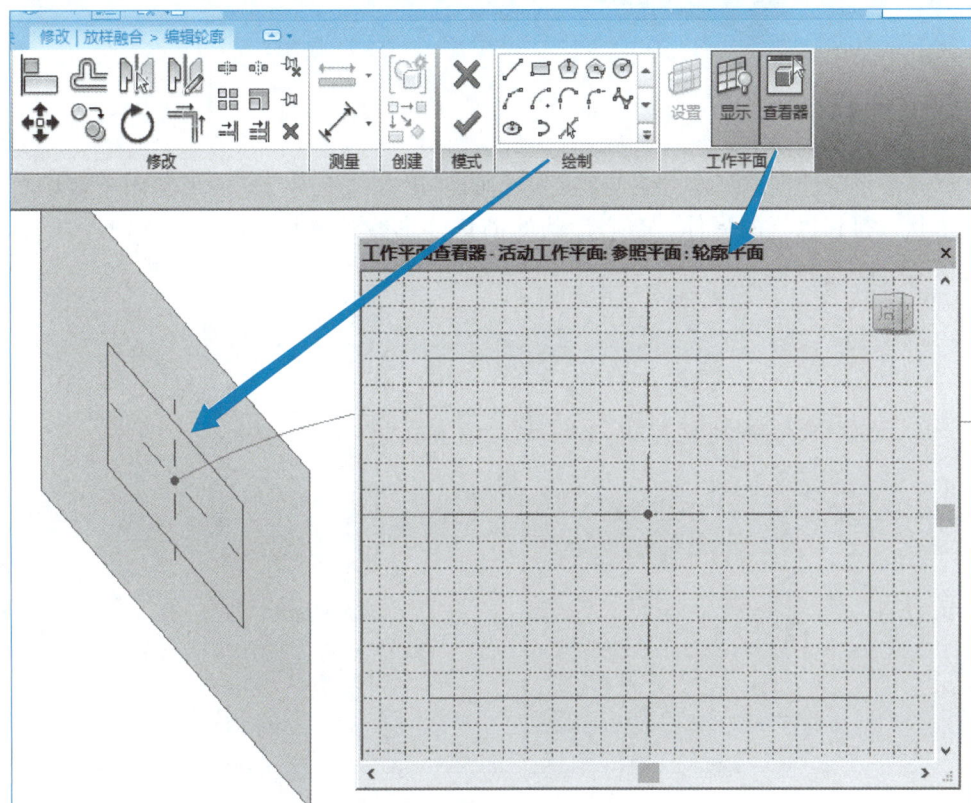

图 31-15　放样轮廓

（5）重复步骤（4），完成轮廓 2 的创建。

（6）在"模式"面板单击 ✔ 按钮完成编辑模式，完成放样融合的创建，见图 31-16。

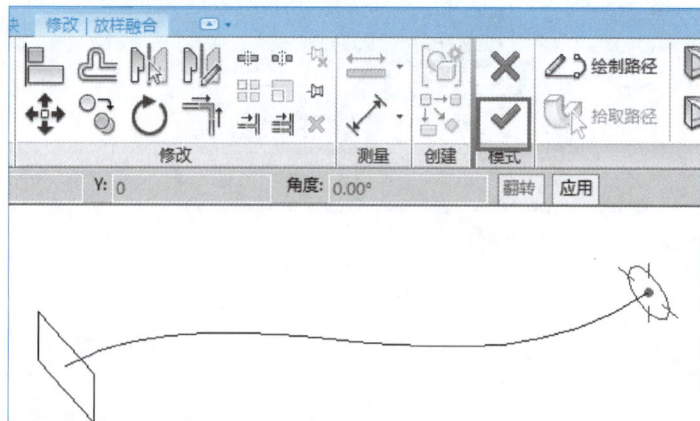

图 31-16　放样融合效果

6. 创建空心形状

空心形状的创建基本方法与实心形状的创建方式相同。空心形状用于剪切实心形状，得到想要的形体。空心形状的创建方法参考前面的实心形状创建方法，见图 31-17。

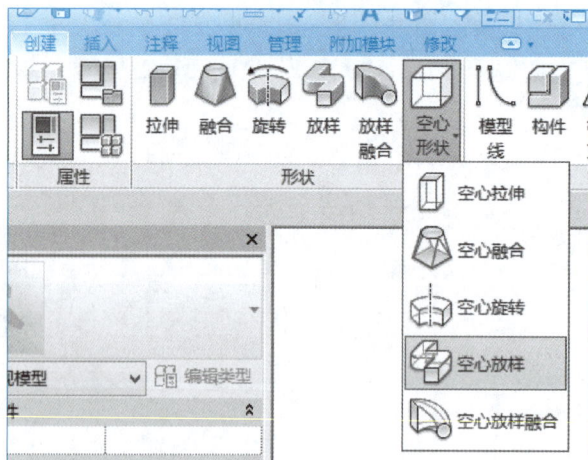

图 31-17　"空心形状"命令

任务 32　族的应用

一、任务描述
了解族与项目的交互、族参数的添加、族参数的驱动。

二、重点掌握
为尺寸标注添加标签以创建参数的方法。

三、学习笔记

四、课后评价
任务达成度（自评）：＿＿＿＿＿＿％。 任务达成度（教师评价）：＿＿＿＿＿＿％。 备注：

32.1　族与项目的交互

32.1.1　系统族与项目

系统族已预定义且保存在样板和项目中，而不是从外部文件载入样板和项目中。可以复制并修改系统族中的类型，可以创建自定义系统族类型。要载入系统族类型，可以执行下列操作。

（1）将一个或多个选定类型从一个项目或样板中复制并粘贴到另一个项目或样板中。

（2）将选定系统族或族的所有系统族类型从一个项目传递到另一个项目中。

如果在项目或样板之间只有几个系统族类型需要载入，则复制并粘贴这些系统族类型。例如，选中要进行复制的系统族在上下文选项卡、剪切板中进行复制和粘贴，见图32-1。

如果要创建新的样板或项目，或需要传递所有类型的系统族或族，可传递系统族类型。例如，在"管理"选项卡中，单击"设置"面板，选择"传递项目标准"命令，进行系统族在项目之间的传递，见图32-2。

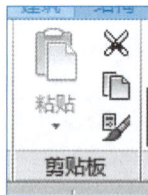

图 32-1　复制和粘贴步骤

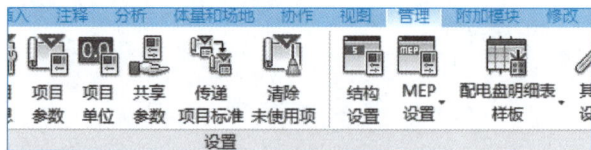

图 32-2　进行项目传递的面板

32.1.2　可载入族与项目

与系统族不同，可载入族是在外部 RFA 文件中创建的，并可导入（载入）项目中。

创建可载入族时，首先使用软件中提供的样板，该样板要包含所要创建的族的相关信息。先绘制族的几何图形，使用参数建立族构件之间的关系，创建其包含的变体或族类型，确定其在不同视图中的可见性和详细程度。创建完成后，先在示例项目中进行测试，然后在用户的项目中创建图元。

Revit 中包含一个内容库，可以用来访问软件提供的可载入族，也可以在其中保存创建的族。

1. 将可载入族载入项目的步骤

（1）在"插入"选项卡中，单击"从库中载入"面板，选择"载入族"命令，见图32-3。

（2）弹出"载入族"对话框，打开文件名称浏览，选择要载入的族文件，单击"打开"按钮，见图32-4。

图 32-3 载入族面板

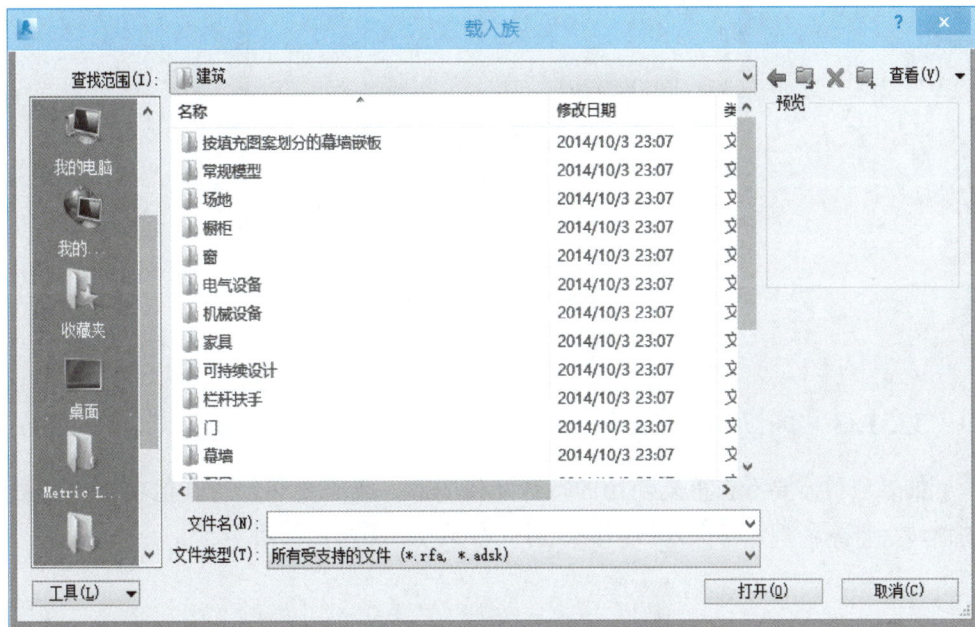

图 32-4 选择载入族文件

2. 修改项目中现有族的步骤

（1）在项目中选中需要编辑修改的族，在上下文选项卡中选择"编辑族"命令，即可打开族编辑器进行族文件的修改编辑，见图 32-5。

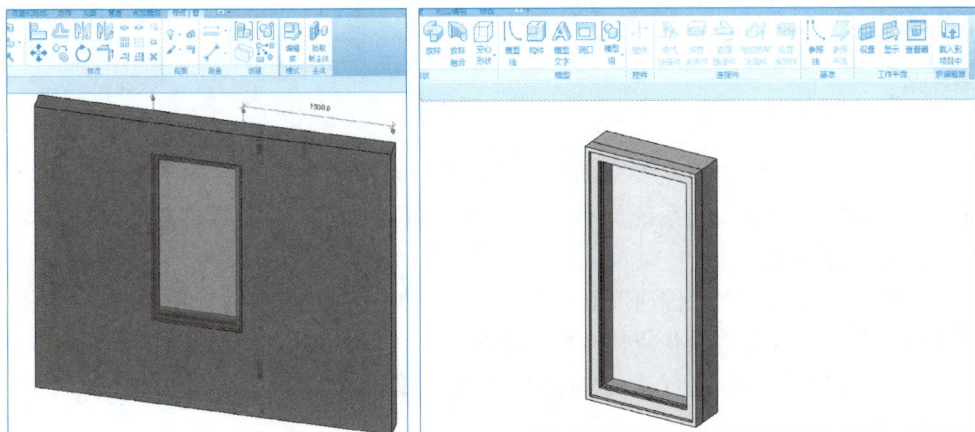

图 32-5 编辑门族

（2）修改编辑完成后，执行族编辑器界面的"载入到项目中"命令，然后在弹出的"族已存在"提示对话框中选择"覆盖现有版本及其参数值"或"覆盖现有版本"，完成族文件的更新，见图32-6。

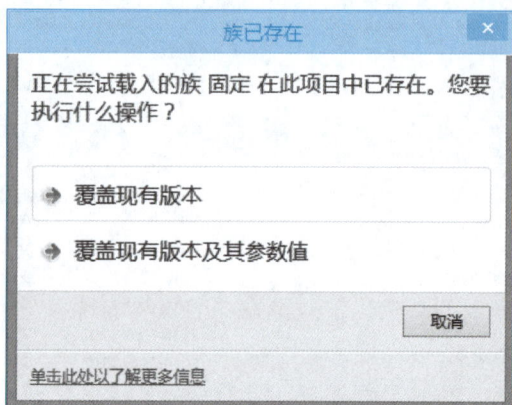

图32-6 覆盖现有版本

32.1.3 内建族与项目

如果项目需要不想重复使用的特殊几何图形，或需要必须与其他项目几何图形保持一种或多种关系的几何图形，则可创建内建图元，见图32-7。

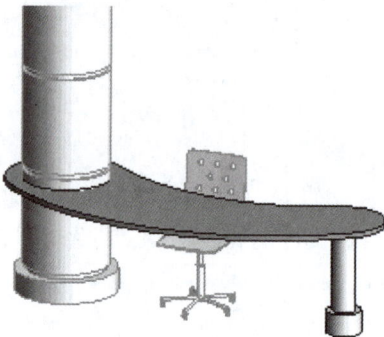

图32-7 内建族

用户可以在项目中创建多个内建图元，并且可以将同一内建图元的多个副本放置在项目中。但是，与系统族和可载入族不同，内建族不能通过复制内建族类型来创建多种类型。

尽管可以在项目之间传递或复制内建图元，但只有在必要时才应执行此操作，因为内建图元会增大文件并使软件性能降低。

创建内建图元与创建可载入族使用相同的族编辑器工具。

内建族的创建和编辑基本步骤如下。

（1）单击"建筑""结构"或"系统"选项卡，选择"构件"下拉列表，选择"内建模型"工具，弹出"族类别和族参数"对话框，选择需要创建的"族类别"，进入族编辑器界面，创建内建族模型，见图32-8。

图 32-8 内建族命令

（2）在完成内建族模型创建后，单击"修改"选项卡，在"在位编辑器"面板下执行"完成模型"命令，即可完成内建族的创建，见图32-9。

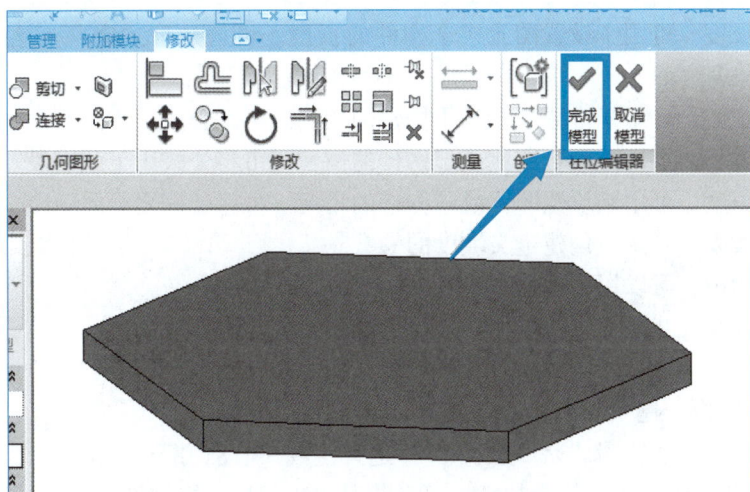

图 32-9 完成内建族的编辑

（3）若需要对已建好的内建族进行再次修改编辑，则先选中内建族，然后在"修改|常规模型"上下文选项卡"模型"面板中执行"在位编辑"命令，重新进入"族编辑器界面"进行修改，编辑完成后，重复步骤（2），见图32-10。

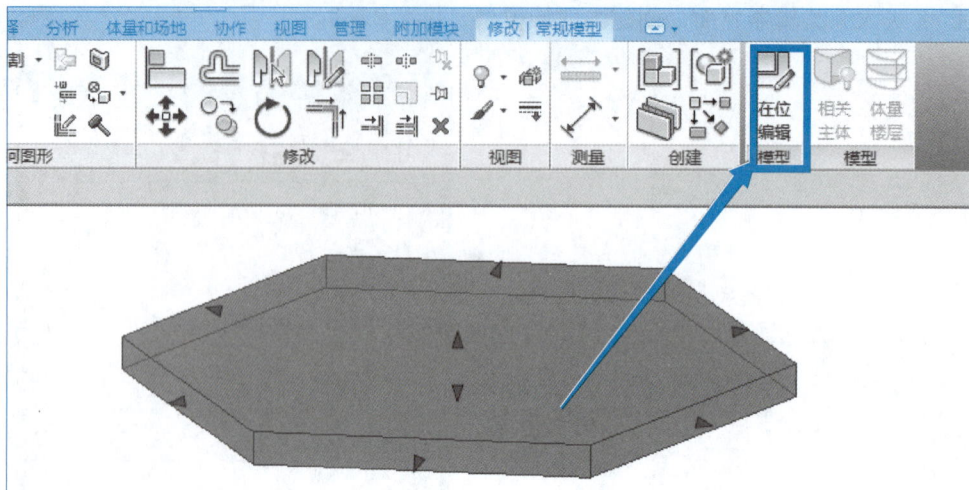

图 32-10　再次修改内建族

32. 2　族参数的添加

族参数的类型如下。

（1）文字。完全自定义，可用于收集唯一性的数据。

（2）整数。始终表示为整数的值。

（3）数目。用于收集各种数字数据。可通过公式定义，也可以是实数。

（4）长度。可用于设置图元或子构件的长度。可通过公式定义。这是默认的类型。

（5）区域。可用于设置图元或子构件的面积。可将公式用于此字段。

（6）体积。可用于设置图元或子构件的体积。可将公式用于此字段。

（7）角度。可用于设置图元或子构件的角度。可将公式用于此字段。

（8）坡度。可用于创建定义坡度的参数。

（9）货币。可以用于创建货币参数。

（10）URL。提供指向用户定义的 URL 的网络链接。

（11）材质。建立可在其中指定特定材质的参数。

（12）图像。建立可在其中指定特定光栅图像的参数。

（13）是/否。使用"是"或"否"定义参数，最常用于实例属性。

（14）族类型。用于嵌套构件，可在族载入项目后替换构件。

（15）分割的表面类型。建立可驱动分割表面构件（如面板和图案）的参数。可将公式用于此字段。

族参数的层次：实例参数、类型参数。

通过添加新参数，就可以对包含于每个族实例或类型中的信息进行更多的控制。可以创建动态的族类型以增加模型中的灵活性。

32.2.1 族参数的创建

（1）族编辑器中，单击"创建"选项卡→"属性"面板→"族类型"命令。

（2）在"族类型"对话框中，单击"新建"按钮，弹出"名称"对话框，并输入新类型的名称。

此时创建一个新的族类型，在用户将其载入项目后将出现在"属性"选项板的"类型选择器"中，见图32-11。

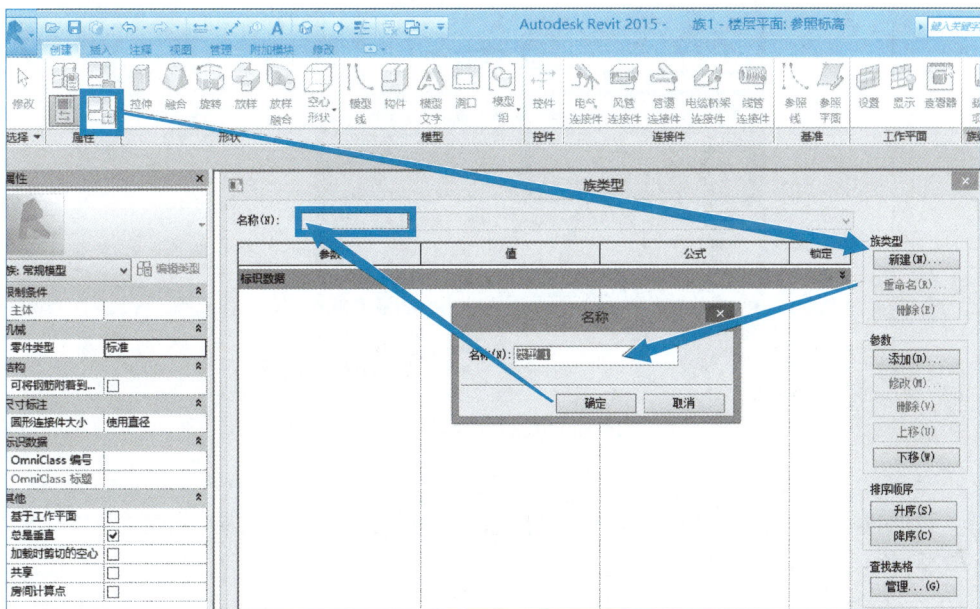

图 32-11 新建族的参数

（3）在"族类型"对话框中"参数"下单击"添加"按钮。

（4）打开"参数属性"对话框，在"参数类型"下选择"族参数"单选按钮。

（5）输入参数的名称。选择"实例"或"类型"单选按钮。这会定义参数是"实例"参数还是"类型"参数。

（6）选择"规程"。

（7）在"参数类型"中选择适当的参数类型。

（8）在"参数分组方式"中选择一个方式。单击"确定"按钮。在族载入项目后，此方式确定参数在"属性"选项板中显示在哪一组标题下，见图32-12。

默认情况下，新的族参数会按字母顺序升序排列添加到参数列表中创建参数时的选定组。

（9）（可选）使用任一"排序顺序"按钮（"升序"或"降序"），根据参数名称在参数组内对其按字母顺序排列。

（10）（可选）在"族类型"对话框中，选择一个参数并使用"上移"和"下移"按钮来手动更改组中参数的顺序。

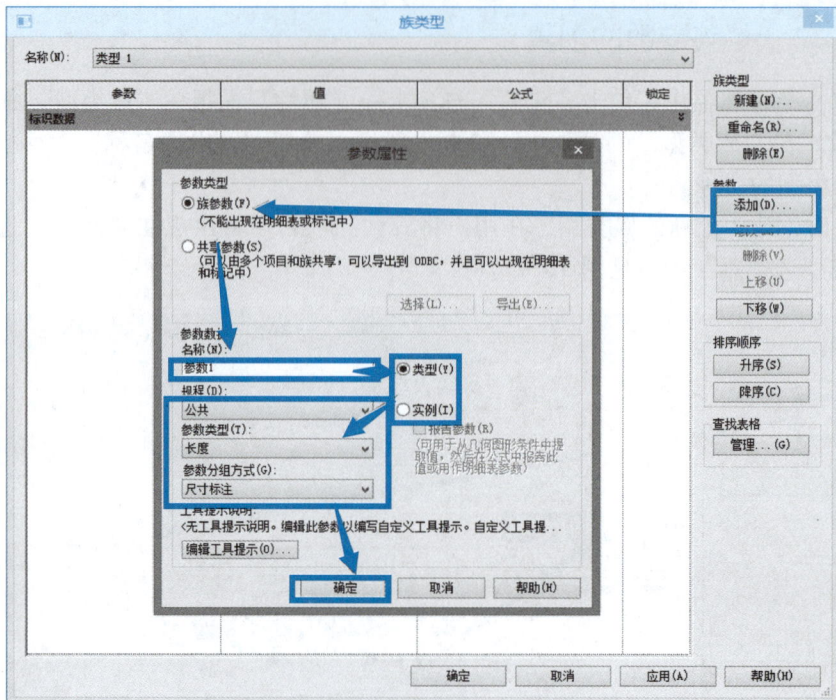

图 32-12 添加族的属性

注意

在编辑"钢筋形状"族参数时,"排序顺序"下的"上移"和"下移"按钮不可用,见图 32-13。

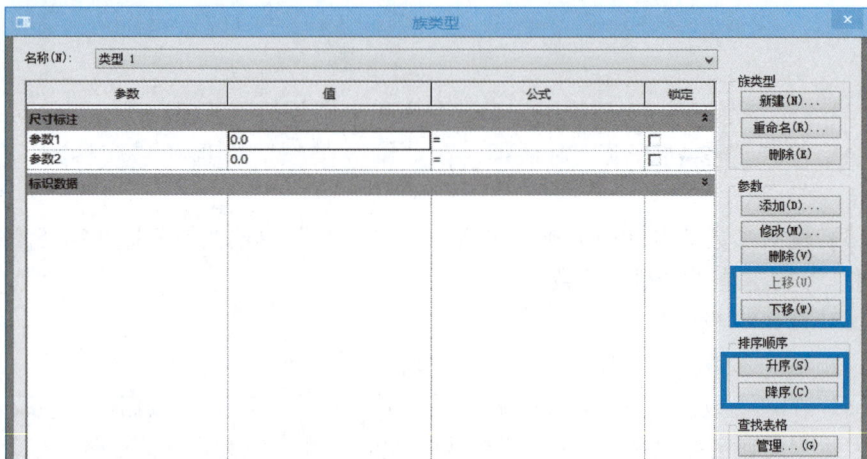

图 32-13 族的属性排序

32.2.2 指定族类别和族参数

"族类别和族参数"工具可以将预定义的族类别属性指定给要创建的构件。此工具只能用在族编辑器中。族参数定义应用于该族中所有类型的行为或标识数据。不同的类别具有不同的族参数,具体取决于 Revit 希望以何种方式使用构件。控制族行为的一些常见族参数如下。

总是垂直：选中该项时，该族总是显示为垂直，即90°，即使该族位于倾斜的主体上，例如楼板。

基于工作平面：选中该项时，族以活动工作平面为主体。可以使任一无主体的族成为基于工作平面的族。

共享：仅当族嵌套到另一族内并载入项目中时才适用此参数。如果嵌套族是共享的，则可以从主体族独立选择、标记嵌套族和将其添加到明细表。如果嵌套族不共享，则主体族和嵌套族创建的构件作为一个单位。

标识数据参数包括 OmniClass 编号和 OmniClass 标题，它们都基于 OmniClass 中的产品分类。

指定族参数的步骤如下。

（1）在族编辑器中，单击"创建"选项卡（或"修改"选项卡）→"属性"面板→"族类别和族参数"命令。

（2）从"族类别和族参数"对话框中选择要将其属性导入当前族中的"族类别"。

（3）指定"族参数"。

注意

"族参数"选项根据族类别的不同而有所不同。

（4）单击"确定"按钮，见图32-14。

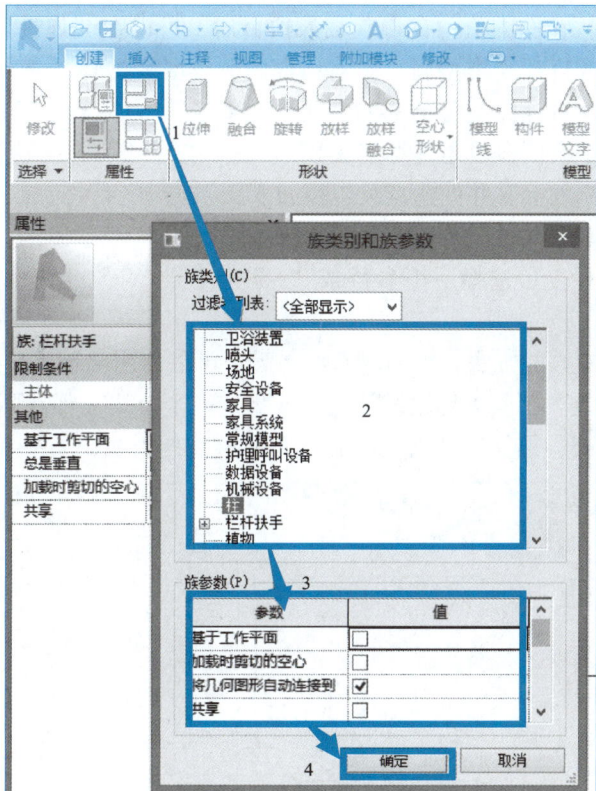

图32-14 指定族的参数

32.2.3　为尺寸标注添加标签以创建参数

我们对族框架进行尺寸标注后，需为尺寸标注添加标签，以创建参数。例如，下面的尺寸标注已添加了长度和宽度参数的标签，见图32-15。

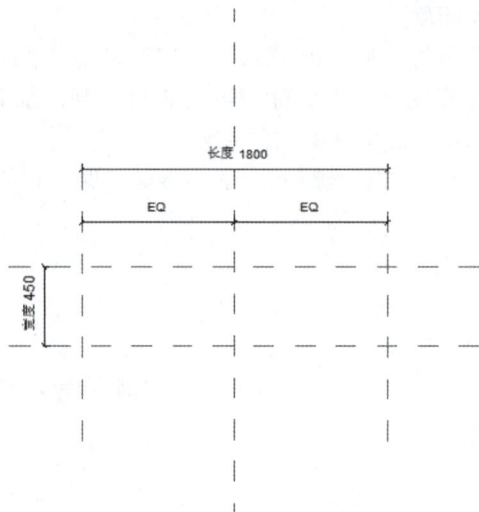

图32-15　添加标签后的尺寸标注

带标签的尺寸标注将成为族的可修改参数。用户可以使用族编辑器中的"族类型"对话框修改它们的值。在将族载入项目后，可以在"属性"选项板上修改任何实例参数，或打开"类型属性"对话框修改类型参数值。

如果族中存在该标注类型的参数，可以选择它作为标签。否则，必须创建该参数，以指定它是实例参数还是类型参数。

为尺寸标注添加标签并创建参数步骤如下。

（1）在族编辑器中，选择"尺寸标注"命令。

（2）在选项栏上，选择一个参数或"〈添加参数…〉"，并创建一个参数作为"标签"。

参见创建族参数的方法。在创建参数之后，可以使用"创建"选项卡"属性"面板上的"族类型"工具来修改默认值，或指定一个公式（如需要）。

（3）如果需要，选择"引线"来创建尺寸标注的引线，见图32-16。

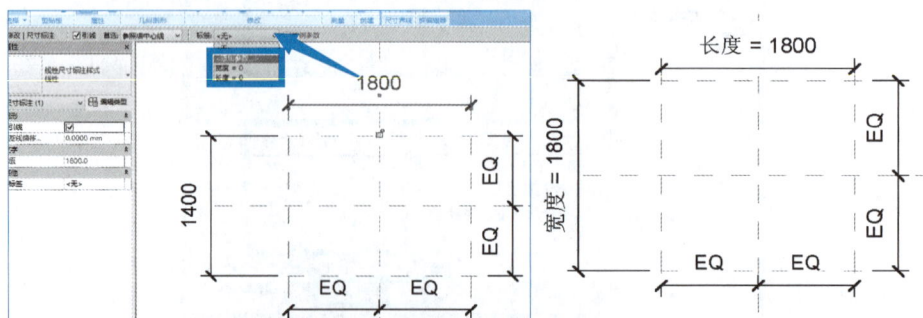

图32-16　添加尺寸标注标签步骤

32.2.4 在族编辑器中使用公式

在族类型参数中使用公式可计算值和控制族几何图形。

（1）在族编辑器中，布局参照平面。

（2）根据需要，添加尺寸标注。

（3）为尺寸标注添加标签。参见为尺寸标注添加标签以创建参数的方法。

（4）添加几何图形，并将该几何图形锁定到参照平面。

（5）在"创建"选项卡"属性"面板上，单击"族类型"命令。

（6）在"族类型"对话框的相应参数旁的"公式"列中，输入参数的公式。

公式支持以下算术运算操作：加、减、乘、除、指数、对数和平方根。公式还支持以下三角函数运算：正弦、余弦、正切、反正弦、反余弦和反正切。

算术运算和三角函数的有效符号缩写如下。

加：   +

减：   −

乘：   *

除：   /

指数：   ^，x^y，x 的 y 次方

对数：   log

平方根：   sqrt：sqrt（16）

正弦：   sin

余弦：   cos

正切：   tan

反正弦：   asin

反余弦：   acos

反正切：   atan

10 的 x 方：   exp（x）

绝对值：   abs

Pi   pi（3.141592…）

使用标准数学语法，可以在公式中输入整数值、小数值和分数值：

长度＝高度+宽度+sqrt（高度 * 宽度）

长度＝墙 1（17000 mm）+墙 2（15000 mm）

面积＝长度（500 mm）* 宽度（300 mm）

面积＝pi（）* 半径^2

体积＝长度（500 mm）* 宽度（300 mm）* 高度（800 mm）

宽度＝100 m * cos（角度）

阵列数＝长度/间距

在线族的公式设置见图 32-17。

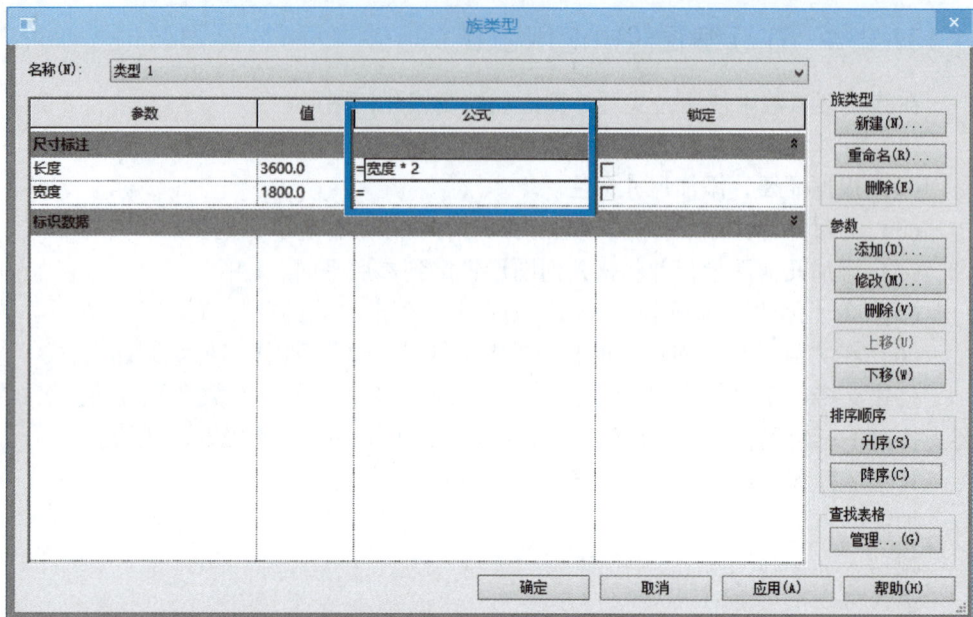

图 32-17   在线族的公式

32.3   族参数的驱动

添加完族参数之后，直接修改参数的值，即可实现驱动修改参照平面的尺寸，见图 32-18。

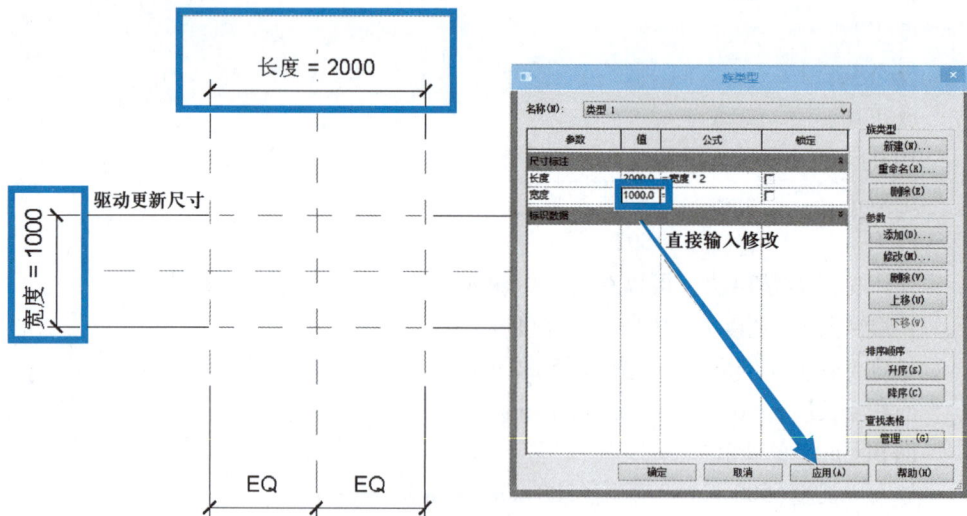

图 32-18   添加族参数驱动

将族形状轮廓与参照平面对齐锁定上，使形状轮廓随参照平面移动而移动，即可实现参数驱动参照平面位置变动，修改形状轮廓。

附录一　Revit 常见问题

1. Revit 视图中默认的背景颜色为白色，能否修改？

答：能。选择应用程序按钮→"选项"按钮，打开"选项"对话框，单击"图形"→"颜色"→将"背景"色选为其他颜色。

2. 用低版本 Revit 程序是否可以打开高版本 Revit 程序？

答：不能。

3. 文件损坏出错，如何去修复？

答：单击应用程序按钮，选择"打开"选项，出现如附图 1-1 所示"打开"对话框，勾选"核查"复选框进行检查。若数据仍存在问题，可以使用项目的备份文件，如"XXX 项目 .0001. rvt"。

附图 1-1　核查文件

4. 如何控制在插入建筑柱时不与墙自动合并？

答：定义建筑柱族时，单击"创建"选项卡→"属性"面板→"族类别和族参数"命令，打开"族类别和族参数"对话框，不勾选"将几何图形自动连接到墙"复选框。

5. 如何合并拆分后的图元？

答：选择拆分后任意一段图元，单击其操作夹点，使其分离，然后再将其拖回到原位置即可。

6. 如何创建曲面墙体？

答：通过体量工具创建符合要求的体量表面，再将体量表面以生成墙的方式创建异形墙体。

　　7. 如何改变门或窗等基于主体的图元位置?

　　答：单击需要改变的图元，再单击附图1-2"修改|门"选项卡"主体"面板下的"拾取新主体"命令即可。

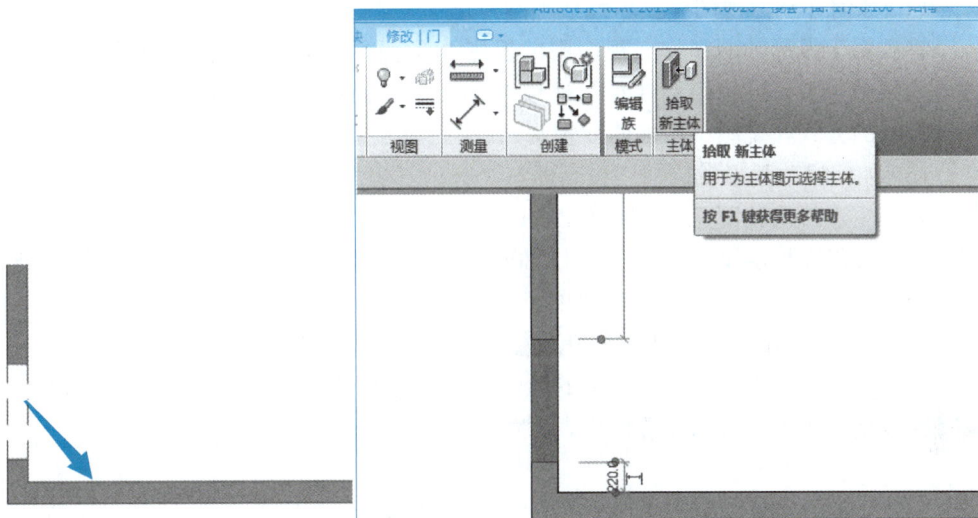

附图1-2　改变图元位置

　　8. 如何在 Revit 中输入特殊符号? 例如：输入"m^2"等符号。

　　答：方式有三种：

　　① 通过 Windows 系统提供的 Alt+数字小键盘实现（按住"Alt"键不放，然后用小键盘输入一串数字），常用的有：Alt + 0178 = "^{2}"，Alt + 0179 = "^{3}"，Alt + 0176 = "°"等。

　　② 使用输入法也可以实现，如平方 = "^{2}"，立方 = "^{3}"，度 = "度"等。

　　③ 用复制粘贴的方式实现。

　　9. 若不小心将界面上的"属性"选项板或项目浏览器关闭，怎么处理?

　　答："视图"选项卡"窗口"中的"用户界面"命令，在下拉列表中单击你所需要的工具。

　　10. 协同工作的准备?

　　答：要实现多人多专业协同工作，将涉及专业之间协作管理的问题，仅凭借 Revit 自身的功能操作是无法完成高效的协作管理的，在开始协同前，必须为协同做好准备工作。

　　准备工作的内容：确定协同工作方、项目定位信息、项目协调机制等。

　　确定协同工作方式是链接还是工作集。如果是工作集的方式，则应注意明确构件的命名规则、文件保存的命名规则等。

　　11. 导入和链接的区别?

　　答：链接的原文件不能动，否则影响已导入的文件图；而导入无此问题。

　　12. 链接或导入有问题?

答：如图纸尺寸超出范围，则查看原 CAD 是否在 Z 轴方向有尺寸，或将原多余的图层删除。

13. 导入后图与图之间偏差怎么办？

答：① 可用手动导入；② 可进行对齐操作；③ 改用原点对原点。

14. 如何在立面视图中显示弧形轴网？

答：由于弧形轴网在立面视图中的投影为平面，因此无法在立面视图中显示弧形轴网轴号。可以采用"注释"选项卡"文字"面板中的"符号"工具，通过添加符号的方式在视图中添加曲面轴网。

15. 如何修改弧形轴网的三维高度？

答：由于弧形轴网无法在立面视图中显示，因此无法直接修改弧形轴网的三维高度。可以在楼层平面视图中选择轴网后，使用鼠标右键单击，在弹出的快捷菜单中选择"最大化三维范围"选项。

16. 在绘制楼梯间时，如何快速使楼梯边界与墙边界对齐？

答：在绘制楼板草图时，捕捉的绘制起点在墙面或墙核心层表面时，Revit 自动将梯段草图边界与墙面或墙核心表面对齐。

附录二 Revit 常用命令快捷键

快捷键	功能	快捷键	功能
WA	墙	SU	日光和阴影设置
DR	门	WF	线框
WN	窗	HL	隐藏线
LL	标高	SD	带边框着色
GR	轴网	GD	图形显示选项
CM	放置构件	RR	渲染对话框
RP	绘制参照平面	IC	隔离类别
TX	注释文字	HC	隐藏类别
DL	详图线	HI	隔离图元
MD	修改	HH	隐藏图元
DI	尺寸标注-对齐	HR	重设隐藏/隔离
MV	移动	SA	选择全部实例
CO/CC	复制	ZR/ZZ	区域放大
RO	旋转	ZO/ZV	缩小两倍
MM	拾取镜像轴	ZE/ZF/ZX	缩放匹配
AR	阵列	ZA	缩放全部以匹配
RE	缩放	ZS	缩放图纸大小
PP	锁定	ZP/ZC	上一次平移/缩放
UP	解锁	SI	交点
DE	删除	SE	端点
AL	修改-对齐	SM	中点
TR	修改-修剪	SC	中心
SL	修改-拆分	SN	最近点
OF	修改-偏移	SP	垂足
VP	视图属性	ST	切点
VG/VV	可见性图形替换	SX	点
TL	细线	SZ	关闭
WC	窗口层叠	SO	关闭捕捉
WT	窗口平铺	SS	关闭替换
EH	隐藏图元	LG	链接
VH	隐藏类别	EW	编辑尺寸界线
EU	取消隐藏图元	VU	取消隐藏类别

附录三 项目 CAD 图纸 (附图3-1~附图3-9)

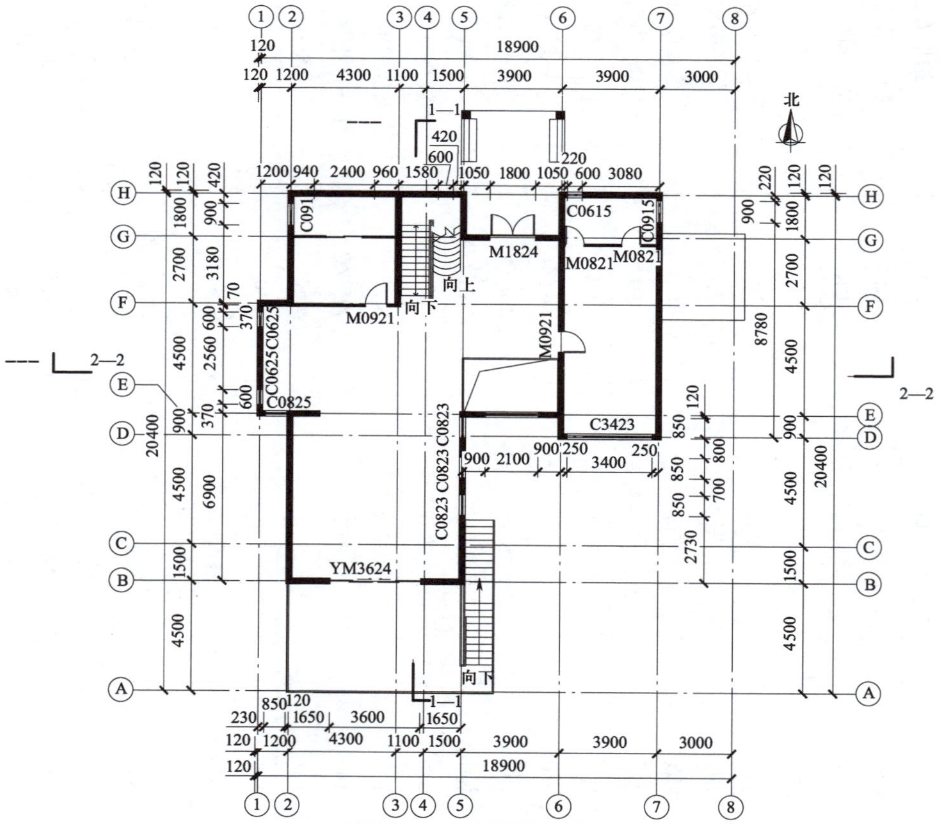

附图 3-1 首层平面图

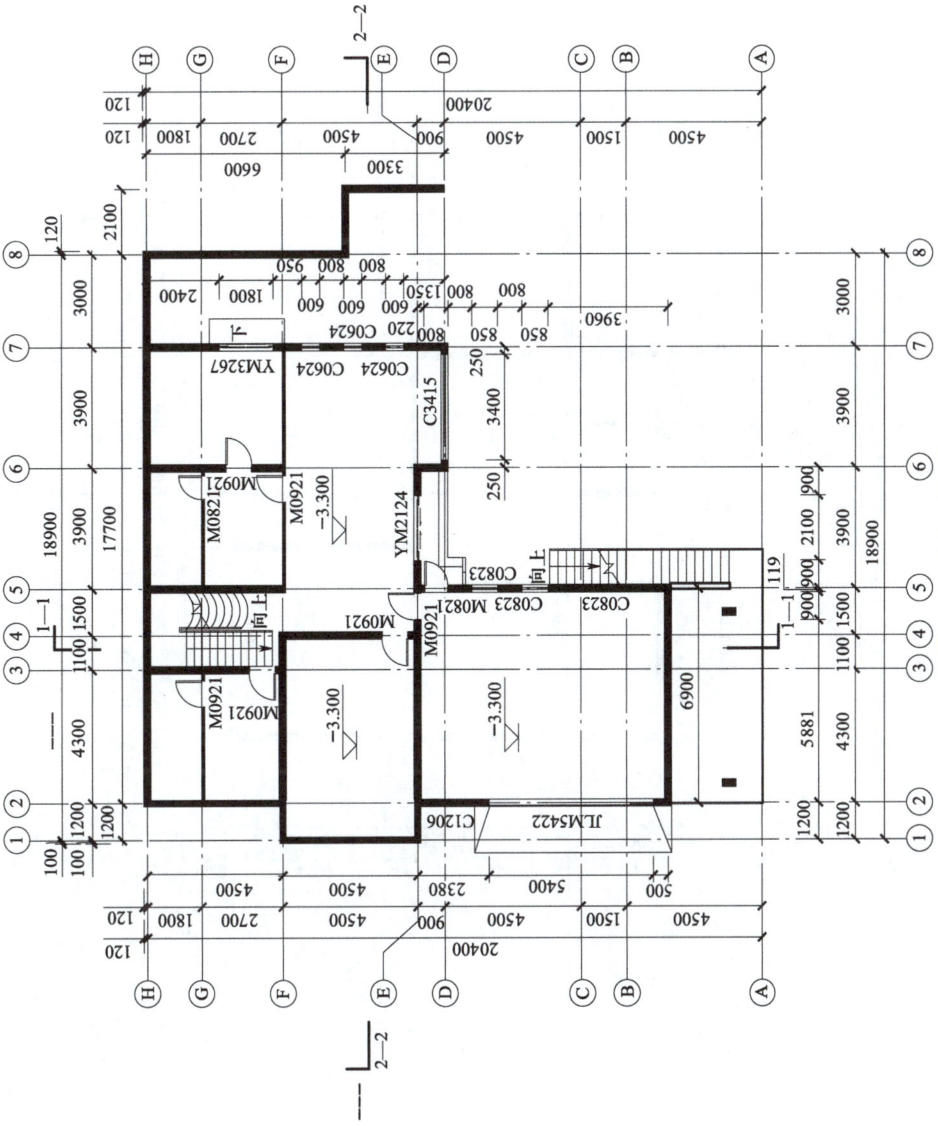

附图 3-2　地下平面图

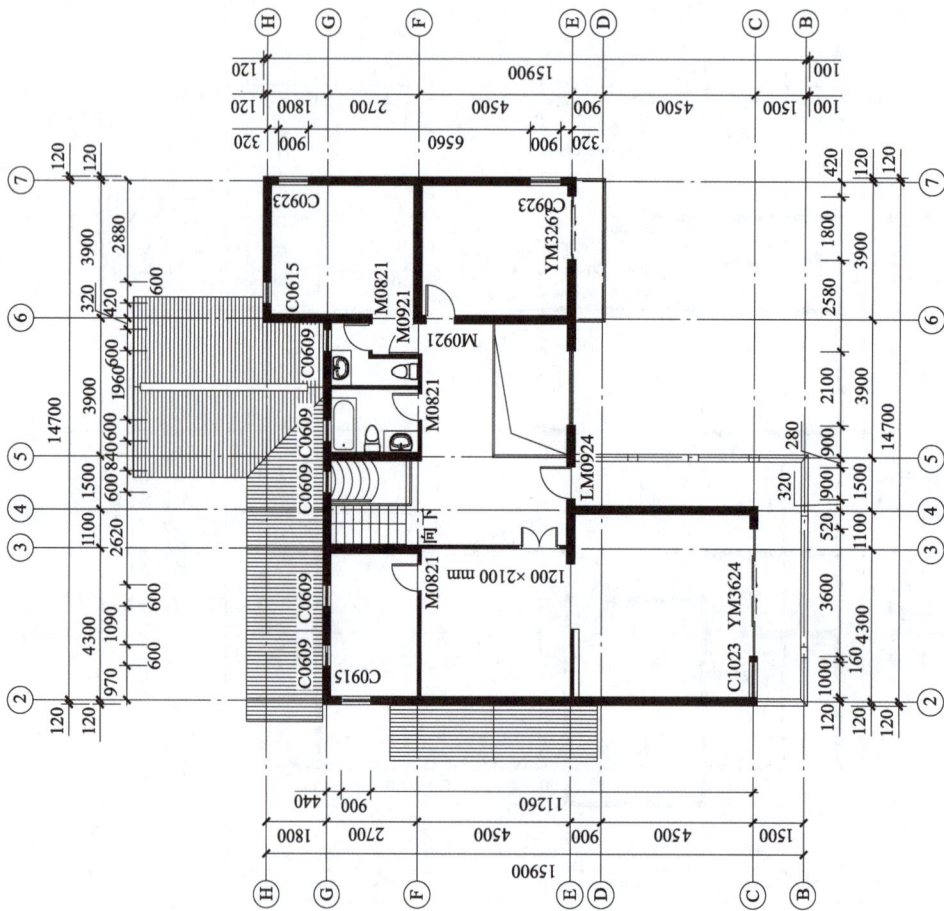

附图 3-3　二层平面图

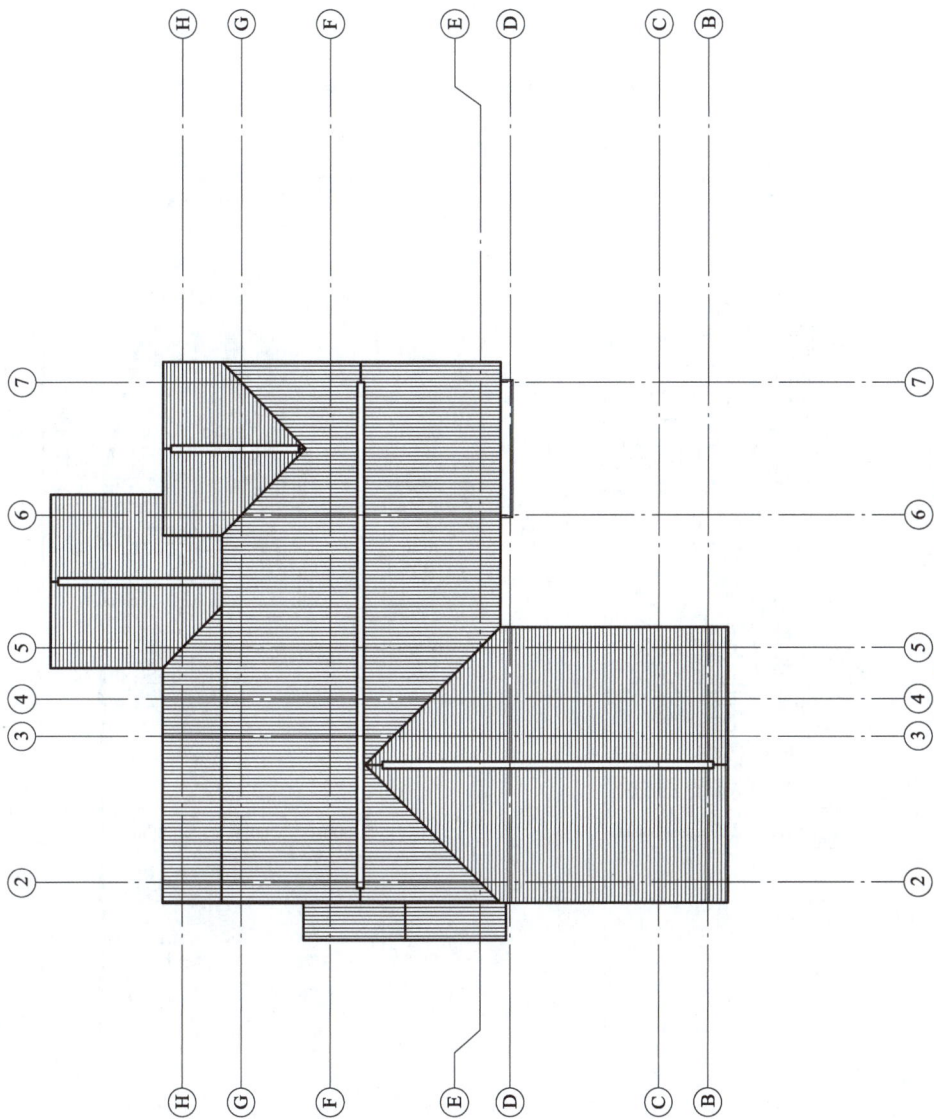

附图 3-4　屋顶平面图

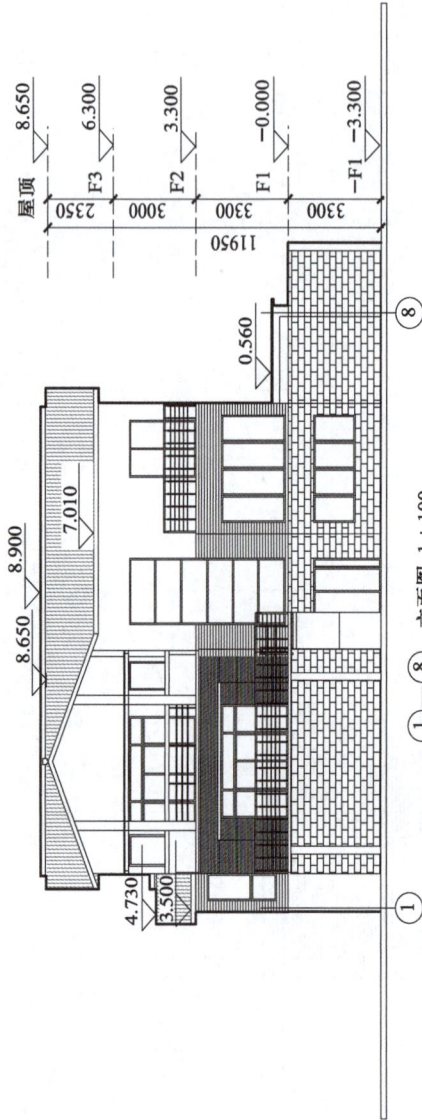

附图 3-5　南立面图

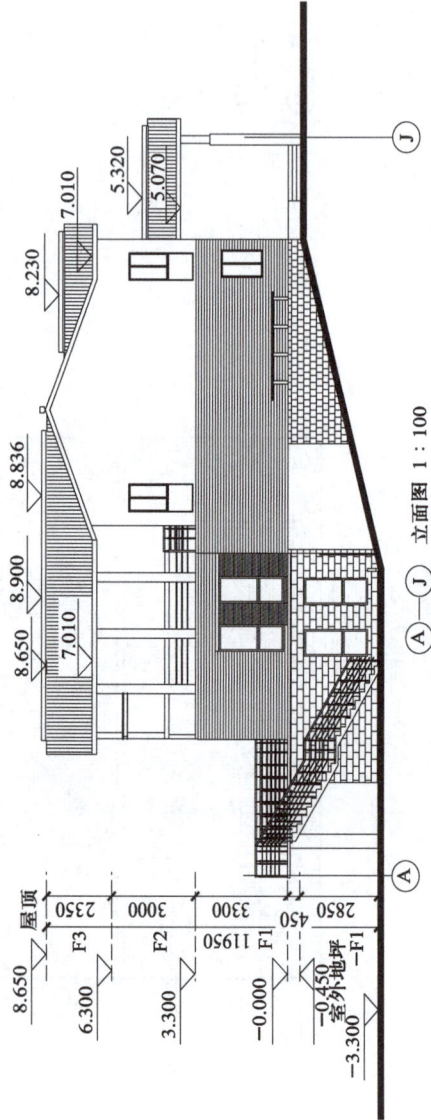

立面图 1 : 100

屋顶　8.650
F3　6.300
F2　3.300
F1　−0.000
−F1　−3.300

2350　3000　3300　3300
11950

附图 3-6　东立面图

立面图 1 : 100

屋顶　8.650
F3　6.300
F2　3.300
F1　−0.000
室外地坪　−0.450
−F1　−3.300

2350　3000　3300　450　2850
11950

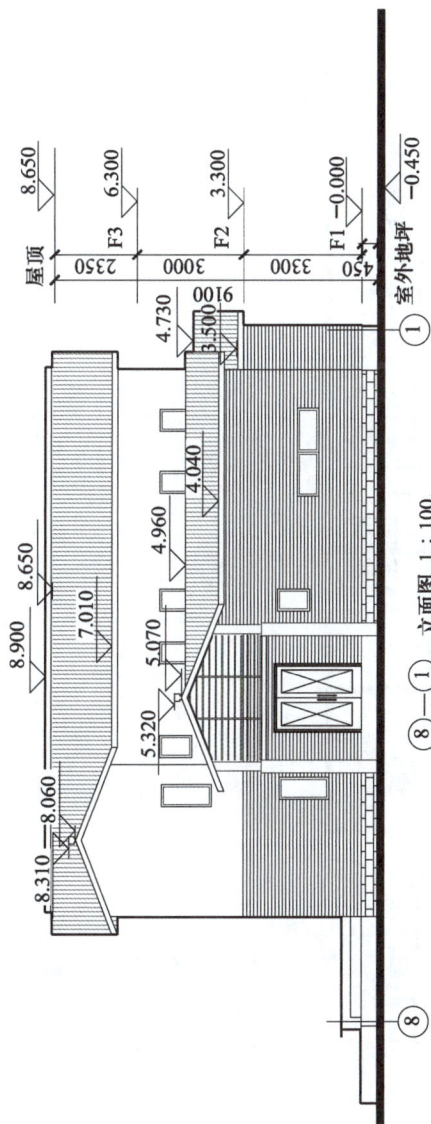

附图 3-7 北立面图

⑧—① 立面图 1∶100

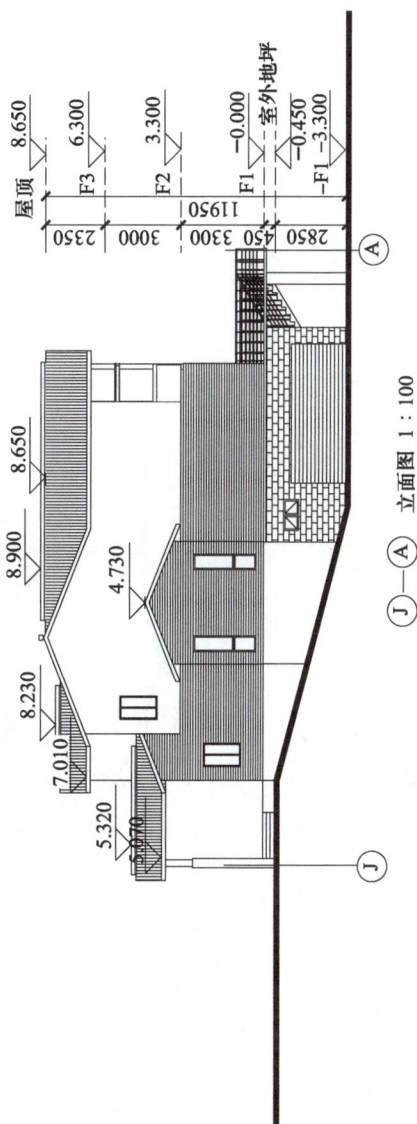

附图 3-8 西立面图

⑪—Ⓐ 立面图 1∶100

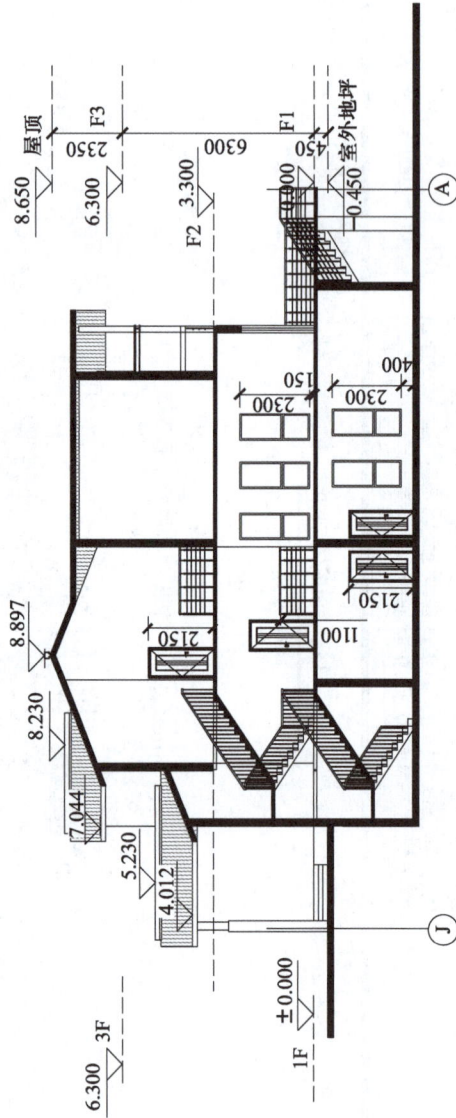

附图 3-9　1-1 剖面图

参 考 文 献

［1］孙彬. 数据之城：被 BIM 改变的中国建筑［M］. 北京：机械工业出版社，2022.

［2］廖小烽，王君峰. Revit 2013/2014 建筑设计火星课堂［M］. 北京：人民邮电出版社，2019.

［3］王君锋. Revit 建筑设计思维课堂［M］. 北京：机械工业出版社，2019.

［4］天工在线. 中文版 Autodesk Revit Architecture 2022 从入门到精通实战案例［M］. 北京：中国水利水电出版社，2022.

［5］筑龙学社. 全国 BIM 技能等级考试教材（一级）［M］. 北京：中国建筑工业出版社，2019.

郑重声明

高等教育出版社依法对本书享有专有出版权。任何未经许可的复制、销售行为均违反《中华人民共和国著作权法》，其行为人将承担相应的民事责任和行政责任；构成犯罪的，将被依法追究刑事责任。为了维护市场秩序，保护读者的合法权益，避免读者误用盗版书造成不良后果，我社将配合行政执法部门和司法机关对违法犯罪的单位和个人进行严厉打击。社会各界人士如发现上述侵权行为，希望及时举报，我社将奖励举报有功人员。

反盗版举报电话　（010）58581999　58582371
反盗版举报邮箱　dd@ hep. com. cn
通信地址　北京市西城区德外大街4号　高等教育出版社法律事务部
邮政编码　100120

读者意见反馈

为收集对教材的意见建议，进一步完善教材编写并做好服务工作，读者可将对本教材的意见建议通过如下渠道反馈至我社。

咨询电话　400-810-0598
反馈邮箱　gjdzfwb@ pub. hep. cn
通信地址　北京市朝阳区惠新东街4号富盛大厦1座　高等教育出版社总编辑办公室
邮政编码　100029